电催化氢化脱氯理论与技术

蒋光明　张　均　付海陆　等 著

科 学 出 版 社

北　京

内 容 简 介

电催化氢化脱氯是一种极具应用潜力的降低持久性氯代有机污染物毒性和分子稳定性的技术方法，具有脱氯效率高、反应条件温和、二次污染小等特点。本书将系统阐述电催化氢化脱氯过程中催化剂/水界面反应机制和催化剂性能强化策略，主要包括氯代有机物来源与危害、技术原理和优势、电子转移路径（自由基）、脱氯决速步骤识别、钯基催化剂性能优化策略（自由基产率和催化剂抗毒化能力）、脱氯反应路径、水质条件影响等章节内容。

本书内容将有助于学者快速掌握当前电催化氢化脱氯技术的研究进展和尚存的问题，对于高效脱氯催化剂的研发提供有效的指导，同时可为该技术在实际废水中的应用发展提供理论参考。

图书在版编目(CIP)数据

电催化氢化脱氯理论与技术 / 蒋光明等著. —北京:科学出版社, 2024.3
ISBN 978-7-03-078044-7

Ⅰ.①电… Ⅱ.①蒋… Ⅲ.①废水处理-研究 Ⅳ.①X703

中国国家版本馆 CIP 数据核字（2024）第 038383 号

责任编辑：刘 琳 / 责任校对：彭 映
责任印制：罗 科 / 封面设计：墨创文化

科学出版社 出版
北京东黄城根北街16号
邮政编码：100717
http://www.sciencep.com

成都锦瑞印刷有限责任公司 印刷
科学出版社发行 各地新华书店经销

*

2024年3月第 一 版 开本：787×1092 1/16
2024年3月第一次印刷 印张：9 1/4
字数：220 000

定价：118.00 元
（如有印装质量问题，我社负责调换）

本书作者

蒋光明　张　均　付海陆

王　鹏　石雪林　何雨静

吕晓书　付文洋　邹　衍

前　言

氯代有机物是指含 C—Cl 键的脂肪烃或芳香烃，是一类重要的化工原料和溶剂，广泛应用于化工、医药、农药、造纸、橡胶等领域。因生产或使用过程不当，氯代有机物在环境中的暴露量超过安全水平，对生态环境安全构成威胁。另外，我国自来水厂多采用液氯消毒，会诱发产生消毒副产物，如三卤甲烷、卤乙酸和卤代酮等。氯代有机物结构稳定、脂溶性强，易生物累积，具三致作用，美国、欧盟和我国均将其列为优先控制污染物。为削减氯代有机物污染危害，广大科技工作者已开发了诸多技术，包括物理吸附、高级氧化和生物降解等。电催化氢化脱氯技术是一种由电驱动，且以水为氢源的绿色处理技术，相比其他脱氯技术，该技术具有反应连续高效、过程可调控、二次污染以及反应条件温和等优势。该技术是通过外接电源向阴极催化剂输送电子，通过电解水原位产生强还原性氢自由基；其通过进攻并裂解 C—Cl 键，实现脱氯。本书主要集合课题组长期在电催化氢化脱氯处理氯代有机物方面的研究成果，系统阐述反应过程中电子转移路径、氢自由基信号分离及定量方法，脱氯反应决速步骤等方面的内容，并构建了增强脱氯效能的方法策略库。该工作深入揭示了固液界面电催化氢化脱氯反应的内在规律，为技术工业化推广和装备设计提供理论支撑。

本书包含五个章节内容。第 1 章为绪论，全面综述了现有氯代有机物治理技术，分析了各技术优劣，并指出电催化氢化脱氯技术的基本原理和关键科学问题；第 2 章为电催化氢化脱氯反应机理，重点阐述脱氯反应中电子转移路径及氢自由基的量化检测方法，确定其在脱氯反应中的功能，并探讨了质子浓度在调控脱氯反应与析氢副反应中的竞争规律和机制；第 3 章为电催化氢化脱氯决速步骤识别，阐明了电极界面污染物吸附和脱氯产物脱附在反应中的重要性；第 4 章为电催化氢化脱氯反应效能调控，构建了提升脱氯效能的策略库，包括构建莫特-肖特基异质结、表面修饰有机小分子配体、调控原子表面应力应变等；第 5 章阐明了脱氯反应路径，以及杂质离子对反应效率的影响规律。

本书由重庆工商大学的蒋光明、王鹏、何雨静、石雪林，重庆科技大学的张均和中国计量大学的付海陆共同完成。蒋光明负责第 1 和 2 章内容，张均负责第 3 章内容，付海陆负责第 4 章内容，王鹏负责第 5 章内容，石雪林负责图片处理，由蒋光明、何雨静负责统稿。在博士研究生舒松，硕士研究生兰孟娜、付文洋、彭怡荫、王开丰、陈敏、李俊熙、石雪林、李向军的共同努力下，完成了相关密度泛函理论计算、验证实验及材料整理收集等工作，在此表示感谢。同时还要感谢废油资源化技术与装备教育部工程研究中心张贤明教授、龚海峰主任、吕晓书研究员、李宇涵研究员、焦昭杰博士、夏斌博士、付文洋博士、邹衍博士等对本书相关理论和实验提出的指导意见。本书还得到了国家自科基金青年项目（51508055）、国家自科基金面上项目（51878105）、国家重点研发项目（2019YFC0408400）、重庆市特支计划青年拔尖项目、重庆市自然科学基金创新发展联合基金项目（CSTB2023NSCQ-LZX0020），以及废油资源化技术与装备教育部工程研究中心、重庆市工业废油再生工程技术研究中心，重庆市高校工业废油资源化技术和装备工程研究中心的支持。

本书从电催化氢化脱氯反应决速步骤及脱氯效能调控等方面构建了该技术应用的理论体系，加深了广大科研工作者对电催化氢化脱氯技术的认识。截至目前，该技术相关的理论和实验研究结果多发表在各类学术期刊，还未见关于该技术相关的专著出版。我们希望本专著的出版能引起国内外更多学者对该技术的关注，能共同努力推动电催化氢化脱氯技术在氯代有机废水治理领域的发展，并顺利实现该技术在工程领域的实际应用。由于作者水平有限，对电催化氢化脱氯反应过程及在实际应用过程中的某些关键问题尚处于探索研究阶段，书中难免存在不足之处。

著者

2023 年 6 月

目　　录

第1章　绪　　论

1.1　研究背景及意义

水是生命之源，是地球所有生物赖以生存的物质基础[1]。水资源是维系地球生态环境可持续发展的首要条件。2020年中华人民共和国水利部发布的《2019年中国水资源公报》显示，2019年我国水资源总量为29041.0亿m^3，全国用水总量为6021.2亿m^3，全国人均综合用水量为431m^3，远低于世界平均水平[2]。全球经济一体化进程的加快对有限的水资源及水环境产生了不利影响。更为严峻的是，我国废水、污水的排放量以每年18亿m^3的速度大幅度增加，全国每天工业废水和生活污水的排放量高达1.64亿m^3，其中80%未经处理便直接排入水域，致使我国主要河流普遍存在污染问题，严重影响了我国社会经济的发展[3]。

目前，水污染主要包括工业废水污染、生活废水污染和农业用水污染三大类[4]。其中，工业废水污染位列世界卫生组织公布的威胁人类健康的“十大杀手”之一。据统计，我国仅化工行业每年排入环境中的废水量就占全国工业废水排放量的20%左右，而我国工业废水回收利用率却仅有13.5%，低于发达国家水平[4]。在工业废水的污染物中，氯代有机物是一类重要的有机合成原料、有机溶剂和反应中间体，广泛应用于化工、电子、农药、制革、医药等行业[5]。据统计，长江沿岸共有76家国家/省级化工园区、涉及农药、钢铁、橡胶、皮革、石油和印染等行业，氯代有机物在这些行业被大量频繁使用。然而，工业生产中氯代有机物后续处理不完全、向环境中大量排放，致使水体、土壤和地下水系统遭受了不同程度的污染，对生态安全及人体健康造成了严重的威胁[5-7]。中国地质环境监测院曾对我国69个城市地下水进行了监测[7]，结果表明，一些城市地下水中的四氯化碳、1,2-二氯乙烷、三氯乙烯等多种氯代有机物含量均超标。氯代有机物获得国际社会关注，《蒙特利尔公约》首批提出的12种持久性有机污染物全部是氯代有机物[8]。在美国环保局所公布的优先控制污染物列表中，129种物质中就有25种为氯代有机物。在欧洲决议（2455/2001/EC）中，更是直接将所有氯代有机物作为优先控制污染物[9]。

研究并开发消除氯代有机物毒性的新型环保技术来满足我国加快建设美丽中国的迫切需求，对实现人与自然和谐共生，具有重要的学术意义和潜在的应用价值。

1.2 氯代有机物的分类、来源及危害

1.2.1 氯代有机物分类、来源与分布现状

氯代有机物是指一个或多个氢原子被氯原子取代，以碳或烃为骨架与氯原子相连的系列有机化合物的总称，主要包括氯代链烃、氯代芳香烃及除芳香烃以外的环状氯代有机物。因氯原子具有较强的电负性，当有机物碳骨架上的氢被氯元素取代后，碳链或苯环上电子云密度下降，结构变得稳定，很难被破坏。因此，氯代有机物具有持久性和生物难降解性，会对人类健康安全和生态环境造成巨大威胁。

环境中存在的氯代有机污染物主要来源于自然环境和人工合成。大部分氯代有机污染物来自人工合成，只有少量氯代有机物产生于自然界中微生物的分解代谢和火山爆发等[10]。大部分氯代有机物作为典型的化工原料，被广泛应用于杀虫剂、除草剂、有机溶剂、变压器用油等化工产品的生产，然而因工业生产中氯代有机污染物后续管理不完善，致使氯代有机物在环境中暴露水平提高，造成污染[11,12]。例如，20 世纪初瑞士化学家米勒发明了滴滴涕(氯代有机物的一种)，在控制疟疾、丝虫病等虫媒传染病及农作物除虫增产等方面表现出优异控制性。据统计，1950～1980 年，全球仅用于农业生产的滴滴涕就超过 4 万吨/年。但由于滴滴涕化学结构稳定，其可以长期存在于自然环境中，给生态环境及人类健康带来了极大危害[13,14]。

我国作为农业大国，在 20 世纪 60～80 年代生产和使用了大量含氯农药(如敌敌畏、氯丹、林丹等)。尽管在 80 年代后我国逐步禁止使用含氯有机农药，但在我国许多地区的土壤、水体，甚至在生物体内均能检测到含氯有机农药[11,12]。程晓平等[15]对济宁地区的 109 份土壤样品进行检测，六六六和滴滴涕的检出率分别为 77.45%和 73.28%。在对长江下游水体检测中同样也发现了滴滴涕、六氯苯等含氯物质的存在[16]。史双昕[17]在太湖和洞庭湖虾的肌肉组织中，也检测到含氯有机物。Yang 等[18]在纳木错湖、拉萨河以及羊卓雍湖中的鱼体内均检测到滴滴涕和六氯苯等含氯有机物。此外，五氯硝基苯、三氯杀螨醇、2,4-二氯酚等作为现代杀虫杀菌剂、除草剂，通过喷洒、涂抹等方式广泛应用于农业生产领域的土壤处理和植物消毒[19]，也大大增加了氯代有机物在环境中的暴露量。世界各地的水体、土壤等环境中均可检测到不同浓度的氯代有机物[20]，不同水环境中农药残留浓度大小顺序为：农田水>河流水>地下水>海水[21]。

氯代有机物作为化工行业要的原料和中间体，因此在工业化生产过程中同样也会产生氯代有机物污染。例如，在氯丁橡胶生产过程中会产生大量含氯丁二烯，在造纸生产流程中的纸张漂白工艺中会产生大量 2,4-二氯酚(2,4-DCP)[22,23]。我国自来水厂通常使用含氯消毒剂，如液氯、二氧化氯等对水体进行消毒，而液氯消毒剂与水中的有机物发生反应，产生三氯甲烷、二氯乙酸、三氯乙酸等氯代有机物[24]。国务院环境保护委员会将多种氯代有机物纳入了优先控制污染物名单中[25]，且在《优先控制化学品名录(第一批)》的 22 种优先控制化学品中氯代有机物多达 7 种(表 1.1)[26]。关于氯代有机污染物

的研究主要围绕多氯联苯、2,4-二氯苯甲酸、2-氯酚、2,4-DCP、五氯苯酚、2,4,6-三氯苯酚等展开[27]。

表 1.1　优先控制化学品名录(第一批)[26]

编号	名称	编号	名称
PC001	1,2,4-三氯苯	PC012	六溴环十二烷
PC002	1,3-丁二烯	PC013	萘
PC003	5-叔丁基-2,4,6-三硝基间二甲苯	PC014	铅化合物
PC004	N,N’-二甲苯基-对苯二胺	PC015	全氟辛基磺酸及其盐类和全氟辛基磺酰氟
PC005	短链氯化石蜡	PC016	壬基酚及壬基酚聚氧乙烯醚
PC006	二氯甲烷	PC017	三氯甲烷
PC007	镉及镉化合物	PC018	三氯乙烯
PC008	汞及汞化合物	PC019	砷及砷化合物
PC009	甲醛	PC020	十溴二苯醚
PC010	六价铬化合物	PC021	四氯乙烯
PC011	六氯代-1,3-环戊二烯	PC022	乙醛

1.2.2　氯代有机物的危害

氯代有机物具有化学结构稳定、难降解、脂溶性强、蒸气压低、易挥发、在生物体内难降解和易随食物链富集等特点，且部分氯代有机物的降解产物同样具备一定的生物毒性。氯代有机物具有典型的致畸、致癌、致突变等三致效应，其一旦进入环境，便难以通过生物代谢、化学降解、光降解等方法去除，对环境中的土壤和水体会产生长期且持续性的危害，最终危害人和动植物的健康。20 世纪 60 年代科学家就发现滴滴涕在环境中难降解，易在动物体内富集，体内含有滴滴涕的鸟类会产软壳蛋，无法孵化。孙欣欣[28]发现对氯酚、2,4-二氯酚、2,4,6-三氯苯酚对斑马鱼在 48h 内半致死浓度分别为 $8.171mg \cdot L^{-1}$、$6.146mg \cdot L^{-1}$、$1.385mg \cdot L^{-1}$，且毒性随着取代氯原子数增加而增加。2,4-二氯酚将影响斑马鱼性别分化关键时期的基因表达，使得斑马鱼性别比例偏向雌性[29]。1980～1992 年，美国环保署等发现多名工人的急性死亡与 2,4-DCP 接触有关[30]。Chhabra 等[31]进行的氯酚致癌性研究发现，啮齿类动物患癌症概率会因五氯酚而增大。氯酚将导致人体和动物慢性或急性中毒，人口服 0.3g 氯酚就会中毒，口服 3g 则会直接死亡。氯酚可以通过皮肤、呼吸道、消化道等途径进入人体和动物体内，并逐渐累积在脂肪和肝脏中，最后扩散到全身其他组织；伴随着呕吐腹泻、头昏等症状，导致人体和动物的免疫系统、神经系统、内分泌系统、生殖系统和遗传系统受到严重危害；且具有缓慢的致畸致癌作用，对人类和动物身体造成一系列疾病，如儿童发育不良、人体或动物雌性化突出、生育能力降低、不孕不育、人体癌变、染色体畸变等[32]。鉴于氯代有机物对人体健康和生态环境的巨大危害，研究高效安全的氯代有机污染物处理技术对保证人体健康和保护生态环境具有重要意义。

1.3 常见氯代有机物处理技术

目前，针对氯代有机物的脱氯技术主要包括物理技术、生物技术、物化技术和电化学技术等。

1.3.1 物理技术

物理技术是通过对氯代有机污染物使用吸附、混凝、膜分离等方法将其从环境中去除，通常还需进行后续处理。

吸附技术是指利用活性炭、沸石、硅藻土等多孔材料作为吸附剂对含氯有机物进行吸附去除。其作用原理主要是依靠吸附剂和氯代有机物之间的静电力、范德瓦耳斯力等进行吸附。因优异的性能和低廉的价格，活性炭多被用作吸附剂。何文杰等[33]发现活性炭可实现对 2,4-二氯苯氧乙酸等含氯有机物的有效吸附，30min 内去除率达 80%以上。为进一步提高吸附效率和吸附容量，研究人员通常会对常规吸附材料进行改性。Akhtar 等[34]将经过化学和热处理后的稻壳用于吸附 2,4-DCP，发现其去除率可达到 98.12%。Moritz 等[35]利用 3-氨丙基三乙氧基硅烷及卤代聚酰亚胺硅氧烷对纳米二氧化硅进行改性，在对 2,4-二氯苯氧乙酸的吸附中，其最大容量可达 $280mg \cdot g^{-1}$。但吸附材料在氯代有机物去除过程中存在易吸附饱和而失效、需后续工艺再处理、难以再生等问题，导致吸附技术在实际的大规模工程应用中难以开展。

混凝法是指向受污染水体投加混凝剂，利用电中和、吸附架桥等作用使胶体聚集形成具有吸附性和沉降性的絮凝体，从而去除水中含氯有机污染物。

膜分离法是指利用功能过滤膜，选择性地分离水体中的污染物、杂质等从而实现水体的净化。按照膜孔尺寸的大小，可将膜分离技术分为微滤、超滤、纳滤、反渗透等。较之于传统过滤技术，纳滤技术因其膜孔较小，使得将水体中的杂质去除得更为彻底，甚至可去除分子尺度的杂质。但有研究表明，纳滤技术的截留效率受到农药亲疏水性、分子质量、极性等本身特性的影响[36]。膜分离虽具备无需添加化学试剂、出水水质稳定、操作简单等优点，但膜生产成本和运行成本较高、膜易被污染等劣势导致其难以在大规模实际应用中实现运用。

综上，目前单独使用物理方法降解氯代有机物的研究较少，往往需要与化学方法相结合才能达到更好的去除效果。

1.3.2 生物技术

生物技术是指利用微生物的微生物新陈代谢作用将氯代有机物分解为小分子物质，从而降低或消除其毒性，实现污染物无害化处理的方法[37]。根据污染物降解过程是否需要氧气，可将生物技术分为好氧降解、厌氧降解及两种方式联合降解。

在好氧条件下，某些微生物可将氯代有机物直接作为营养基质而利用，进行生长繁殖，从而将其降解。如 Schmidt 等从地下水中分离的菌株，可直接分解三氯乙烯[38]。Tiehm 等发现假单胞菌属(*Pseudomonas*)、芽孢杆菌属(*Bacillus*)等属的微生物也可分解二氯甲烷、1,2-二氯乙烷[39]。此外，微生物对含氯有机物的降解因氯原子数量的不同而表现各异。比如氯原子不超过 2 个时，微生物是先打开苯环再脱掉氯基；对含 2 个以上氯原子的有机物，则反之。在厌氧环境下，某些微生物可利用乳酸、乙醇、氢气、葡萄糖、甲酸盐、乙酸盐等提供的电子还原脱除氯原子，再氧化开环最终将其分解矿化成 H_2O 和 CO_2[40-43]。与好氧条件相比，厌氧环境中微生物产生的氧化酶更容易利用电子，尤其是含氯基较多的酚类，更容易在低氧化还原电位的厌氧氛围下作用于含氯有机物从而提高分解效率，因此现有的生物法处理技术以厌氧法为主。

总之，生物法可以实现含氯有机物的分解。但由于含氯有机物本身具有毒性，且筛选菌株比较困难，培养微生物的周期也较长，微生物代谢产物也需要不断累积，因此通过微生物降解含氯有机物的过程也较为漫长[44,45]。

1.3.3　物化技术

针对氯代有机污染物的物化处理技术可分为氧化法和还原法两大类，其中氧化法主要指焚烧法、臭氧氧化法、超声法、电化学氧化法、光催化氧化法等；还原法主要有零价金属还原法、双金属还原法、催化加氢法等。物化法因能通过化学技术将含氯有机污染物彻底降解或转化为无毒物质而成为当前研究的重点。

焚烧法是指将含氯有机污染物在加入辅助燃料的情况下进行燃烧处理，使其在高温下进行无害化处理的方法。常见的焚烧设备有蓄热式焚烧炉、流化床焚烧炉、、液体喷射式焚烧炉回转窑焚烧炉等[46]。目前，高浓度的含氯有机污染废液适合焚烧法处理，富氧焚烧和缺氧焚烧均能实现含氯有机污染物的矿化[47]，在去除大部分含氯有机物分子结构中的氯元素同时有机碳也能转化为 CO_2，氯原子通常转化为 HCl、Cl_2。但使用焚烧法仅适合大规模处理高浓度含氯有机废液，因其通常需要较高的焚烧技术和完善的尾气净化装置，使得焚烧法的建设和运行成本较高。

近年来，有不少研究者开始将超声法用于含氯有机污染物的降解。超声法一般是将大功率超声探针放入待处理溶液中，利用空化作用产生大量的强氧化自由基和热能实现含氯有机污染物的降解[48]。主要有空化气泡内的热解、气膜-液膜界面的强氧化自由基降解及溶液中的强氧化自由基降解等三种降解路径。气膜-液膜界面处通常发生氯酚类的降解[49]，而空化气泡内的热解通常发生非极性含氯有机污染物的降解。虽然超声法处理含氯有机污染废液具有操作简单、无须添加额外试剂的特点，但单纯使用超声法处理含氯有机污染废液需要较多能量，因此运行成本较高，需与其他技术联用以取得更好的效果[50]。

芬顿法是高级氧化中的一种常用技术，其原理在于利用过氧化氢(H_2O_2)在二价铁的作用下生成的羟基自由基对有机污染物进行降解，能够降解传统技术难以降解的有机污染物。其反应过程大概可以归为以下几个步骤：

$$Fe^{2+} + H_2O_2 \longrightarrow Fe^{3+} + \cdot HOO + OH^- \quad (1-1)$$

$$Fe^{3+} + H_2O_2 \longrightarrow Fe^{2+} + \cdot HOO + OH^- \quad (1-2)$$

$$H_2O_2 \longrightarrow \cdot HO + \cdot HOO + H_2O \quad (1-3)$$

羟基自由基是一种氧化能力极强的自由基[51]，在酸性条件以及碱性条件下标准氧化还原电位均很高，其可以降解包括含氯有机物在内的绝大多数有机物。在芬顿反应中 H_2O_2 在扮演了极为重要的角色，但高浓度 H_2O_2 体系存在催化剂难以回收、易腐蚀设备等缺点，同时其存储运输均有安全隐患。为规避这些缺点，更多研究聚焦于电芬顿、光芬顿等原位产生 H_2O_2 的类芬顿反应，此外还有部分研究利用零价金属的氧化还原反应原位产生 H_2O_2，这些芬顿技术在降解含氯有机物方面取得了较好的效果[52]。

臭氧氧化降解含氯有机污染物的原理是利用臭氧(O_3)的强氧化性(E^0=+2.07eV)以及 O_3 与水发生反应生成的羟基自由基进行脱氯。对 O_3 对含氯有机物的降解作用的研究在多年前就已开始，Hong 等[53]发现五氯酚可在 O_3 作用下被成功降解，同时结合生物法对其中间产物进行了降解。目前 O_3 是已经进行大规模应用的氧化剂之一(如自来水厂将其用于自来水消毒)。但臭氧氧化技术存在一些问题：首先 O_3 臭氧氧化不适合处理高浓度的含氯有机废液，因为其在水中的溶解度仅为氯气的 1/12，这意味着处理含氯有机物废液时需要消耗大量的 O_3；其次，O_3 多是利用电晕放电产生的，这一过程会产生大量的热，约有 80%以上的能量会以热能形式损耗，臭氧工艺的成本也就随之上升；再次，大量注入 O_3 后难以避免未溶解 O_3 对设备造成腐蚀，使设备中金属溶出造成二次污染，增加使用成本；最后，溶液中 O_3 含量难以确定，难以判断氧化处理的进度。

光催化氧化是指利用光能通过氧化作用降解有机分子的技术。将具备一定能量的光照射在半导体催化剂上，通过光子能量激发半导体价带上的电子使之迁移至导带，形成光生电子，电子迁移后的空穴具备强氧化性，能够直接氧化有机物，或与水分子发生反应生成羟基自由基，进而进攻有机物实现降解[54]。如 Mills 等[55]利用二氧化钛在紫外光激发下实现五氯酚的氧化降解。但多种因素影响了光催化氧化降解性能，如何在可见光波段发生反应成为亟待解决的问题，一种解决方案是将金属元素掺杂进半导体中，减小半导体带隙，增加电荷分离效率，从而增强在可见光区的活性。Aguilar 等[56]通过掺杂 Ag 或 Au 在 TiO_2-Fe_3O_4 光催化剂中，大大提升催化剂在可见光区的活性。虽然，光催化氧化降解含氯有机物的研究较多，但此方法存在明显的缺点：首先，现阶段所用光源一般不是太阳光或可见光而是特定光源或紫外光，难以规模化应用；其次，降解产物较为复杂，降解机理还尚不清晰，需要更多研究来揭示其作用机理。

由于含氯有机物通常存在单个或多个氯原子，大大增强了生物毒性，氧化处理存在一定的二次污染风险，所以还原法被研究人员所开发，通过还原脱除有机分子上的氯原子，降低其毒性，再收集其还原产物加以利用或使用生物法等将其彻底矿化。

零价金属还原法通常指利用零价铁、锌、铝等活泼金属作为电子供体，通过加氢脱氯的方式去除氯原子，其反应过程大概分为以下几个步骤：

$$M^0 + RCl + H^+ \longrightarrow M^{n+} + RH + (n-1)Cl^- \quad (1-4)$$

$$2M^{n+} + RCl + H^+ \longrightarrow 2M^{(n+1)+} + RH + Cl^- \quad (1-5)$$

$$2M^0 + 2H_2O \longrightarrow 2M^+ + H_2 + 2OH^- \tag{1-6}$$

$$H_2 + RCl \longrightarrow H^+ + RH + Cl^- \tag{1-7}$$

该方法的原理与水反应产生氢原子取代氯原子，或是由零价金属直接提供电子攻击碳氯键。其中纳米零价铁或零价铁技术是这类研究中的热点。最初将零价铁用于含氯有机物脱氯的报道是 1994 年 Gillham 等[57]用零价铁处理氯代脂肪烃，并取得了良好的效果。1997 年 Wang 等[58]首次应用纳米零价铁技术还原脱除有机分子上氯原子，使用纳米零价铁还原脱除三氯乙烯和多氯联苯上的氯原子。此后，纳米零价铁逐步成为环境修复领域的研究热点。尽管纳米零价铁可使大部分含氯有机物脱氯，提高其可生化性，但其仍存在一些缺陷：首先，对于一些特定的含氯有机物的降解速率缓慢，特别是芳香族含氯有机物[59]；其次，纳米零价铁自身极容易被氧化，难以运输储存，同时不适于在开放体系中使用。部分研究者开始利用双金属体系特别是引入贵金属形成的双金属体系以消除以上缺陷，这种改变能够大大提升脱氯效率。Morales 等[60]制备的 Pd/Mg 双金属能够有效地降解多种氯酚(4-氯酚、2,6-二氯酚、2,4,6-三氯酚等)，同时其主要产物为环己醇、环己酮。虽然双金属体系能够显著改善纳米零价铁的一些缺陷，但同样也存在催化剂难回收等缺点。

催化加氢法是工业中常见的用于降解含氯有机物的方法，直接将氢气通入含有催化剂的反应器中，部分金属可以使氢气裂解形成的原子态氢以脱除含氯有机物上的氯原子，可以简单快捷的实现含氯有机污染物的高效降解。Davie 等[61]成功利用这一技术修复地下水，降解了其中的三氯乙烯。

1.3.4　电化学技术

电化学技术是利用外接电源提供电子直接或生成活性氧来降解污染物。相比于上述其他方法，电化学技术具有以下优点：①无须额外添加化学物质、反应条件温和、无二次污染；②可持续提供电子，保证反应高效连续；③可通过控制外接电源的电压、电流等来调控反应路径和动力学，使其适应各种不同的反应。这些优点使得电化学技术成为一种环境友好型技术。电化学技术按原理主要分为电化学还原技术和电化学氧化技术两大类。

1) 电化学氧化技术

电化学氧化技术用于多种持久有机污染物的降解，是一种极具应用前景的新型水处理技术，包括直接氧化、间接氧化、电芬顿氧化等方式。

直接氧化是指利用阳极电极表面产生的电子与污染物直接作用，从而氧化降解的过程。实际上，很多电化学反应中都存在直接氧化的情况，由于对其某些中间过程的作用机理尚未完全明确，因此直接氧化过程很容易被忽略。水的电解一直是电化学氧化反应的副反应，因此在选择阳极材料时，应选择具有较高析氧过电位的惰性材料，如 SnO_2、PbO_2、掺硼金刚石等[62,63]。研究者在证明电化学反应是否为直接氧化的实验中，偏向于选择一些自由基淬灭剂将电解产生的活性自由基淬灭掉，进而证明直接氧化是某些反应的实际决速步骤。Schaefer 等使用掺硼金刚石电极氧化降解全氟辛烷基磺酸，实验发现叔丁醇自由基淬灭剂的加入并不会对实验造成影响，由此说明直接氧化是全氟辛烷基磺酸电解分解的重要步骤[64]。

间接氧化是指在阳极电极表面反应产生强氧化性羟基自由基，并间接氧化有机物的过程。该技术的关键在于强氧化性羟基自由基的产率与利用率，自由基的电解产生过程如下[65]：

$$M + H_2O \longrightarrow M(\cdot OH) + H^+ + e^- \quad (1\text{-}8)$$

$$2M(\cdot OH) \longrightarrow 2MO + H_2O_2 \quad (1\text{-}9)$$

$$3H_2O \longrightarrow O_3 + 6H^+ + 6e^- \quad (1\text{-}10)$$

电极直接电解水可产生羟基自由基，多数羟基自由基被吸附在阳极表层或扩散层，再与污染物发生氧化反应。某些电极对羟基自由基的吸附过强，会产生 H_2O_2，继续电解也会产生羟基自由基，或电解水直接产生强氧化性的 O_3。Tang 等利用三氧化钼/纳米石墨作为阳极降解抗生素，实验证明 $\cdot OH$、O_3 和 H_2O_2 均参与了电化学氧化降解过程，但产生的 $\cdot OH$ 是降解头孢他啶的主要活性物质[66]。

电芬顿氧化法是高级氧化处理难降解有机污染物的有效方法，在电驱动下与阴极发生反应。与传统芬顿反应不同的是，电芬顿法是利用电化学法产生亚铁离子和 H_2O_2 作为芬顿试剂的来源，无须额外引入芬顿试剂。二者产生后立即反应生成具有强氧化性的羟基自由基，使有机物得到降解。反应如下[67]：

$$Fe^{3+} + e^- \longrightarrow Fe^{2+} \quad (1\text{-}11)$$

$$O_2 + 2H^+ + 2e^- \longrightarrow H_2O_2 \quad (1\text{-}12)$$

$$Fe^{2+} + H_2O_2 \longrightarrow Fe^{3+} + \cdot OH + OH^- \quad (1\text{-}13)$$

首先，阴极附近 Fe^{3+}得到电子被还原成 Fe^{2+}，同时阴极发生氧化还原反应产生大量 H_2O_2，最后 Fe^{2+}和 H_2O_2 发生芬顿反应生成 $\cdot OH$。电芬顿反应可以在单室或双室中进行，在单室中反应时，阳极也会氧化 H_2O 产生部分 $\cdot OH$ 辅助降解污染物；在双室中反应时，芬顿反应主要发生在阴极，通入的 O_2 快速转化为 H_2O_2，介质中已存在的 Fe^{3+}被还原成 Fe^{2+}，二者发生芬顿反应降解污染物。此外，当 $pH>4$ 时，多余 Fe^{3+}沉淀而成的 $Fe(OH)_3$ 絮凝体，也会对废水中的有机污染物产生絮凝作用[68]，可见电芬顿反应有多种反应机制降解有机物。该技术克服了传统芬顿反应需投加 H_2O_2 的缺点，降低了运输和储存 H_2O_2 的成本与风险。

2) 电化学还原技术

电化学还原技术是近年研究的热点，特别是针对水环境中富集的大量卤代化合物的降解。该方法因能耗低、选择性强、反应条件温和等优点备受研究者关注，是一种环境友好型处理技术，主要有直接还原和间接还原两种途径。

直接还原是指在阴极电极上通过电子直接作用于污染物。Ag 基材料是最典型的电子直接还原电极，Isse 等采用循环伏安法在 Ag、Cu、玻碳电极上研究了脂肪族溴化物的降解途径，与芳香族溴化物降解不同，其首选反应途径是协同电子转移且为其主要路径，再断键降解有机物，这证实了 Ag 电极活化碳溴键的优异性能[69]。

间接还原是指在电能的驱动下电极附近产生具有强还原性的新物质参与还原污染物，而非电子直接作用于污染物。比如在电催化氢化脱氯技术中，贵金属钯(Pd)因其具有较低产 H^*过电位和良好的储 H^*能力而备受关注，是电化学还原降解污染物的首选阴极材料。该技术的实质是利用阴极材料原位电解水产生强还原性 H^*去还原并取代含氯有机物上的氯自由基[70,71]。Shu 等研究了 Pd 负载的碳纳米管电极对 4-氯酚的降解，考察了电流密度、初始 pH 和初始溶出氧对去除率的影响，自由基淬灭剂的实验证实了 4-氯酚的还原脱氯是由原子 H^*进行间接还原的[72]。Jiang 等利用单分散纳米颗粒 Pd 阐明氢的演化和识别活性氢的种类[原子态吸附氢(H^*_{ads})、原子态吸收氢(H^*_{abs})、分子态氢(H_2)]，通过将各氢物种的演化与 2,4-DCP 的电催化氢化脱氯动力学和效率进行对比，发现 H^*_{ads} 为间接还原活性物质、H^*_{abs} 为惰性物质、H_2 的气泡会对电催化氢化脱氯反应产生干扰[73]。

1.4　电催化氢化脱氯技术

1.4.1　电催化氢化脱氯技术基本原理

电催化氢化脱氯技术(electrocatalytic hydrodechlorination，EHDC)因其反应活性高、结构简单、无二次污染等优点成为目前消除氯代有机物毒性的研究热点。电催化氢化脱氯反应在阴极进行，包括直接还原和间接还原。目前以在 Pd 表面间接还原为主，间接还原是通过外接电源提供电子以电解溶液中的水产生具有强还原性的 H^*，然后 H^*进攻吸附在电极表面的氯代有机污染物，使 C—Cl 键断裂，用氢原子取代氯原子实现脱氯[70,71]。氯代有机污染物转化为毒性较低的烷烃类或酚类化合物，最后通过后续处理被彻底矿化或回收利用。相较化学还原，电催化氢化脱氯技术具有以下优点：①源源不断提供电子，保证反应连续高效；②可控制工作电位来调节反应动力学和路径，适用于固定式和移动式设备；③无须外加化学物质，装备简单，可实现移动式废水处理；④不会产生二次污染，反应条件温和。主要步骤分为四步：①吸附，污染物和水被吸附到电极表面；②电解水产生 H^*，活化 C—Cl 键，同时产生析氢副反应；③还原脱氯，C—Cl 键断裂，H^*取代氯原子；④产物脱附，产物从电极表面脱落。其反应机理如下：

$$R-Cl+M \longrightarrow M-RCl \tag{1-14}$$

$$M+H_2O \longrightarrow M-H_2O \tag{1-15}$$

$$M-H_2O+e^- \longrightarrow OH^- +M-H^* \tag{1-16}$$

$$M-RCl+M-H^* \longrightarrow M-R+Cl^- \tag{1-17}$$

$$M - R \longrightarrow M + R \tag{1-18}$$

其中，M 为电极上的金属，R—Cl 表示氯代有机物。在上述脱氯反应中，氯代有机物形成了中间吸附态的 M—RCl，降低了脱氯反应的活化能，使得工作电位降低，减少了能量的消耗。

1.4.2 电催化氢化脱氯催化剂

电催化氢化脱氯技术已被证实可以降解多种含氯有机物，包括氯苯、氯酚、氟氯烃、多氯烃等[74-76]。其中，良好的阴极催化剂是实现高性能电催化氢化脱氯反应的必要条件。在长期的探索中，众多电极材料脱颖而出，如 Pd、Pt、Rh、Au、Ag、Cu、Ni、Co 等金属，其中贵金属 Pd、Pt、Rh 的催化性能最好。Pd 因具有低产氢过电位以及优异的储氢性能、价格相对其他贵金属便宜而成为阴极材料的首选。在电能的驱动下 Pd 电极可以持续电解水产生大量具有强还原性的 H^*，连续地攻击含氯有机物分子，高效完成脱氯。

Yang[77]等将 Pd 纳米颗粒负载的三维(3D)泡沫镍(Pd@Ni-foam)电极作为阴极，对抗生素氟苯尼考(Florfenicol，FLO)进行脱氯降解，研究表明 Pd@Ni-foam 脱氯性能优于传统 Pd-C 催化剂和纯泡沫镍电极，其优异的电催化还原性能源于 Ni-foam 骨架强化了传质和 Pd-Ni 微界面的形成，使原子 H^*得到了有效利用，脱氯效率提升至 99.5%。Peng[78]等利用单分散 AgPd 纳米颗粒对 2,4-DCP 进行电催化氢化脱氯实验，系统性研究了 Ag 含量对 EHDC 反应速率、电流效率和产物选择性的影响。结果表明，Ag 能调控污染物的吸脱附，结合动力学分析和密度泛函理论计算，发现 2,4-DCP 吸附和 P 的脱附平衡是影响脱氯效率的主要因素，而不是产氢，该工作对电催化氢化脱氯机理提出了新的认识。Liu 等[79]利用超薄 Pd 纳米线的缺陷位点加强了 H^*生成，并促进了电化学加氢脱氯的进行。实验证明 Pd 纳米线的缺陷位点来自晶格挤压，缺陷的引入明显提高了产 H^*速率，并通过密度泛函理论计算证实了缺陷位点的吸附能远高于 Pd，将 Pd 纳米线反应速率常数归一化后发现是传统 Pd-C 的 8～9 倍。Lou[80]等研究了 MnO_2 修饰的 Pd@Ni-foam 电极对 2,4-二氯苯甲酸的去除效果。MnO_2 的引入大大提高了催化活性，并减少了贵金属 Pd 的用量。与纯 Pd-Ni 电极相比，该电极只需 1/4 含量的 Pd 就可以在 120min 内实现完全脱氯，脱氯性能的提升源于 MnO_2 的引入促进了水的离解和氢的分解，并促使 Pd 产生了更多的 H^*[81]。Jiang[82]等将 Pd 设计成三维结构，采用电沉积法将 Pd 纳米颗粒沉积在聚苯胺-六氰酸镍-碳纳米管上。结果表明，Pd 呈针状分布，通过改变 Pd 形貌以及比表面积影响其电子结构从而提升脱氯性能。Wu[83]等将 Pd 负载在三维多孔结构材料 Ni 上作为阴极材料，研究了其对氯硝基苯酚的去除效果。基于泡沫镍的海绵状结构能够最大限度暴露出活性位点，促进催化剂表面的质量扩散从而提升脱氯性能，但此法对 Pd 本征活性的提高有限。Pd 与过渡金属 M(如 Ag、Cu)合金化也是提升脱氯性能的又一策略。Peng[78]等利用单分散 AgPd 合金纳米颗粒研究了脱氯反应过程中的反应速率、电流效率和动力学。研究表明，形成合金可调控 Pd 的表面应力，进而调控 Pd 电子结构去改变 Pd 的 d 带中心(d-band center)，优化反应物与中间产物的竞争吸附能够有效地增强脱氯性能，然而合成这样的催化剂条件比较苛刻。

1.4.3 电催化氢化脱氯反应关键科学问题

(1) 针对低浓度的氯代有机物反应速率较慢；
(2) 反应机制和决速步骤不明确，导致性能调控缺乏明确的准则；
(3) 缺乏性能提升的策略和高效稳定的催化剂；
(4) 缺乏高效的反应器。

1.5 本书的主要结构

第 1 章提出本书的研究背景及意义；氯代有机物的分类、来源及危害；分别对常见氯代有机物处理技术(物理技术、生物技术、物化技术及电化学技术)的概念、研究现状作简要论述；重点对电催化氢化脱氯技术基本原理、电极材料研究现状及存在的科学问题进行分析。

第 2 章分析电催化氢化脱氯两种反应机理，即直接电子转移机理和间接电子转移机理。重点探讨间接电子转移过程中 H^*的演化、鉴定，并识别氢原子对脱氯性能的影响规律。通过调节 pH 实现对 H^*产量的调控，并分析 pH 对氯代有机物吸附活化的影响规律，阐明 pH 优化脱氯反应与析氢反应竞争反应机制。

第 3 章以 Pd/TiN 为模型催化剂，结合实验和理论计算，探索 H^*产率、污染物吸附活化和产物脱附难易程度对脱氯效率的影响，明确电子结构对产物脱附的调控机制。以 Pd(100)、(110)和(111)晶面为研究对象，探索不同电位下的脱氯效率、污染物、产物及氢物种在不同晶面上的吸脱附情况及 d 带中心位置，建立晶面与效能间构效关系，阐述不同条件下的决速步骤。

第 4 章探讨电催化氢化脱氯反应效能调控策略，基于增加氢自由基产量和增强催化剂抗毒化性能，分别提出莫特-肖特基异质结效应调控钯电子结构、表面有机小分子配体效应调控钯电子结构、催化剂表面原子结构调控、三维多孔结构强化扩散传质等方法，实现脱氯效能的提升。

第 5 章探讨氯代有机物脱氯产物分布情况，并分析整个阴极脱氯反应过程的反应路径。模拟真实水环境，探讨杂质离子对脱氯性能的影响规律，研究连续流系统中的脱氯性能，并进行生物安全性评价。

参考文献

[1] 邱明杰. 保护生命之源——水[J]. 通用机械, 2010(4): 3.
[2] 2020 年度《中国水资源公报》[J]. 水资源开发与管理, 2021.
[3] 宋宇辉, 纪琳, 钱文英, 等. 工业污水回用工艺技术方案选择[J]. 乙烯工业, 2007, 19(2): 59-64.

[4] Chen Z, Liu Y, Wei W, et al. Recent advances in electrocatalysts for halogenated organic pollutant degradation[J]. Environmental Science: Nano, 2019, 6(8): 2332-2366.

[5] 高存荣, 王俊桃. 我国69个城市地下水有机污染特征研究[J]. 地球学报, 2011, 32(5): 581-591.

[6] Silva V, Mol H G J, Zomer P, et al. Pesticide residues in European agricultural soils-A hidden reality unfolded[J]. The Science of the Total Environment, 2019, 653(FEB. 25): 1532-1545.

[7] Taylor A R, Wang J, Liao C, et al. Effect of aging on bioaccessibility of DDTs and PCBs in marine sediment[J]. Environmental Pollution, 2019, 245: 582-589.

[8] 王向宇. 纳米钯/铁双金属体系对氯代有机物催化还原脱氯研究[D]. 哈尔滨: 哈尔滨工业大学, 2009.

[9] 孙琛. 纳米氮化钛掺杂钯/泡沫镍电极对2, 4-二氯苯氧乙酸的电化学催化还原脱氯研究[D]. 杭州: 浙江大学, 2015.

[10] Gribble G W. The natural production of chlorinated compounds[J]. Environmental Science and Technology, 1994, 28(7): 310A-319A.

[11] 张家泉, 肖宇伦. 我国湖泊水环境中有机氯农药污染的研究进展[J]. 湖北理工学院学报, 2012, 28(1): 22-27.

[12] 来雪慧, 程健, 杨晓荣, 等. 我国土壤中有机氯农药的污染分布特征[J]. 山东化工, 2016, 21(45): 166-167.

[13] 陈经涛, 田安祥, 李克斌, 等. 我国含氯农药污染现状研究进展[J]. 延安大学学报(自然科学版), 2007, (3): 55-60.

[14] Kafaei R, Arfaeinia H, Savari A, et al. Organochlorine pesticides contamination in agricultural soils of southern Iran[J]. Chemosphere, 2020, 240: 124983.

[15] 程晓平, 郭建丽. 济宁地区土壤中有机氯农药残留现状调查[J]. 中国卫生检验杂志, 2019, 29(4): 475-477.

[16] 史双昕, 周丽, 邵丁丁, 等. 长江下游表层沉积物中有机氯农药的残留状况及风险评价[J]. 环境科学研究, 2010, 23(1): 7-13.

[17] 史双昕, 卢婉云, 邵丁丁, 等. 太湖、洞庭湖野生青虾肌肉中有机氯农药的气相色谱-质谱法测定[J]. 湖泊科学, 2009, 21(5): 631-636.

[18] Yang R, Yao T, Xu B, et al. Accumulation features of organochlorine pesticides and heavy metals in fish from high mountain lakes and Lhasa River in the Tibetan Plateau[J]. Environment International, 2007, 33(2): 151-156.

[19] 周小玉, 屈驰. 针叶小爪螨生物学特性及防治效果试验[J]. 现代农村科技, 2019(2): 58.

[20] Climent M J, Herrero-Hernandez E, Sanchez-Martin M J, et al. Residues of pesticides and some metabolites in dissolved and particulate phase in surface stream water of Cachapoal River basin, central Chile[J]. Environmental Pollution, 2019, 251: 90-101.

[21] 沈俭龙, 纪明山, 田宏哲. 农药的水环境化学行为研究进展[J]. 农药, 2015, 54(4): 248-250.

[22] 文海翔, 杨凯, 朱书平. 造纸行业工艺与污染物排放特征简介[J]. 低碳世界, 2016, 12: 3-4.

[23] 刘仁龙, 刘洋, 刘作华, 等. Fe/Al双金属协助电解法处理氯丁橡胶生产废水[J]. 水处理技术, 2013, 39(1): 59-63.

[24] 李永松, 赵康, 万倩. 自来水厂二氧化氯安全消毒工艺设计的研究[J]. 化工管理, 2018, 14: 205.

[25] Moyers B, Wu J S. Removal of organic precursors by permanganate oxidation and alum coagulation[J]. Water Research, 1985, 19(3): 309-314.

[26] 环保部、工信部、卫计委关于发布《优先控制化学品名录(第一批)》的公告 2017年 第83号[J]. 中国洗涤用品工业, 2018(1): 68, 70.

[27] 余丽琴, 赵高峰, 冯敏, 等. 典型氯酚类化合物对水生生物的毒性研究进展[J]. 生态毒理学报, 2013, 8(5): 658-670.

[28] 孙欣欣. 氯酚类物质对斑马鱼的毒性作用研究[D]. 青岛: 青岛科技大学, 2014.

[29] 李栋. 2, 4-二氯酚影响性激素水平致斑马鱼雌性化[D]. 兰州: 兰州大学, 2019.

[30] International C. Occupational fatalities associated with 2, 4-dichlorophenol (2, 4-DCP) exposure, 1980—1998[J]. Mmwr Morbidity & Mortality Weekly Report, 2000, 49(23): 516-518.

[31] Chhabra R S, Maronpot R M, Bucher J R, et al. Toxicology and carcinogenesis studies of pentachlorophenol in rats[J].

Toxicological Sciences, 1999, 48(1): 14-20.

[32] 谢晟瑜, 张佳丽, 沈昊宇, 等. 氯酚类污染物的性质、危害及其检测方法研究进展[J]. 分析试验室, 2017, 36: 1351-1355.

[33] 何文杰, 谭浩强, 韩宏大, 等. 粉末活性炭对水中农药的吸附性能研究[J]. 环境工程学报, 2010, 8: 1692-1696.

[34] Akhtar M, Bhanger M I, Iqbal S, et al. Sorption potential of rice husk for the removal of 2, 4-dichlorophenol from aqueous solutions: Kinetic and thermodynamic investigations[J]. Journal of Hazardous Materials, 2006, 128(1): 44-52.

[35] Moritz M, Geszke-Moritz M. Application of nanoporous silicas as adsorbents for chlorinated aromatic compounds. A comparative study[J]. Materials Science and Engineering: C, 2014, 41: 42-51.

[36] Kosutic K, Kunst B. Removal of organics from aqueous solutions by commercial RO and NF membranes of characterized porosities[J]. Desalination, 2002, 142(1): 47-56.

[37] Jesus J, Frascari D, Pozdniakova T, et al. Kinetics of aerobic cometabolic biodegradation of chlorinated and brominated aliphatic hydrocarbons: A review[J]. Journal of Hazardous Materials, 2016, 309: 37-52.

[38] Schmidt K R, Gaza S, Voropaev A, et al. Aerobic biodegradation of trichloroethene without auxiliary substrates[J]. Water Research, 2014, 59: 112-118.

[39] Tiehm A, Schmidt K R. Sequential anaerobic/aerobic biodegradation of chloroethenes-aspects of field application[J]. Current Opinion in BioTechnology, 2011, 22(3): 415-421.

[40] Ramanand K, Balba M T, Duffy J. Reductive dehalogenation of chlorinated benzenes and toluenes under methanogenic conditions[J]. Applied & Environmental Microbiology, 1993, 59(10): 3266.

[41] Middeldorp P, Wolf J D, Zehnder A, et al. Enrichment and properties of a 1, 2, 4-trichlorobenzene-dechlorinating methanogenic microbial consortium[J]. Applied & Environmental Microbiology, 1997, 63(4): 1225.

[42] Adrian L, Szewzyk U, Gorisch H. Bacterial growth based on reductive dechlorination of trichlorobenzenes[J]. Biodegradation, 2000, 11(1): 73-81.

[43] 汪桂芝. 不同价态铁元素对厌氧微生物降解 2, 4, 6-三氯酚的影响及特性研究[D].湘潭: 湘潭大学, 2013.

[44] Woods S L, Ferguson J F, Benjamin M M. Characterization of chlorophenol and chloromethoxybenzene biodegradation during anaerobic treatment[J]. Enviranscitechnol, 1989, 23(1): 8030-8035.

[45] Galíndez-Mayer J, Ramón-Gallegos J, Ruiz-Ordaz N, et al. Phenol and 4-chlorophenol biodegradation by yeast Candida tropicalis in a fluidized bed reactor[J]. Biochemical Engineering Journal, 2008, 38(2): 147-157.

[46] 谢濠江, 颜华, 孙永贵. 有机氯化物焚烧技术的研究和设计[J]. 中国氯碱, 2018, 3: 34-36, 41.

[47] 别如山, 李鑫, 杨励丹, 等. 含氯有机废水在流化床中焚烧 HCl 生成与控制的实验研究[J]. 环境科学学报, 2001, 4: 394-399.

[48] 项奇, 谢晟瑜, 张佳丽, 等. 氯酚类废水处理机理研究进展[J]. 工业水处理, 2017, 37(11): 5-10.

[49] Ku Y, Chen K Y, Lee K C. Ultrasonic destruction of 2-chlorophenol in aqueous solution[J]. Water Research, 1997, 31(4): 929-935.

[50] 边森, 钱枫, 王志楠, 等. 超声波-零价铁粉还原降解含氯有机物的研究[J]. 环境科学与技术, 2010, 33(S2): 137-140.

[51] Wardman P. Reduction potentials of one-electron couples involving free radicals in aqueous solution[J]. Journal of Physical & Chemical Reference Data, 1989, 18(4): 1637-1755.

[52] Kuang Y, Wang Q, Chen Z, et al. Heterogeneous Fenton-like oxidation of monochlorobenzene using green synthesis of iron nanoparticles[J]. Journal of Colloid and Interface Science, 2013, 410(22): 67-73.

[53] Hong P, Yu Z. Degradation of pentachlorophenol by ozonation and biodegradability of intermediates[J]. Water Research, 2002, 36(17): 4243-4254.

[54] Li J, Cui W, Chen P, et al. Unraveling the mechanism of binary channel reactions in photocatalytic formaldehyde decomposition for promoted mineralization[J]. Applied Catalysis B: Environmental, 2019, 260: 118130.

[55] German, Mills, Michael, et al. Photocatalytic degradation of pentachlorophenol on titanium dioxide particles: identification of intermediates and mechanism of reaction[J]. Environmental Science & Technology, 1993, 27(8): 1681-1689.

[56] Aguilar C, Pandiyan T, Arenas-Alatorre J A, et al. Oxidation of phenols by TiO_2-Fe_3O_4-M (M=Ag or Au) hybrid composites under visible light[J]. Separation & Purification Technology, 2015, 149: 265-278.

[57] Gillham R W. Enhanced degradation of halogenated aliphatics by zero-valent iron[J]. Groundwater, 1994, 32(6): 958-967.

[58] Wang C B, Zhang W X. Synthesizing nanoscale iron particles for rapid and complete dechlorination of TCE and PCBs[J]. Environmental Science & Technology, 1997, 31(7): 9602-9607.

[59] Lowry G V, Johnson K M. Congener-specific dechlorination of dissolved PCBs by microscale and nanoscale zerovalent iron in a water/methanol solution[J]. Environmental Science & Technology, 2004, 38(9): 5208-5216.

[60] Morales J, Hutcheson R, Cheng I F. Dechlorination of chlorinated phenols by catalyzed and uncatalyzed Fe(0) and Mg(0) particles[J]. Journal of Hazardous Materials, 2002, 90(1): 97-108.

[61] Davie M G, Cheng H, Hopkins G D, et al. Implementing heterogeneous catalytic dechlorination technology for remediating TCE-contaminated groundwater[J]. Environmental Science & Technology, 2008, 42(23): 8908.

[62] Ramírez G, Recio F J, Herrasti P, et al. Effect of RVC porosity on the performance of PbO_2 composite coatings with titanate nanotubes for the electrochemical oxidation of azo dyes[J]. Electrochimica Acta, 2016, 204: 9-17.

[63] Wang Y, Shen C, Zhang M, et al. The electrochemical degradation of ciprofloxacin using a SnO_2-Sb/Ti anode: Influencing factors, reaction pathways and energy demand[J]. Chemical Engineering Journal, 2016, 296: 79-89.

[64] Andaya C, Burant A, Condee C W, et al. Electrochemical treatment of perfluorooctanoic acid and perfluorooctane sulfonate: Insights into mechanisms and application to groundwater treatment[J]. Chemical Engineering Journal, 2017, 317: 424-432.

[65] Panizza M, Cerisola G. Direct and mediated anodic oxidation of organic pollutants[J]. Chemical Reviews, 2009, 109(12): 6541-6569.

[66] Tang B, Du J, Feng Q, et al. Enhanced generation of hydroxyl radicals on well-crystallized molybdenum trioxide/nano-graphite anode with sesame cake-like structure for degradation of bio-refractory antibiotic[J]. J Colloid Interface, 2018, 517: 28-39.

[67] Nidheesh P V, Gandhimathi R. Trends in electro-Fenton process for water and wastewater treatment: An overview[J]. Desalination, 2012, 299: 1-15.

[68] Oturan N, Ganiyu S O, Raffy S, et al. Sub-stoichiometric titanium oxide as a new anode material for electro-fenton process: Application to electrocatalytic destruction of antibiotic amoxicillin[J]. Applied Catalysis B: Environmental, 2017, 217: 214-223.

[69] Isse A A, Scarpa L, Durante C, et al. Reductive cleavage of carbon-chlorine bonds at catalytic and non-catalytic electrodes in 1-butyl-3-methylimidazolium tetrafluoroborate[J]. Physical Chemistry Chemical Physics, 2015, 17(46): 31228-31236.

[70] Yang B, Gang Y, Huang J. Electrocatalytic hydrodechlorination of 2, 4, 5-trichlorobiphenyl on a palladium-modified nickel foam cathode[J]. Environmental Science & Technology, 2007, 41(21): 7503-7508.

[71] Bo Y, Gang Y, Liu X. Electrocatalytic Hydrodechlorination of 4-chlorobiphenyl in aqueous solution with the optimization of palladium-loaded cathode materials[J]. Electrochimica Acta, 2006, 52(3): 1075-1081.

[72] Shu X, Yang Q, Yao F, et al. Electrocatalytic hydrodechlorination of 4-chlorophenol on Pd supported multi-walled carbon nanotubes particle electrodes[J]. Chemical Engineering Journal, 2019, 358: 903-911.

[73] Jiang G, Lan M, Zhang Z, et al. Identification of active hydrogen species on palladium nanoparticles for an enhanced

electrocatalytic hydrodechlorination of 2, 4-Dichlorophenol in water[J]. Environmental Science & Technology, 2017, 51(13): 7599-7605.

[74] Dabo P, Cyr A, Laplante F, et al. Electrocatalytic dehydrochlorination of pentachlorophenol to phenol or cyclohexanol[J]. Environmental science & Technology, 2000, 34(7): 1265-1268.

[75] Cabot P L. Palladium-assisted electrodehalogenation of 1, 1, 2-trichloro-1, 2, 2-trifluoroethane on lead cathodes combined with hydrogen diffusion anodes[J]. Journal of the Electrochemical Society, 1997, 144: 3749-3757.

[76] Miyoshi K, Kamegaya Y, Matsumura M. Electrochemical reduction of organohalogen compound by noble metal sintered electrode[J]. Chemosphere, 2004, 56(2): 187-193.

[77] Yang L, Chen Z, Cui D, et al. Ultrafine palladium nanoparticles supported on 3D self-supported Ni foam for cathodic dechlorination of florfenicol[J]. Chemical Engineering Journal, 2019, 359: 894-901.

[78] Peng Y, Cui M, Zhang Z, et al. Bimetallic composition-promoted electrocatalytic hydrodechlorination reaction on silver-palladium alloy nanoparticles[J]. ACS Catalysis, 2019, 9(12): 10803-10811.

[79] Liu R, Zhao H, Zhao X, et al. Defect sites in ultrathin Pd nanowires facilitate the highly efficient electrocatalytic hydrodechlorination of pollutants by H^*_{ads}[J]. Environmental Science & Technology, 2018, 52(17): 9992-10002.

[80] Lou Z, Zhou J, Sun M, et al. MnO_2 enhances electrocatalytic hydrodechlorination by Pd/Ni foam electrodes and reduces Pd needs[J]. Chemical Engineering Journal, 2018, 352: 549-557.

[81] Li J, Peng Y Y, Zhang W D, et al. Hierarchical Pd/MnO2 nanosheet array supported on Ni foam: An advanced electrode for electrocatalytic hydrodechlorination reaction[J]. Applied Surface Science, 2020, 509: 145369.

[82] Jiang C, Yu H, Lu Y, et al. Preparation of spike-like palladium nanoparticle electrode and its dechlorination properties[J]. Thin Solid Films, 2018, 664: 27-32.

[83] Wu Y, Gan L, Zhang S, et al. Enhanced electrocatalytic dechlorination of para-chloronitrobenzene based on Ni/Pd foam electrode[J]. Chemical Engineering Journal, 2017, 316: 146-153.

第2章　电催化氢化脱氯反应机理

根据电子转移和 C—Cl 键裂解的顺序，电催化氢化脱氯反应包括两种脱氯机理，分别是直接电子转移机理和基于强还原性自由基来转移电子的间接电子转移机理，明晰氯代有机物电催化氢化脱氯反应机理对推动电催化还原脱氯技术的发展具有重要意义。

2.1　直接电子转移机理

直接电子转移机理主要包括顺序游离电子转移机理和同步游离电子转移机理[1,2]。直接电子转移机理的基本反应步骤如下：首先，氯代有机物优先吸附在催化剂电极表面，形成稳定的中间吸附态，显著降低脱氯反应活化率，进而提高脱氯效率、并降低能耗。其次，在顺序游离电子转移机理中，吸附态氯代有机物在接受一个电子后，生成一个稳定的 π^*自由基阴离子中间产物。随后发生 C—Cl 键断裂，产生对应的自由基中间产物和氯离子。一般而言，对应的自由基中间产物的还原电位比氯代有机污染物更正，立即引起第二电子转移，将其进一步还原为碳负离子。最后，碳负离子直接从溶剂中夺取原子态氢原子，并通过质子化作用实现加氢脱氯步骤，或同时去除相邻碳原子上两个氯离子的 β-氯消除过程，生成含双键或三键的产物，这主要取决于溶剂的条件及其分子结构[3,4]。而同步游离电子转移机理中电子转移和 C—Cl 键的断裂是同步发生的。

有学者提出，通过循环伏安法曲线计算的传递系数 α 表示电极上消耗的电能用于克服电极反应活化能的效率，其往往成为辨别顺序游离电子转移机理和同步游离电子转移机理的标准。饱和氯代脂肪族化合物的传递系数明显小于 0.5，其脱氯反应遵循同步游离电子转移机理。而不饱和氯代脂肪族化合物的脱氯反应主要遵循顺序游离电子转移机理。此外，挥发性氯代有机物中偕-氯代烷烃和偕-氯代烯烃的还原反应主要遵循加氢脱氯反应，而邻-氯代烷烃和邻-氯代烯烃的还原反应主要遵循 β-氯消除过程。

2.2　间接电子转移机理

2.2.1　活性 H^*的生成、鉴定及其对脱氯性能影响

电催化氢化脱氯的反应机理是在催化剂电极表面上通过电还原电解质中的质子(H^+)，原位生成具有强还原性的原子态氢自由基(H^*)，H^*进而攻击 C—Cl 键使之断裂，

从而使氯原子从氯代有机物上脱落。H^*是 EHDC 中的关键活性物种，H^*通过 Volmer 步骤生成，并参与加氢脱氯反应中。为提升 H^*的生成量，研究学者开发了诸多电催化氢化脱氯催化剂，如 Pd、Cu、Ti、Fe 等金属及其合金或复合材料。通过研究对比发现，贵金属 Pd 因具有适中的吸附强度和储氢性能，是电催化氢化脱氯最常用的催化剂。在 Pd 活性位表面的 H^*存在两种形式：吸附在金属 Pd 表面的原子态吸附氢(H^*_{ads})和进入金属 Pd 晶格的原子态吸收氢(H^*_{ads})[5,6]。然而，当 H^*在电极表面覆盖率较高时，H^*将通过 Heyrovsky 步骤或 Tafel 步骤转变为分子态氢 H_2[7,8]，析氢副反应的发生将与脱氯反应竞争消耗 H^*，从而消耗掉大量 H^*，限制了脱氯效率。此外，产生的 H_2气泡将制约固/液界面处的质量/电子传递速率，不利于脱氯反应的进行。因此，亟需优化脱氯反应过程，充分发挥 H^*的强还原性用于高效脱氯反应，并抑制析氢反应的发生。

目前，提升 Pd 基催化剂电催化氢化脱氯性能的研究已经取得较大的研究进展，但针对脱氯反应机理、三种 H^*物种在不同反应条件下的演化规律、其浓度与脱氯效率之间的关系等关键科学问题仍尚不明确。因此，本节以平均粒径为 5.0nm±0.5nm 的单分散 Pd 纳米颗粒为研究模型，以 2,4-二氯酚为目标污染物，开展上述系统性研究工作。

1) C-Pd 催化剂的制备及理化性质表征

单分散 Pd 纳米颗粒(Pd NPs①)是通过有机溶液化学还原法合成：以乙酰丙酮钯为钯前驱体，吗啉硼烷络合物为还原剂，油胺(oleylamine，OAm)为溶剂和表面活性剂。在 N_2气氛下，将上述试剂混合，并在磁力搅拌下加热以制备 Pd NPs。考虑到 Pd NPs 尺寸较小，易发生团聚，故将制备的 Pd NPs 负载于炭黑上(C-Pd)。同时，考虑到 Pd 表面含残留的表面活性剂油胺分子，油胺的存在将影响 Pd 与溶液间的电子传递，不利于电催化反应过程，所以将 C-Pd 纳米颗粒置入 70℃醋酸溶液中活化以除去表面活性剂(简称 C-Pd after AA treatment)。图 2.1(a)为 Pd NPs 的透射电镜(transmission electron microscope，TEM)图像。由图可知，Pd NPs 是平均粒径为 5.0nm±0.5nm 的多面体，颗粒尺寸分布较均匀。高分辨透射电镜(high resolution transmission electron microscope，HR-TEM)图[图 2.1(b)]可知，Pd NPs 颗粒的晶格间距约为 0.23nm，与 Pd 面心立方晶体结构的(111)晶面相吻合。由图 2.1(c)所示的 X 射线衍射(X-ray diffraction，XRD)谱图可知，C-Pd 在活化前后 2θ特征衍射峰均位于 40.12°、46.66°和 68.12°附近，与 Pd 物相的标准 PDF 卡片一致(PDF#46-1043)。上述三个衍射峰分别对应金属 Pd 的(111)、(200)和(220)晶面，且无其他特征衍射峰存在，表明合成的 Pd NPs 为纯 Pd 相。

为系统评估 Pd NPs 电催化氢化脱氯活性及脱氯过程中活性 H^*的演化机制等，本节将制备的 Pd NPs 化学沉积到导电性和孔结构优异的炭黑上。在醋酸处理活化过程中，醋酸分子将通过配体交换过程，替代 Pd NPs 表面上的油胺分子。在真空条件下，残留的醋酸分子挥发，得到表面洁净的 Pd NPs，其 XRD 谱图如图 2.1(c)所示。图中发现 Pd 的特征衍射峰在经醋酸处理前后均没有发生变化，表明醋酸活化过程并没有改变 Pd 的物相。C-Pd 催化剂的 TEM 图[图 2.1(d)]发现 Pd NPs 的形貌依然是平均粒径为 5.0nm 的多面

① NPs 是 nanoparticles 的英文缩写，表示纳米颗粒。

体，且均匀分布在炭黑载体上。上述研究表明，在醋酸处理后，Pd NPs 的物相没有发生变化，也没有出现任何聚集或形态的变化，Pd NPs 均以单分散的形式存在。

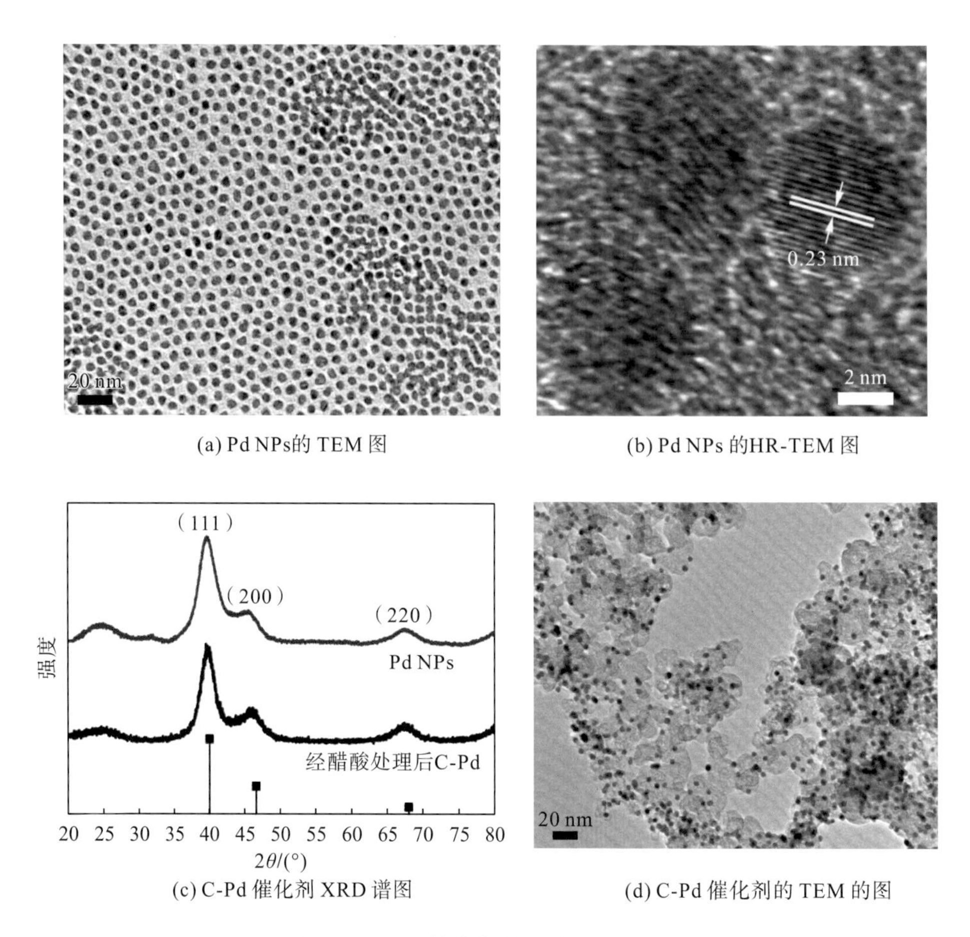

(a) Pd NPs的 TEM 图 (b) Pd NPs 的HR-TEM 图

(c) C-Pd 催化剂 XRD 谱图 (d) C-Pd 催化剂的 TEM 的图

图 2.1 C-Pd 催化剂的形貌和结构表征

2) H^*的演化过程

将 C-Pd 催化剂墨汁旋涂在旋转圆盘装置的玻碳电极表面，制成 C-Pd 催化剂薄膜，并用循环伏安法(CV)探究 H^*的演化过程。在脱氯测试开始前，将 C-Pd/碳纸电极先进行活化预处理。具体活法方法为：取一定体积的 N_2 饱和的 0.1mol • L^{-1} $HClO_4$ 电解液，以负载有 C-Pd 催化剂的碳纸电极为工作电极、Ag/AgCl 电极为参比电极、Pt 电极为对电极组成三电极体系，采用循环伏安法在-0.20～0.90V 电位范围内，以 100mV • s^{-1} 的速度持续扫描，直至前后两圈曲线趋于稳定视为活化完成。如图 2.2 所示，在 0.3～0.6V 范围内的 CV 曲线出现了 PdO 的还原峰，在-0.2～-0.1V 范围内的 CV 曲线因氢在 Pd 表面的脱附行为形成了脱附峰。随着循环次数的进一步增加，金属 Pd 表面连续发生氧化-还原活化反应，该过程能有效去除 Pd 表面残余的油胺有机物，清洁 Pd 表面，从而暴露出更多的脱氯活性位点，即图 2.3 中氢在欠电位区域形成峰和脱附峰峰面积逐渐增大的原因。

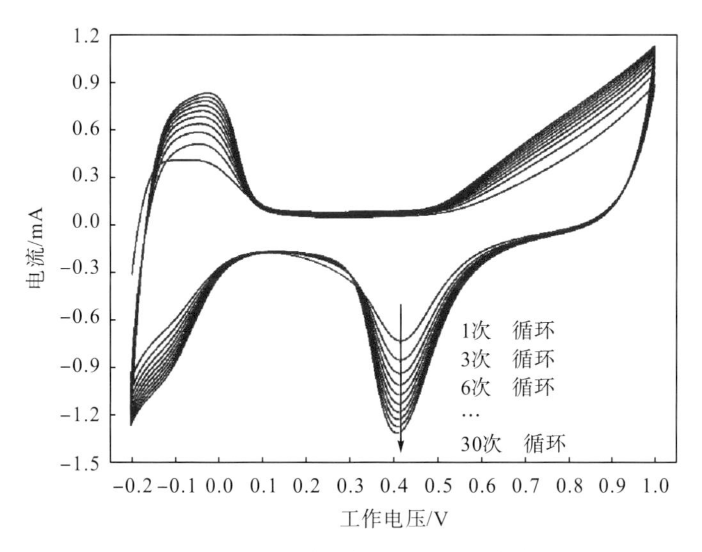

图 2.2　C-Pd 催化剂循环伏安法曲线

在 CV 活化后，清洗 C-Pd 催化剂电极表面，避免残留的 $HClO_4$ 对电解液的酸碱性的影响。在 $50mmol \cdot L^{-1}$ Na_2SO_4 溶液中探究催化剂表面 H^* 的演化过程。结果如图 2.3 所示，通过研究从不同起始电位(从−1.10V 到−0.65V)到共同终止电位(0.45V)间 CV 曲线的变化来探索 H^* 的演化过程。如图 2.3 所示，在所有 CV 曲线中正扫氧化段中均出现三个氧化峰，分别位于−0.80～−0.60V、−0.20～−0.10V 和−0.10～−0.00V 电位处，上述三个峰分别对应于分子态吸收氢(H_2)、原子态吸收氢(H^*_{abs})及原子态吸附氢(H^*_{ads})的氧化峰[9,10]。通过对比 CV 图可知，当起始电位越负时，三个氧化峰的峰面积越大，表明产生的相应氢物种越多。

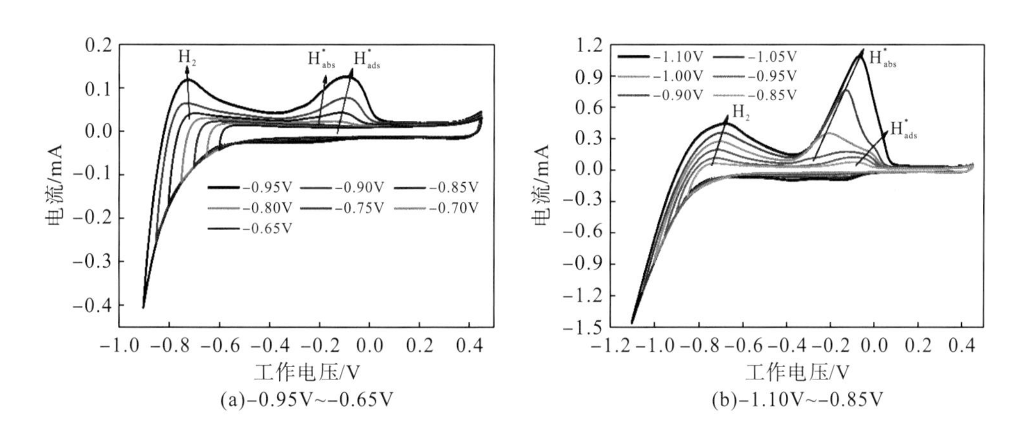

图 2.3　C-Pd 催化剂在不同阴极起始电位下的循环伏安法曲线

3) 活性 H^* 物种的鉴定

为了鉴定在 EHDC 中三种不同种类的 H^* 所扮演的角色，本研究分析在不同起始电位下添加 2,4-DCP 前后 CV 曲线的变化。在 CV 扫描过程中起始电位分别设置为−0.85V、

−0.90V、−0.95V 和−1.00V，同时将终止电位固定在 0.45V，扫描速率设置为 $50mV\cdot s^{-1}$。如图 2.4 所示，在添加 2,4-DCP 后，不同起始电位下的四个 CV 图中，H^*_{ads} 氧化峰完全消失，而 H^*_{abs} 和 H_2 的氧化峰几乎没有明显的变化。基于上述现象，推测 2,4-DCP 在金属 Pd 的催化作用下消耗了 H^*_{ads}。在相同的实验条件下进行 10000 次的 CV 循环实验，涵盖了−0.85V 至 0.45V 电位范围，并通过高效液相色谱测定电解液的成分。结果显示，2,4-DCP 的浓度略有下降。由此得出结论，电催化氢化脱氯反应中，H^*_{ads} 是关键的活性氢物种，而 H^*_{abs} 和 H_2 对脱氯反应的贡献较小。

为了进一步验证前述观点，本节进行了线性扫描伏安法测试。如图 2.5(a)所示，在 H^*_{ads} 和 H^*_{abs} 的形成电位范围内，难以区分它们对 2,4-DCP 的作用。但在主要产生 H_2 的电位范围内，加入 2,4-DCP 前后的极化曲线斜率保持不变，表明电催化氢化脱氯反应与 H_2 的演化过程无关。因此，线性扫描伏安法的结果证明 H_2 在电催化氢化脱氯反应中并不具备活性。

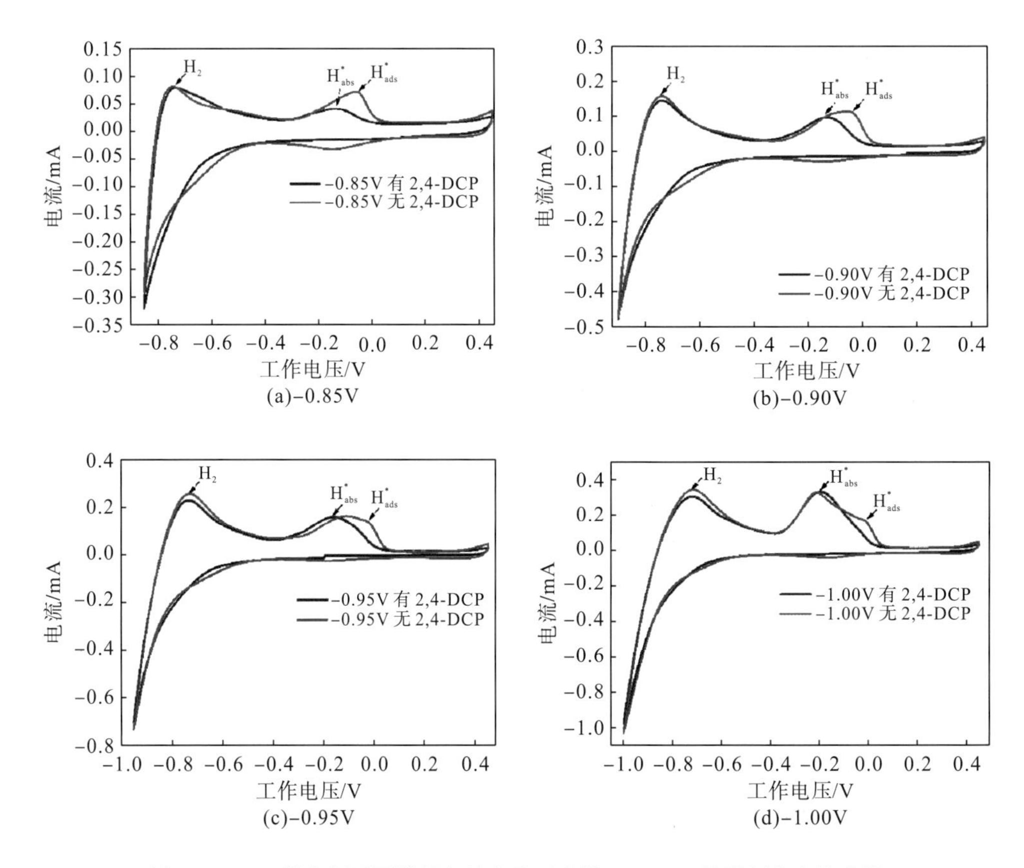

图 2.4 C-Pd 催化剂不同阴极起始电位下去除 2,4-DCP 的循环伏安法曲线

最后，通过比较不同电位范围内加入 2,4-DCP 前后 CV 图的变化，对不同电位下的各种氢物种的产量进行了估算，以更准确地了解每种氢的产生与工作电位之间的关系。由于氧化段出现的三个峰分别代表自 H^*_{ads}、H^*_{abs} 和 H_2 的氧化过程，因此可以利用这三个峰形成时的转移电荷出现的来估算每种氢的量。考虑到 H^*_{ads} 和 H^*_{abs} 的峰区域部分重叠，

而 2,4-DCP 加入后 H^*_{ads} 的消耗量是已知的，因此可通过 $H^*_{ads}+H^*_{abs}$ 总量减去 H^*_{ads} 的来量计算 H^*_{abs} 的量。图 2.5(b) 总结了不同起始电位 CV 扫描后的三种氢的浓度。

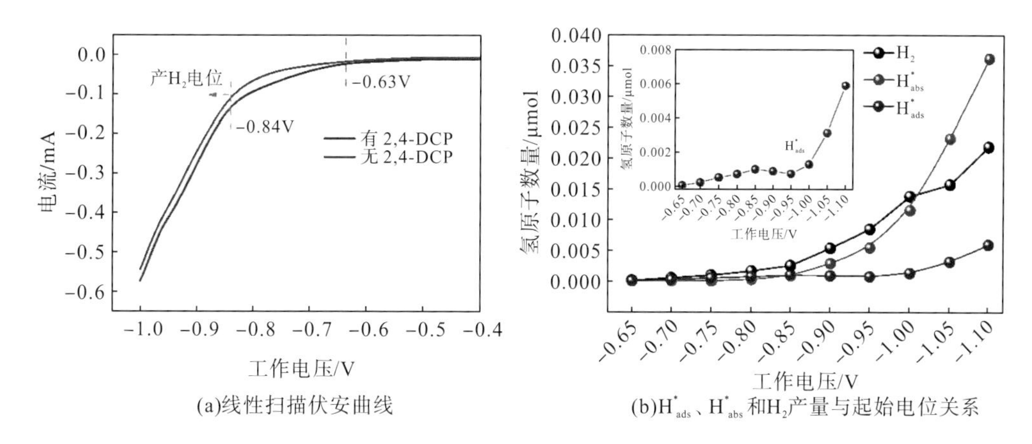

(a)线性扫描伏安曲线　　(b) H^*_{ads}、H^*_{abs} 和 H_2 产量与起始电位关系

图 2.5　C-Pd 催化剂的线性扫描伏安法曲线及三种氢物种产量与起始电位的关系图

结果表明，在−0.65V 电位时，H^*_{ads}、H^*_{ads} 和 H_2 已出现。在起始电位−0.85V 至−0.65V 范围内，随着起始电位的降低，H^*_{ads} 浓度略微增加，另两种氢的浓度都显著提高，说明此段电位内以产生 H^*_{abs} 和 H_2 为主。在起始电位从−0.85V 到−0.95V 范围内，H^*_{ads} 的浓度表现出与其他两种氢相反的趋势，这可能是由于 H^*_{ads} 在这个电位范围内被转化为 H^*_{abs} 和 H_2，导致浓度降低。此外三种氢的增长速率完全不同，H^*_{abs} 和 H_2 的增长速率明显大于 H^*_{ads}。由此可以得出结论，在−0.85V 至−0.65 电位区间，三种氢的产生量遵循以下关系：$H^*_{abs}<H^*_{ads}<H_2$，在−1.00V 至−0.85 电位区间，排列为 $H^*_{ads}<H^*_{abs}<H_2$，排在−1.10V 至−1.00 电位区间，排列为 $H^*_{ads}<H_2<H^*_{abs}$。

4) 活性 H^* 对脱氯性能的影响

为了研究脱氯效率随工作电位变化的规律，进行了动力学研究，根据浓度与时间关系的结果，发现 C-Pd 催化剂的电催化氢化脱氯反应遵循伪一级动力学方程。表观速率常数 (k_{ap}，见表 2.1) 随工作电位的增加呈现先升高后下降的趋势，在−0.85V 达到最大值 $7.12\times10^3 \text{min}^{-1}$，表明在此条件下催化剂的脱氯性能最佳。图 2.6(b) 中的插图显示 $\ln k_{ap}$ 与 $\ln E$（E 指应用电势的绝对值）之间的关系，在−0.85～−0.65V 范围内，$\ln k_{ap}$ 随 $\ln E$ 的变化呈直线上升趋势 (R^2=0.985)，反应速率级数为 7.9。$\ln k_{ap}$ 的增加是由于在此范围内更负的电位可以产生更多 H^*_{ads}，从而促进脱氯反应。然而，在更低的电压范围内 (−1.00～−0.90V)，$\ln k_{ap}$ 随 $\ln E$ 的变化呈下降趋势。考虑到在−0.85V 左右开始产生 H_2 并以产 H_2 为主 [见图 2.5(a)]，因此 $\ln k_{ap}$ 随 $\ln E$ 降低的原因可能是由于 H_2 气泡增多，H_2 与电催化氢化脱氯中的 H^*_{ads} 竞争，并且气泡的产生阻碍了催化剂表面与液体界面处的电子传递和传质过程。在更低的电位范围内 (−1.05～−1.10V)，$\ln k_{ap}$ 随 $\ln E$ 再次上升，可能是由于在此电位范围内 H^*_{ads} 的产量过大 [见图 2.5(b)]，削弱了 H_2 及气泡的副作用。

表 2.1　伪一级动力学模型参数

参数	电势/V									
	−0.65	−0.70	−0.75	−0.80	−0.85	−0.90	−0.95	−1.00	−1.05	−1.10
表观速率常数(k_{ap})/10^3min^{-1}	0.90	1.54	3.23	5.24	7.12	3.83	3.08	2.43	3.52	3.44
相关系数(R^2)	0.932	0.983	0.998	0.996	0.995	0.994	0.994	0.965	0.982	0.995

图 2.6(c)总结了不同阴极电位下电极的脱氯效率 η 和 H^*_{ads} 产量。当工作电位为−0.65～−0.95V 时，脱氯效率与 H^*_{ads} 产量的变化趋势相似，表明 H^*_{ads} 是电催化氢化脱氯反应的关键活性物质。然而，当电位为−1.00～−1.10V 时，尽管 H^*_{ads} 产量急剧增加，但电催化氢化脱氯效率仍低于−0.85V 条件下的效率，这可能是因为大量 H_2 气泡的产生对 C-Pd 催化剂的脱氯性能产生不利的影响，即使活性物质增加也不能抵消其对脱氯活性的不利影响。

图 2.6(d)展示了反应时间内 p—CP 和 o—CP 的浓度变化，表明相对于邻位氯原子，在脱氯过程中处于对位的氯原子更容易发生加氢脱氯反应，因此检测到的 o—CP 含量更多。

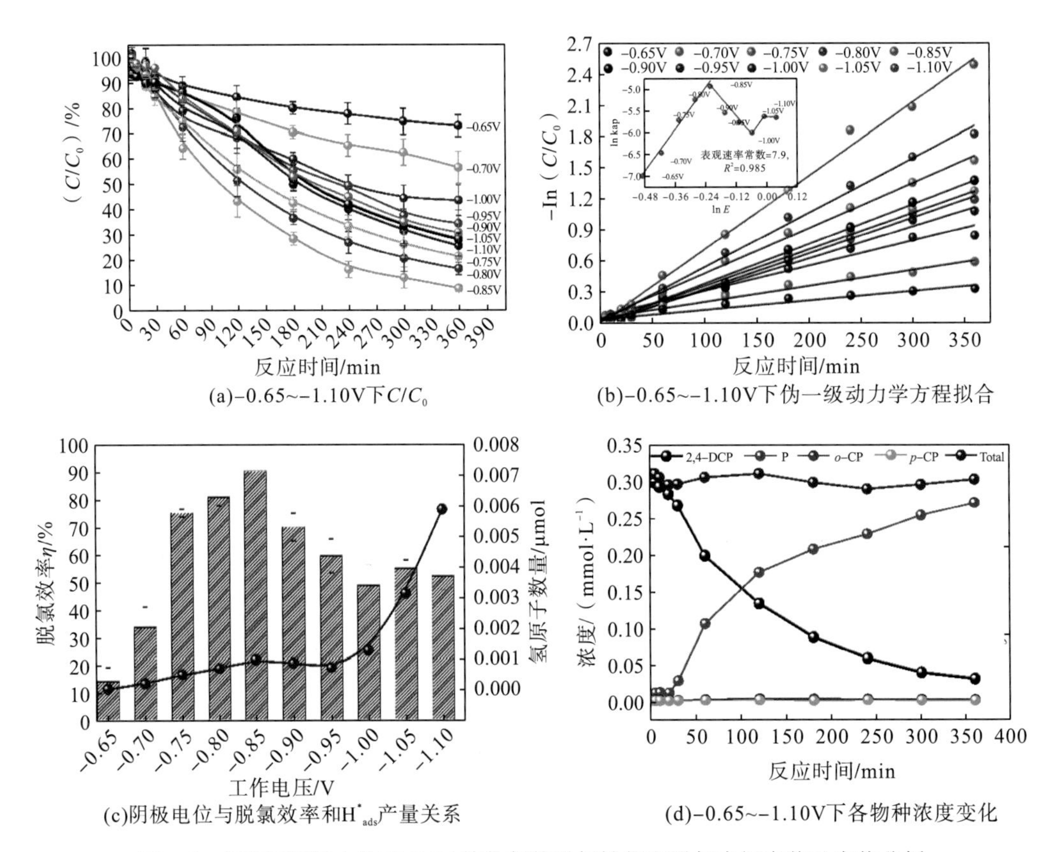

(a)−0.65~−1.10V下C/C_0　　(b)−0.65~−1.10V下伪一级动力学方程拟合

(c)阴极电位与脱氯效率和H^*_{ads}产量关系　　(d)−0.65~−1.10V下各物种浓度变化

图 2.6　在不同阴极电位下 C-Pd 催化剂的脱氯性能和脱氯中间产物及产物分析

为评估电极的实际应用价值，在−0.85 V 电位下对 C-Pd/碳纸电极进行了多次循环测试，以表征其稳定性，测试结果如图 2.7 所示。在测试过程中，使用同一块电极，并在每次循环开始时添加 1mL 2,4-DCP 储备液，以确保反应中 2,4-DCP 的初始浓度均为 $50mg \cdot L^{-1}$。此外，温度、搅拌速率等反应条件均保持不变。

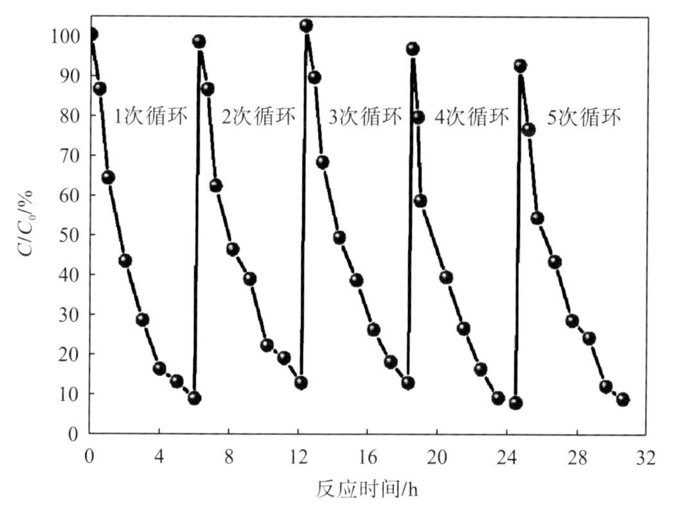

图 2.7 C-Pd 催化剂脱除 2,4-DCP 的稳定性测试图

实验数据表明，经过 5 次循环后，C-Pd/碳纸电极仍然保持高度的脱氯活性。虽然脱氯效率略有波动，但总体上保持在 85%以上，显示了出色的稳定性。根据文献报道，在电解产氢过程中，金属 Pd 一直处于富氢状态，可能会导致金属膨胀等形态变化，一些催化剂由于形态变化而附着力下降，从电极表面脱落，从而降低其电催化氢化脱氯的活性。然而，在本实验中，经过 5 次循环后，电极的脱氯效率只有轻微波动，没有明显下降趋势，这可能是由于初始浓度存在一定偏差。当使用移液管向反应体系中注入 1mL 的 2,4-DCP 时，会出现人为误差，导致反应的初始浓度产生差异。总的来说，电催化氢化脱氯效率波动不大，表明 C-Pd 纳米颗粒/碳纸电极本身具有良好的稳定性。

2.2.2 电催化氢化脱氯反应与析氢反应的竞争关系

电催化氢化脱氯技术是一种极具潜力的环境修复技术，特别适用于废水净化。已有研究表明，在降解持久性污染物方面，如含氧阴离子(例如硝酸盐、溴酸盐、高氯酸盐等)[11-14]、硝基苯[15,16]、乙酰乙酸/苯甲酮[17]和卤代烃(氯代酚、三氯乙烯等)[18,19]，电催化氢化脱氯技术已经表现出高效率。在水溶液中，质子在电极表面还原为 H_{ads}^*。H_{ads}^* 在电催化反应中扮演关键的活性物种角色，具有强烈的还原性，可以通过加氢(对双键或三键进行加氢)或氢化(替代邻位原子)来减弱污染物的毒性[20]。与传统技术，如物理吸附[21]、生物处理[22]、深度氧化[23]、化学还原[24,25]等相比，电催化氢化脱氯采用清洁电能来推动有毒化学物质的还原，减少了有毒中间体的生成和污泥的风险[26,27]，具有更高效、环保且减小二次污染风险等优点。

由于在工作电极上，H_{ads}^* 可以通过与电催化氢化脱氯竞争而形成氢气(H_2)[28,29]，因此，电催化氢化脱氯过程对 H_{ads}^* 的利用率远低于 100%[30]。析氢副反应的发生不仅会降低电能利用率，还会在 H_2 的生成和富集中导致反应过程存在安全风险[31]。早期实验发现，过负阴极电位会促使大量 H_2 的生成，而 H_2 的鼓泡行为会阻碍电极表面的传质[32]，从而降低脱氯效率[33]。为了最大程度地降低析氢副反应对整体脱氯性能的影响，深入研究析氢过程与电催化脱氯过程之间对 H^*_{ads} 的消耗竞争关系具有重要意义。由于脱氯和析氢反应的动力学过程均与 H^*_{ads} 浓度和溶液中 H^+ 浓度相关，因此，本部分以 pH 值作为电催化氢化脱氯反应和析氢反应之间的选择性调节因子，系统研究了溶液 pH 对脱氯反应和析氢反应动力学过程的影响。

2,4-DCP 是工业、农业和医疗废水中常见的持久性卤代污染物。本部分以 2,4-DCP 作为模型污染物，探讨了溶液 pH 对脱氯反应和析氢反应动力学过程的影响。在电催化氢化脱氯过程中，2,4-DCP 通过 C—Cl 键的氢化取代反应转化为毒性较低的苯酚。在实验中，将溶液的初始 pH 控制在 1.33～5.89 的范围内，以脱氯效率和 H^*_{ads} 利用率作为评价指标来描述脱氯反应和析氢反应之间的“竞争”关系。此外，还将结合密度泛函理论计算，深入研究 H^*_{ads} 生成量以及 2,4-DCP 与苯酚的吸附和脱附行为与 pH 值之间的关系，揭示其作用机理[32]。

1) C-Pd 催化剂制备及理化性质表征

通过“湿化学还原法”制备单分散的 Pd NPs。具体步骤如下：以乙酰丙酮钯为前驱体、硼烷吗啉为还原剂、油胺为溶剂和表面活性剂，在 N_2 气氛保护下磁力搅拌。当温度升至 60℃时，快速注入硼烷吗啉，继续升温至 90℃，反应 1h；最后用正己烷和乙醇混合溶液进行洗涤，即可获得 Pd NPs，并将其分散于正己烷中保存。以炭黑为载体，将 Pd NPs 超声分散在炭黑上，以制备 C-Pd 催化剂。图 2.8(a)展示了 Pd NPs 的 TEM 图像，Pd NPs 呈均匀分布，没有团聚现象，其粒径为 5.0nm±0.3nm。经过醋酸活化去除 Pd 表面覆盖的油胺长链配体后，C-Pd 催化剂中的 Pd NPs 在炭黑载体上均匀分布，且与未负载的 Pd NPs 相比，Pd NPs 的形貌没有明显变化[图 2.8(b)]。通过傅里叶红外光谱(Fourier transform infrared spectrometer，FTIR)研究醋酸去除 Pd NPs 表面配体的情况。如图 2.8(c)所示，C-Pd 催化剂在位于 $1372cm^{-1}$、$1463cm^{-1}$、$2962cm^{-1}$ 处的吸收峰分别对应 CH_3 基团中 C—H 键的对称弯曲、反对称弯曲和反对称拉伸振动，$2853cm^{-1}$ 和 $2924cm^{-1}$ 的吸收峰分别对应 CH_2 基团中 C—H 键的对称拉伸振动和反对称拉伸振动。值得注意的是，经过醋酸处理后上述吸收峰的强度显著降低，表明 C-Pd 催化剂表面覆盖的大部分油胺被醋酸去除。根据图 2.8(d)的 XRD 图谱可知，与标准卡片 PDF#46-1043 进行对比，位于 40.12°、46.66°和 68.12°的特征衍射峰分别对应 Pd(111)、(200)和(220)晶面，确认了 Pd NPs 的成功合成。醋酸处理前后催化剂的晶体结构没有明显差异。

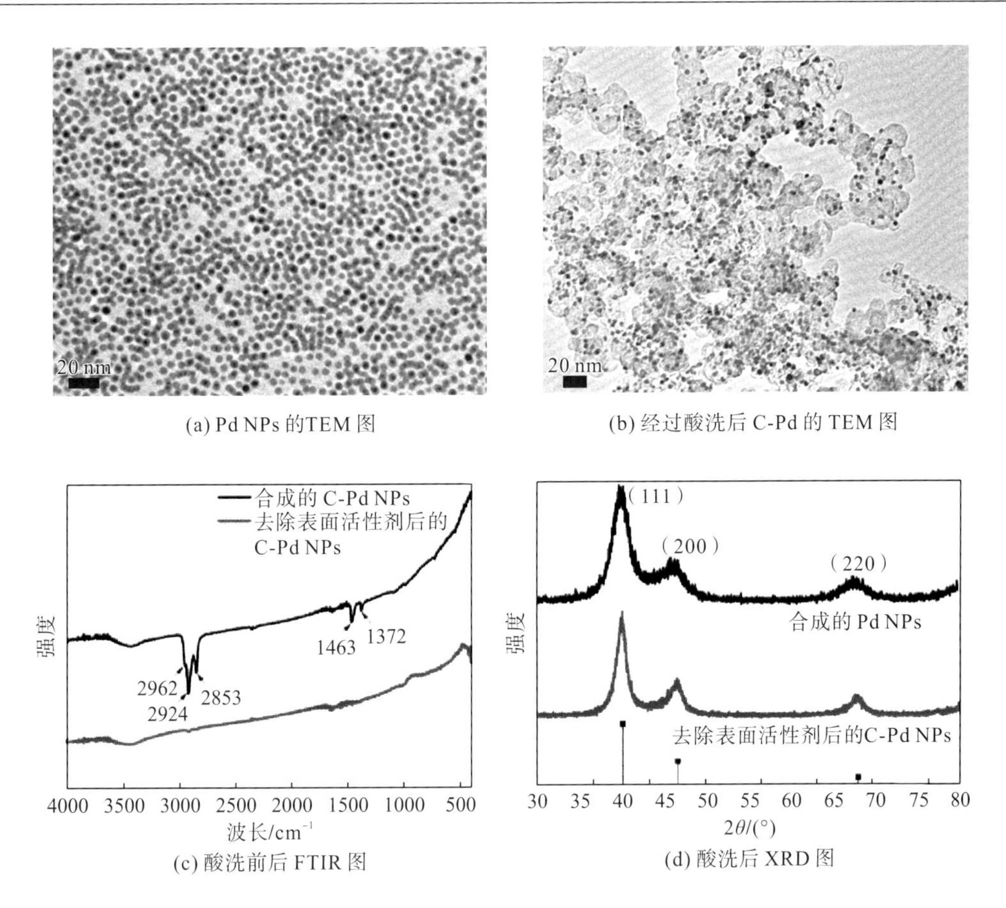

(a) Pd NPs 的TEM 图　(b) 经过酸洗后 C-Pd 的 TEM 图

(c) 酸洗前后 FTIR 图　(d) 酸洗后 XRD 图

图 2.8 Pd 和 C-Pd 催化剂的形貌和结构表征

2) pH 调控脱氯性能研究

本节中，C-Pd 催化剂的电催化脱氯性能在−0.85V(vs.Ag/AgCl)电位下获得。使用 50mmol·L^{-1} Na_2SO_4 溶液作为电解质，并加入 1mL 浓度为 50mg·L^{-1} 的 2,4-DCP[87]。本实验设定初始 pH 范围为 1.33～5.89，以研究 pH 变化对脱氯性能的影响。随反应时间的推移，2,4-DCP 的浓度在各个研究的 pH 范围内逐渐降低。当初始 pH 由 5.89 降低至 2.12，脱氯效率显著提高，360min 后 2,4-DCP 浓度从 74.4%下降至 33.6%。当初始 pH 进一步降低至 1.33 时，脱氯速率减缓，反应结束时 2,4-DCP 浓度升高至 55.5%。脱氯效率的变化趋势如图 2.9(b)所示，pH 为 2.12 时脱氯效率最高(66.4%)。根据 EHDC 脱氯反应机理，脱氯过程首先涉及 H^+在催化剂表面还原生成 H^*_{ads}，然后 H^*_{ads}会攻击并裂解 C—Cl 键。降低初始 pH 会增加游离 H^+，促进 H^*_{ads}的生成，从而提高脱氯速率。但是，高 H^*_{ads}覆盖率会促使析氢副反应的进行，因此，将初始 pH 降至最佳值可在促进脱氯反应的同时最小化析氢副反应的影响。研究结果表明，通过控制 pH，可以实现脱氯反应和析氢反应的动力学调控。如图 2.9(c)所示，当初始溶液 pH 低于 1.33 或高于 2.53 时，脱氯反应的诱导期几乎不可见，而在 pH 大于 2.53 时，诱导期随 pH 增加而延长。当 pH 达到 5.89 时，60min 后仍未观察到脱氯。通常情况下，H^*_{ads}会吸附到 Pd 晶格中形成氢化钯

(PdH_x)。因此，较高 pH 下的诱导期可能是由于 H^*_{ads} 从 Pd 表面迁移到 Pd 内部晶格，直至 PdH_x 饱和期的形成。基于上述推测，我们将整个电催化脱氯过程总结为三个步骤：步骤①，水溶液中的 H^+在 Pd NPs 表面还原生成 H^*_{ads}；步骤②，H^*_{ads} 不会立即参与脱氯反应，而是迁移到 Pd 晶格内，形成诱导期；步骤③，晶格氢趋于饱和，促使 H^*_{ads} 在 Pd 表面富集，从而促进脱氯反应[图 2.9(d)]。根据研究发现，pH 对诱导期有重要影响。在高 pH 条件下，电解液中的 H^+供应有限，降低了 Pd 表面 H^*_{ads} 生成速率，从而延长了诱导期。然而，较低 pH 条件下，大量 H^+快速形成 H^*_{ads} 并富集在 Pd 表面，导致 20min 时的诱导期，这可能是由于析氢反应快速发生，减缓了 2,4-DCP 的脱氯过程。

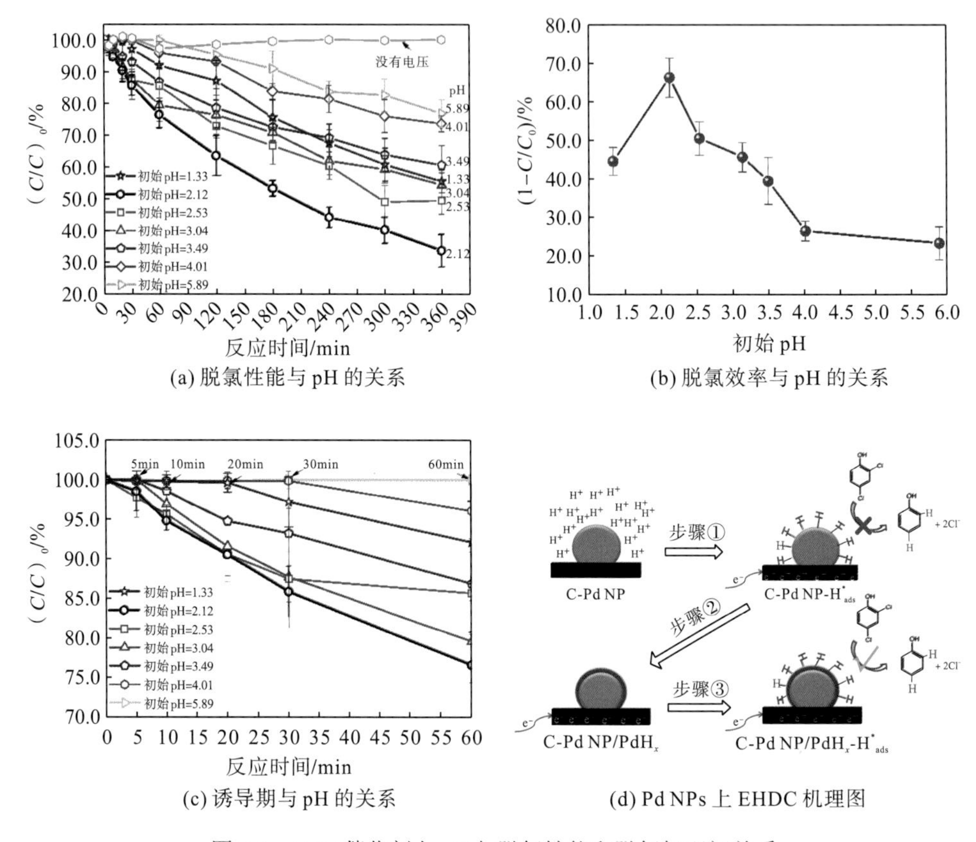

(a) 脱氯性能与 pH 的关系　　(b) 脱氯效率与 pH 的关系

(c) 诱导期与 pH 的关系　　(d) Pd NPs 上 EHDC 机理图

图 2.9　C-Pd 催化剂上 pH 与脱氯性能和脱氯机理间关系

图 2.10 展示了 C-Pd 催化剂在 pH 分别为 2.12 和 5.89 条件下的稳定性测试结果。由图 2.10 可知，电极表现出卓越的稳定性，连续进行 5 次试验后，脱氯效率保持不变。图 2.11 详细呈现了 2,4-DCP、2-氯酚、4-氯酚和苯酚的浓度随时间的变化。结果表明，2,4-DCP 的浓度随着电解时间的增加而逐渐降低，而中间产物 4-氯酚和最终产物苯酚的浓度则呈上升趋势。通过比较苯酚和 4-氯酚的浓度，明确了中间产物 4-氯苯酚经过脱氯反应转化为最终产物苯酚。此外，2-氯酚的浓度高于 4-氯苯酚，这表明与 4-氯酚相比，2-氯酚的 C-Cl 键更难被取代。因此，可以推测脱氯反应的路径为：2,4-DCP→4-氯酚→2-氯酚→苯酚。

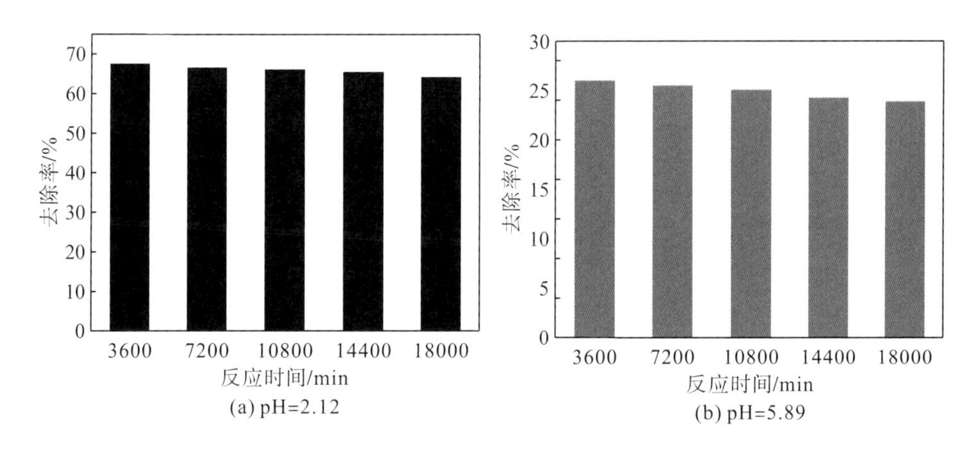

(a) pH=2.12　(b) pH=5.89

图 2.10　C-Pd 催化剂的稳定性测试

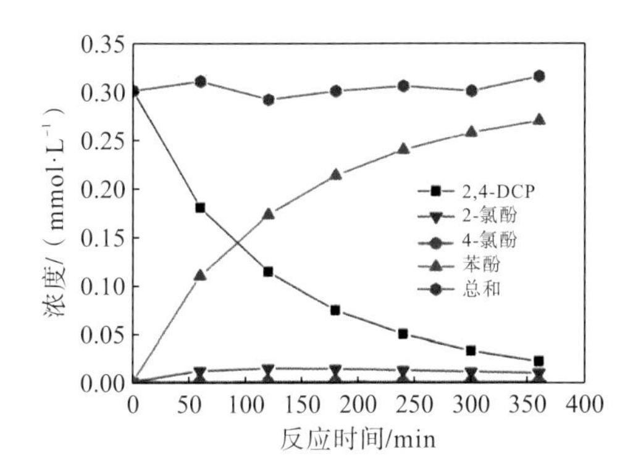

图 2.11　产物分布及 2,4-DCP 的脱氯效率

3) 电催化氢化脱氯反应中 H^*利用率

考虑到 EHDC 与析氢反应以及 PdH_x 的形成会竞争性地消耗 H^*_{ads}，H^*_{ads} 利用率常作为能效的关键指标[36,37]。图 2.12(a)总结了反应时间内 pH 值的演变。结果表明，在所有的实验中，电解质溶液的 pH 值在整个反应过程中持续上升。随着 H^+不断被还原为 H^*_{ads} 或水解为 H^*_{ads}（$H_2O \longrightarrow H^*_{ads}+OH^-$），大量 OH^-的生成导致电解质溶液的 pH 值增加[38]，这使得通过 pH 值的变化可以用于估算 H^*_{ads} 的生成量。图 2.12(b)表明，当初始 pH 低于 2.53 时，较低的初始 pH 明显促进了 H^*_{ads} 的产生。当初始 pH 高于 2.53 时，H^*_{ads} 的生成速率减缓。在 360min 的电解后，初始 pH 为 1.33 的条件下，H^*_{ads} 的总产量高达 3.198mmol，分别是初始 pH 为 2.12(0.712mmol)、2.53(0.249mmol)、3.04(0.108mmol)、3.49(0.07mmol)、4.01(0.062mmol)和 5.89(0.06mmol)时的 4.49 倍、12.84 倍、29.61 倍、45.69 倍、51.58 倍和 53.30 倍。

由于 2,4-DCP 的 Cl 原子被 H^*_{ads} 取代，可以计算脱氯反应中消耗的 H^*_{ads} 量(H_{EHDC})。H^*_{ads} 的利用率（HUE）被定义为用于脱氯反应的 H_{EHDC} 量与 H^*_{ads} 的总生成量的比值。图 2.12(c)描绘了各个初始 pH 值下 H^*_{ads} 的利用率随时间的变化。研究发现，当初始 pH 值介于 1.33 和 3.04 之间时，H^*_{ads} 的利用率在前 60mim 内迅速增加，随着反应时间的延长逐渐减缓。当初始 pH 值高于 3.49 时，H^*_{ads} 的利用率在诱导期后开始上升，并在 120min 或 180min 时迅速达到最大值。尤其是当 pH 值介于 4.01 和 5.89 之间时，H^*_{ads} 的利用率在 180min 后明显下降。不同初始 pH 值下电流效率随时间的变化如图 2.12(d)所示。结果表明，在不同初始 pH 条件下，电流效率的变化趋势与 H^*_{ads} 的利用率相似。正如图 2.10(d)所述，当 H^+ 的浓度过高时，H^*_{ads} 的消耗以 PdH_x 的形成为主导，因此在反应的初始阶段 H^*_{ads} 的利用率接近于零。H^*_{ads} 的利用率迅速上升表明脱氯反应和析氢反应逐渐成为主要反应。随着电解过程中电解质溶液 pH 值的不断上升，析氢反应的抑制作用增强，更多的 H^*_{ads} 被用于脱氯反应，从而导致 H^*_{ads} 的利用率随着反应时间的增加而持续提高。当反应时间超过 120min 后，在高初始 pH 值(3.49～5.89)下，H^*_{ads} 的利用率出现明显下降。当溶液的 pH 值呈碱性并超过 8.98 时，脱氯反应的发生将受到阻碍。当初始 pH 为 3.49 时，H^*_{ads} 的利用率在整个脱氯反应过程中达到最高水平，维持在 35%～40%[见图 2.12(c)]。总之，无论初始 pH 较低或较高，均会降低 H^*_{ads} 的利用率。较低初始 pH 导致 H^*_{ads} 的产生增加，从而增大了析氢副反应的可能性，因此 H^*_{ads} 的利用率下降。值得注意的是，在较高初始 pH 条件下(4.01 或 5.89)，脱氯反应开始阶段 H^*_{ads} 的利用率也相对较低。这可能是因为在整个电解过程中大部分时间内电解质溶液呈碱性，导致 H^*_{ads} 的生成速率减缓，进而阻碍析氢反应的发生，因此 H^*_{ads} 的利用率应该呈上升趋势。综上所述，推测 H^*_{ads} 的利用率不仅与 H^*_{ads} 的生成率有关，还受到其他相关因素的影响。

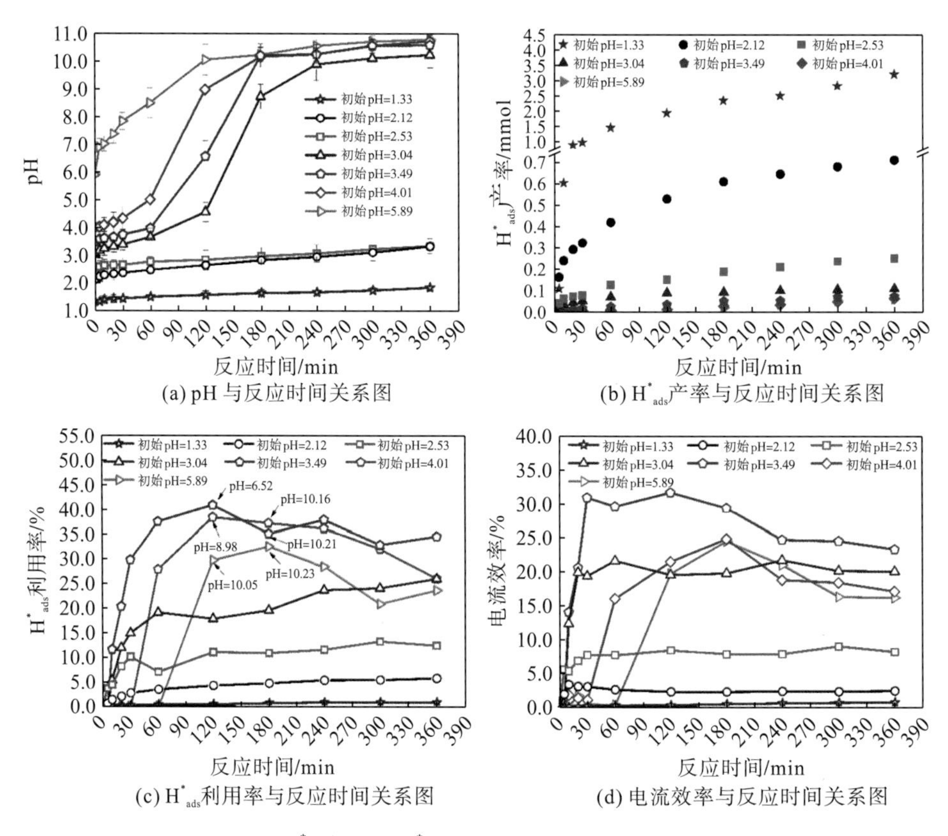

(a) pH 与反应时间关系图　(b) H^*_{ads} 产率与反应时间关系图

(c) H^*_{ads} 利用率与反应时间关系图　(d) 电流效率与反应时间关系图

图 2.12　pH、H^*_{ads} 产率、H^*_{ads} 利用率、电流效率与反应时间关系图

4）pH 对氯代有机物吸附活化的影响

鉴于电催化氢化脱氯反应发生在电极与溶液界面，2,4-DCP 在该反应界面的有效吸附对于脱氯反应至关重要。通常情况下，2,4-DCP 在催化剂表面的强吸附有助于增加界面附近的污染物浓度，从而加速脱氯反应的进行[39,40]。本节采用密度泛函理论模拟来探讨 2,4-DCP 在 Pd NPs 上的吸附热力学。通过计算六种典型吸附结构，研究发现这些构型的吸附能 ΔE_{ads} 都在−0.85eV 至−0.44eV，表明 2,4-DCP 在 Pd NPs 上的吸附是自发进行的（见图 2.13）。其中，2,4-DCP 中位于邻位和对位的 Cl 原子与 Pd 原子接近的吸附构型（d）是最理想的，其吸附能 ΔE_{ads} 为−0.85eV。随着吸附的进行，还观察到在 C—Cl 键和 Pd 之间发生了明显的电子转移，因此推测 Pd 对 C—Cl 键的活化起到了积极作用。表 2.2 中列出了六种构型中 C—Cl 键的键长变化以及电子转移情况。与游离态的 2,4-DCP 构型相比，吸附在 Pd 上的 2,4-DCP 的 C—OH、*p*-C—Cl、*o*-C—Cl 键都被拉伸，同时减弱了 C—Cl 的共价作用。由于拉伸键长和减弱共价作用都会降低 C—Cl 的键能，吸附或活化过程有助于增强 C—Cl 键的裂解，从而有利于脱氯反应的进行。

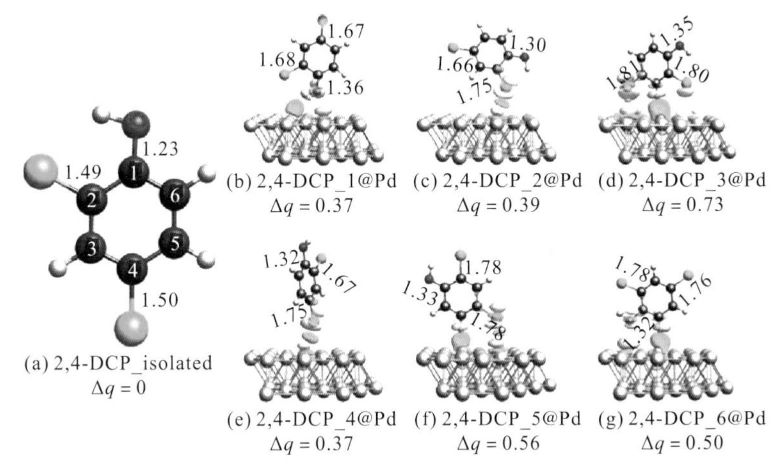

图 2-13　2,4-DCP 在 Pd NPs 上吸附和 C—Cl 键活化

表 2.2　不同构型 2,4-DCP 的吸附结果

构型	d_{C-OH}[a]	$d_{o-C—Cl}$[a]	$d_{p-C—Cl}$[a]	$ELF_{C—OH}$[b]	$ELF_{o-C—Cl}$[b]	$ELF_{p-C—Cl}$[b]	$\triangle E_{ads}$[c]
2, 4-DCP	1.23	1.49	1.50	0.88	0.90	0.88	/
2, 4-DCP_b@Pd	1.36	1.68	1.67	0.75	0.79	0.75	−0.45
2, 4-DCP_c@Pd	1.30	1.75	1.66	0.85	0.63	0.75	−0.51
2, 4-DCP_d@Pd	1.35	1.80	1.81	0.80	0.51	0.53	−0.85
2, 4-DCP_e@Pd	1.32	1.67	1.75	0.85	0.79	0.62	−0.44
2, 4-DCP_f@Pd	1.33	1.78	1.78	0.77	0.56	0.56	−0.74
2, 4-DCP_g@Pd	1.32	1.78	1.76	0.77	0.61	0.59	−0.63

a. C 原子和 OH 物种（dC—OH）之间的距离，C—OH 位点上邻位（d_{O-C-Cl}）和对位（d_{p-C-Cl}）C 原子和 Cl 原子之间的距离。所有长度均定位以 Å 表示。b. C—OH、*o*-C—Cl 和 *p*-C—Cl 键中的电子局域函数（ELF），范围为 0～1。c. 吸附能（$\triangle E_{ads}$）。所有能量以 eV 表示，负值表示热释放。

图 2.14 展示了 H_{ads}^{*} 含量随着 pH(3.31～11.27)和 2,4-DCP 浓度的变化情况(M/M_0 表示添加 2,4-DCP 前后 H_{ads}^{*} 的摩尔比)。研究结果表明，在各种 pH 条件下，添加 2,4-DCP 后，M/M_0 都呈下降趋势，证实了 Pd NPs 对 2,4-DCP 的吸附作用。特别是当初始 pH 为 3.31 时，M/M_0 下降最为显著；而在 2,4-DCP 浓度为 $50mg\cdot L^{-1}$ 时，H_{ads}^{*} 的保留率仅为 46.72%。当初始 pH 升至 6.42、9.28 和 11.27 时，M/M_0 分别为 51.07%、54.24%和 61.55%。很明显，酸性条件有利于 Pd NPs 对 2,4-DCP 的有效吸附。

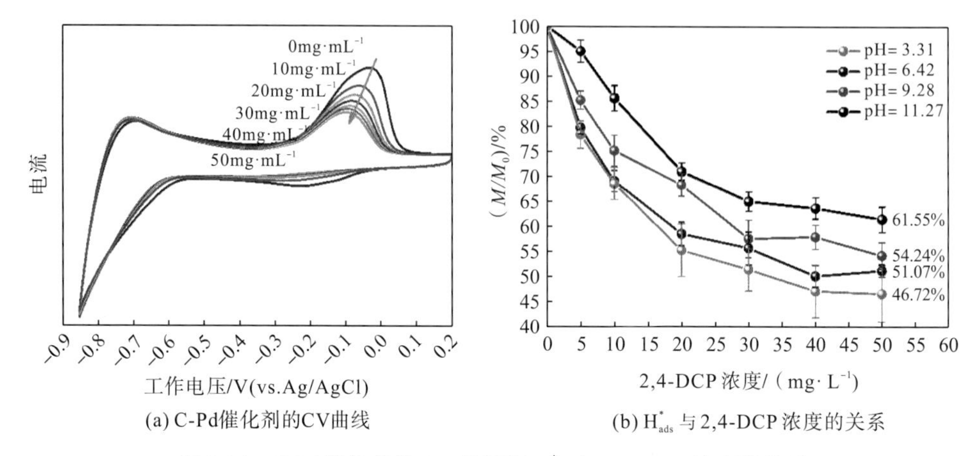

(a) C-Pd催化剂的CV曲线　　(b) H_{ads}^{*} 与 2,4-DCP 浓度的关系

图 2.14　C-Pd 催化剂的 CV 曲线和 H_{ads}^{*} 与 2,4-DCP 浓度的关系

在水溶液体系中 2,4-DCP 的 pK_a=7.80[41]，其苯环上羟基可发生脱质子反应，反应式如下：

OH, Cl, Cl (ROH) ⇌ O, Cl, Cl $(RO)^{-}$ + H^{+}

据此推测，2,4-DCP 与 2,4-DCP 盐的浓度之比将受溶液 pH 变化的影响，根据亨德森-哈斯尔巴赫(Henderson-Hassel Bach)方程：

$$pH = pK_a + \lg\frac{C_{RO^-}}{C_{ROH}} \tag{2-1}$$

其中 ROH 和 RO^- 分别代表 2,4-DCP 和 2,4-DCP 盐，将 RO^- 与 ROH 的浓度比值(C_{RO^-}/C_{ROH})作为 pH 的函数。如图 2.15 所示，在 pH 为 0～14.0 的范围内，C_{RO^-}/C_{ROH} 均呈指数增长，而碱性条件强化了脱质子作用。由于电极带有负电荷，2,4-DCP 盐与电极之间的电子排斥力将限制 2,4-DCP 盐在电极表面的吸附。因此，酸性条件更有利于促进 2,4-DCP 的吸附，这与图 2.14(b)中的研究结果一致。因此，以 pH 为导向的 2,4-DCP 吸附也会影响 H_{ads}^{*} 的利用率。在较高的 pH 条件下，2,4-DCP 更容易发生脱质子反应，导致其难以靠近电极表面并与 H_{ads}^{*} 发生脱氯反应，从而导致 H_{ads}^{*} 利用率降低。因此，溶液的 pH 不仅能调节 H_{ads}^{*} 的生成速率，还影响 2,4-DCP 在电极表面的吸附行为。在碱性条件下，电极对 2,4-DCP 的吸附减弱，导致 H_{ads}^{*} 利用率下降。

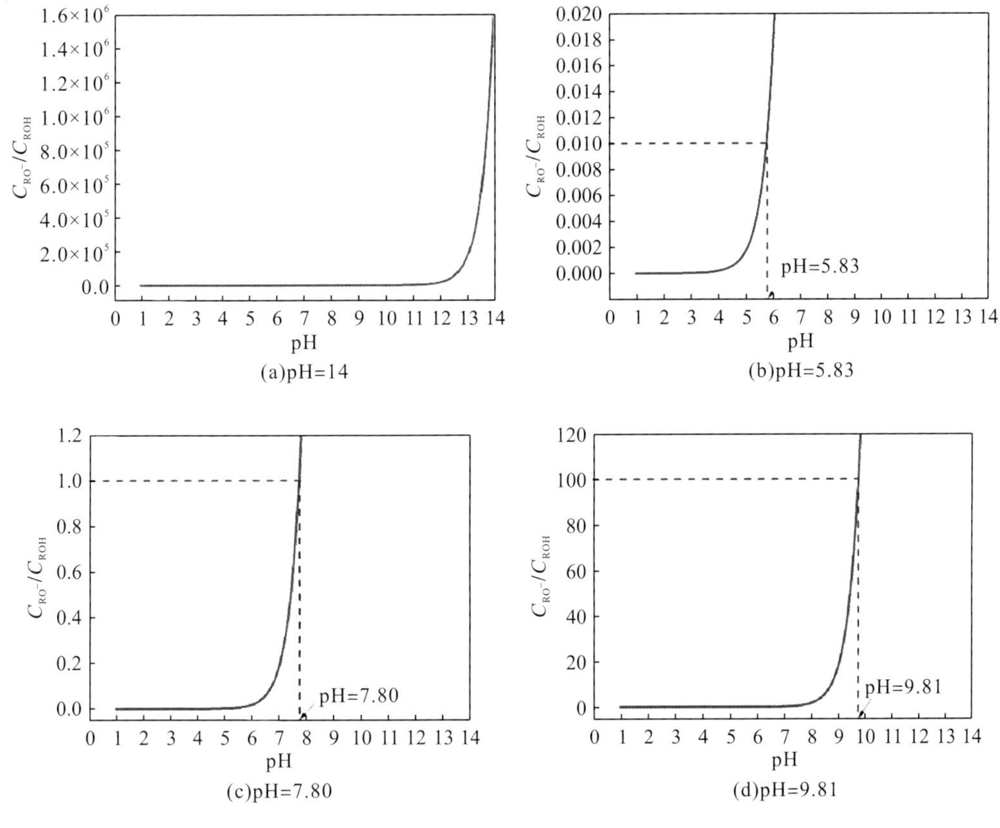

图 2.15　C_{RO^-}/C_{ROH} 与 pH 的关系

5) pH 调控脱氯反应与析氢反应机制

pH 优化脱氯反应和析氢反应的调控机制如图 2.16 所示。当电解质溶液 pH 较低时，高浓度的 H^+将促进析氢反应和 H_{ads}^*生成。然而，过多的 H_{ads}^*会转化为 H_2气泡，减缓

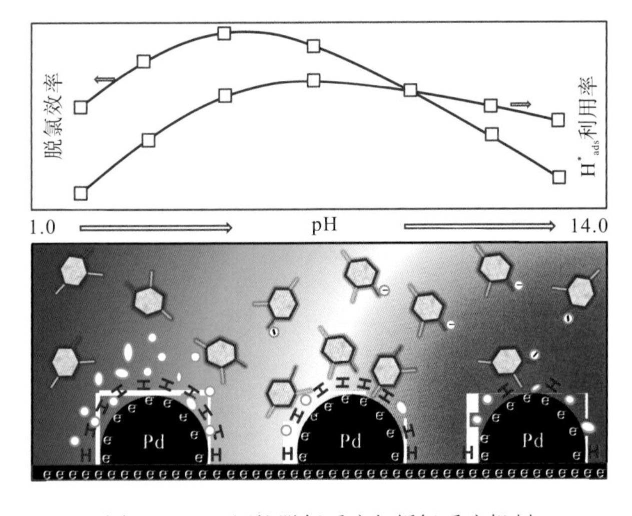

图 2.16　pH 调控脱氯反应与析氢反应机制

2,4-DCP 向电极表面的传质，从而降低脱氯效率。随着 pH 的升高，H^+浓度降低将抑制析氢反应，有利于提高脱氯效率和 H^*_{ads} 的利用率。然而，随着 pH 进一步升高，H^*_{ads} 产生速率下降，导致脱氯效率下降。在这一过程中，析氢反应同样受到抑制，因此 H^*_{ads} 的利用率继续增加，直至溶液呈碱性。在碱性条件下，2,4-DCP 的脱质子反应占主导地位，电子排斥力减弱 2,4-DCP 在电极表面的吸附，降低 H^*_{ads} 与 2,4-DCP 进行电催化氢化脱氯反应的可能性，促进析氢反应。因此，弱酸性环境是脱氯反应的最佳条件。当 H^*_{ads} 生成和 2,4-DCP 有效吸附达到最佳状态时，脱氯效率和 H^*_{ads} 的利用率均达到最佳值。如图 2.16 所示，脱氯效率和 H^*_{ads} 利用率与初始电解质溶液 pH 呈现“火山型”关系，当 pH 为 2.24 和 3.14 时，脱氯效率和 H^*_{ads} 利用率分别达到最高值，分别为 51.6%和 21%。

参 考 文 献

[1] 龙吉梅. 挥发性有机氯化物（Cl-VOCs）电催化还原脱氯研究: 分子结构的影响及线性自由能关系对还原脱氯机理的指示作用[D]. 长沙: 湖南大学, 2016.

[2] 黄彬彬. 过渡金属电极对挥发性有机氯化物的电催化还原研究[D]. 广州: 华南理工大学, 2012.

[3] Lei C, Liang F, Li J, et al. Electrochemical reductive dechlorination of chlorinated volatile organic compounds（Cl-VOCs）: Effects of molecular structure on the dehalogenation reactivity and mechanisms[J]. Chemical Engineering Journal, 2019, 358: 1054-1064.

[4] Yin H, Cao X, Lei C, et al. Insights into electroreductive dehalogenation mechanisms of chlorinated environmental pollutants[J]. Chem Electro Chem, 2020, 7(8): 1825-1837.

[5] Yang B, Yu G, Huang J. Electrocatalytic hydrodechlorination of 2, 4, 5-trichlorobiphenyl on a palladium-modified nickel foam cathode[J]. Environmental Science & Technology, 2007, 41(2): 7503-7508.

[6] Jiao Y, Wu D, Ma H, et al. Electrochemical reductive dechlorination of carbon tetrachloride on nanostructured Pd thin films[J]. Electrochemistry Communications, 2008, 10(10): 1474-1477.

[7] Rong H, Cai S, Niu Z, et al. Composition-dependent catalytic activity of bimetallic nanocrystals: AgPd-catalyzed hydrodechlorination of 4-chlorophenol[J]. ACS Catalysis, 2013, 3(7): 1560-1563.

[8] Yang B, Yu G, Liu X. Electrocatalytic hydrodechlorination of 4-chlorobiphenyl in aqueous solution with the optimization of palladium-loaded cathode materials[J]. Electrochimica Acta, 2006, 52(3): 1075-1081.

[9] Singh R K, Ramesh R, Devivaraprasad R, et al. Hydrogen interaction（electrosorption and evolution）characteristics of Pd and Pd_3Co alloy nanoparticles: An in-situ investigation with electrochemical impedance spectroscopy[J]. Electrochimica Acta, 2016, 194: 199-210.

[10] Bastide S, Zlotea C, Laurent M, et al. Direct assessment from cyclic voltammetry of size effect on the hydrogen sorption properties of Pd nanoparticle/carbon hybrids[J]. Journal of Electroanalytical Chemistry, 2013, 706: 33-39.

[11] Shi Q, Wang H, Liu S L, et al. Electrocatalytic reduction-oxidation of chlorinated phenols using a nanostructured Pd-Fe modified graphene catalyst[J]. Electrochimica Acta, 2015, 178: 92-100.

[12] Huang B B, Isse A A, Durante C, et al. Electrocatalytic properties of transition metals toward reductive dechlorination of polychloroethanes[J]. Electrochimica Acta, 2012, 70(21): 50-61.

[13] Martínez J, Ortiz A, Ortiz I. State-of-the-art and perspectives of the catalytic and electrocatalytic reduction of aqueous nitrates[J]. Applied Catalysis B Environmental, 2017, 207: 42-59.

[14] Lan H, Ran M, Tong Y, et al. Enhanced electroreductive removal of bromate by a supported Pd-In bimetallic catalyst: kinetics and mechanism investigation[J]. Environmental Science & Technology, 2016, 50(21): 11872-11878.

[15] Liu C, Zhang A Y, Pei D N, et al. Efficient electrochemical reduction of nitrobenzene by defect-engineered TiO_2-x single crystals[J]. Environmental Science & Technology, 2016, 50(10): 5234-5242.

[16] Dong B Q, Li Y H, Ning X M, et al. Trace iron impurities deactivate palladium supported on nitrogen-doped carbon nanotubes for nitrobenzene hydrogenation[J]. Applied Catalysis A General, 2017, 545: 54-63.

[17] Villalba M, Pozo M, Calvo E J. Electrocatalytic hydrogenation of acetophenone and benzophenone using palladium electrodes[J]. Electrochimica Acta, 2015, 164: 125-131.

[18] Li W, Ma H, Huang L, et al. Well-defined nanoporous palladium for electrochemical reductive dechlorination[J]. Physical Chemistry Chemical Physics, 2011, 13(13): 5565.

[19] Sun Z R, Wei X F, Han Y B, et al. Complete dechlorination of 2, 4-dichlorophenol in aqueous solution on palladium/polymeric pyrrole-cetyl trimethyl ammonium bromide/foam-nickel composite electrode[J]. Journal of Hazardous Materials, 2013, 244-245: 287-294.

[20] Liu Y, Liu L, Shan J, et al. Electrodeposition of palladium and reduced graphene oxide nanocomposites on foam-nickel electrode for electrocatalytic hydrodechlorination of 4-chlorophenol[J]. Journal of Hazardous Materials, 2015, 290: 1-8.

[21] Jiang J, Zhang X, Zhu X, et al. Removal of intermediate aromatic halogenated DBPs by activated carbon adsorption: A new approach to controlling halogenated DBPs in chlorinated drinking water[J]. Environmental Science & Technology, 2017, 51(6): 3435-3444.

[22] Jesus J, Frascari D, Pozdniakova T, et al. Kinetics of aerobic cometabolic biodegradation of chlorinated and brominated aliphatic hydrocarbons: A review[J]. Journal of Hazardous Materials, 2016, 309: 37-52.

[23] Pera-Titus M, Garc'a-Molina V, Banos M A, et al. Degradation of chlorophenols by means of advanced oxidation processes: a general review[J]. Applied Catalysis B Environmental, 2004, 47(4): 219-256.

[24] Devi P, Saroha A K. Simultaneous adsorption and dechlorination of pentachlorophenol from effluent by Ni-ZVI magnetic biochar composites synthesized from paper mill sludge[J]. Chemical Engineering Journal, 2015, 271(21): 195-203.

[25] Gu Y, Wang B, Feng H, et al. Mechanochemically sulfidated microscale zero valent iron: pathways, kinetics, mechanism, and efficiency of trichloroethylene dechlorination[J]. Environmental Science & Technology, 2017, 51: 12653-12662.

[26] Wu Y, Gan L, Zhang S, et al. Enhanced electrocatalytic dechlorination of para-chloronitrobenzene based on Ni/Pd foam electrode[J]. The Chemical Engineering Journal, 2017, 316: 146-53.

[27] Sun C, Lou Z M, Liu Y, et al. Influence of environmental factors on the electrocatalytic dechlorination of 2, 4-dichlorophenoxyacetic acid on nTiN doped Pd/Ni foam electrode[J]. Chemical Engineering Journal, 2015, 281(1): 183-191.

[28] Kim H J, Leitch M, Naknakorn B, et al. Effect of emplaced nZVI mass and groundwater velocity on PCE dechlorination and hydrogen evolution in water-saturated sand[J]. Journal of Hazardous Materials, 2017, 322(Pt A): 136-144.

[29] Aulenta F, Canosa A, Majone M, et al. Trichloroethene dechlorination and H_2 evolution are alternative biological pathways of electric charge utilization by a dechlorinating culture in a bioelectrochemical system[J]. Environmental Science and Technology, 2008, 42(16): 6185-6190.

[30] Zhu K, Baig S A, Xu J, et al. Electrochemical reductive dechlorination of 2, 4-dichlorophenoxyacetic acid using a palladium/nickel foam electrode[J]. Electrochimica Acta, 2012, 69: 389-96.

[31] Liu Y, Lowry G V. Effect of particle age (FeO content) and solution pH on NZVI reactivity: H_2 evolution and TCE dechlorination[J]. Environmental Science & Technology, 2006, 40(19): 6085-6090.

[32] Jiang G, Lan M, Zhang Z, et al. Identification of active hydrogen species on palladium nanoparticles for an enhanced electrocatalytic hydrodechlorination of 2, 4-dichlorophenol in water[J]. Environmental Science & Technology, 2017, 51(13): 7599-7605.

[33] Ooka H, Figueiredo M C, Koper M. Competition between hydrogen evolution and carbon dioxide reduction on copper electrodes in mildly acidic media[J]. Langmuir, 2017, 33(37): 9307-9313.

[34] Sun Z, Shen H, Wei X, et al. Electrocatalytic hydrogenolysis of chlorophenols in aqueous solution on $Pd_{58}Ni_{42}$ cathode modified with PPy and SDBS[J]. Chemical Engineering Journal, 2014, 241: 433-442.

[35] Li G, Kobayashi H, Dekura S, et al. Shape-dependent hydrogen-storage properties in Pd nanocrystals: which does hydrogen prefer, octahedron (111) or cube (100)?[J]. Journal of the American Chemical Society, 2014, 136(2): 10222-10225.

[36] Chang H L, Kanan M W. Controlling H^+ vs CO_2 reduction selectivity on Pb electrodes[J]. Acs Catalysis, 2015, 5: 465-469.

[37] Shen J, Kortlever R, Kas R, et al. Electrocatalytic reduction of carbon dioxide to carbon monoxide and methane at an immobilized cobalt protoporphyrin[J]. Nature Communications, 2015, 6(4): 809-815.

[38] Sun Z, Wei X, Shen H, et al. Preparation and evaluation of Pd/polymeric pyrrole-sodium lauryl sulfonate/foam-Ni electrode for 2,4-dichlorophenol dechlorination in aqueous solution[J]. Electrochimica Acta, 2014, 129: 433-440.

[39] Munoz M, Kaspereit M, Etzold B. Deducing kinetic constants for the hydrodechlorination of 4-chlorophenol using high adsorption capacity catalysts[J]. Chemical Engineering Journal, 2016, 285: 228-235.

[40] Li L, Gong L, Wang Y X, et al. Removal of halogenated emerging contaminants from water by nitrogen-doped graphene decorated with palladium nanoparticles: Experimental investigation and theoretical analysis[J]. Water Research, 2016, 98: 235-241.

[41] Wang J, Xia Y, Zhao H Y, et al. Oxygen defects-mediated Z-scheme charge separation in g-C_3N_4/ZnO photocatalysts for enhanced visible-light degradation of 4-chlorophenol and hydrogen evolution[J]. Applied Catalysis B Environmental, 2017, 206: 406-416.

第3章 电催化氢化脱氯决速步骤识别

3.1 氯代有机物吸附活化和产物脱附探讨

氯酚是水体中一种典型的持久性有机污染物，具有高毒性、生物累积性、致癌性，且生物难降解[1]。电催化氢化脱氯技术因反应高效、条件温和及二次污染风险低等优点，成为削弱氯酚毒性极具应用前景的技术之一[2,3]。EHDC 主要通过阴极还原水或 H^+生成具强还原性的 H^*，进而进攻氯酚中 C—Cl 键，通过取代氯原子实现氯原子脱除。在该过程中，增加 H^*产量并加快氯原子取代速率是提高反应速率的的常规策略[4,5]。Pd 因具有较低过电位及对 H^*适宜的吸附强度，是 EHDC 反应优先选择的催化剂[6,7]。目前大量研究致力于开发新的电极材料，通过协同裂解 H_2O，促进 H^*大量生成，提升脱氯效率[4]，如将 Pd 与其他过渡金属(如 Ni 和 Fe)形成合金[8]，及将 Pd 纳米颗粒负载在氧化石墨烯[9]、氮化钛(TiN)[10]、MnO_2[11]、导电聚合物[12]]等活性载体或三维电极结构上[13-15]。

事实上，H^*除用于脱氯反应外，另一部分 H^*将通过复合脱附或电化学脱附转化为 H_2。电流效率可用于量化脱氯反应和析氢反应消耗 H^*的竞争关系，电流效率越高，脱氯反应消耗 H^*的比例越高。因此，电流效率也可来描述脱氯反应能量利用率，是 EHDC 在实际环境治理中一个常见的经济指标[16]。然而，在研究现有文献中的脱氯效率时发现，电流效率数值主要集中在 10%～30%[16-18]，表明参与 EHDC 反应过程中 H^*是足量的，据此推算，H^*可能不是脱氯反应的速率控制因素。

除 H^*的产量外，脱氯反应效率还与电极表面氯酚的浓度息息相关，其决定了氯酚在 Pd 颗粒表面的覆盖度。以 2,4-DCP 为例，通过密度泛函理论(density functional theory，DFT)计算发现其在 Pd 表面的吸附能高达-0.85 eV，表明其吸附是热力学上自发的[16]。该化学吸附能有效活化 C—Cl 键，使其键长由 1.49 Å 扩展到 1.80 Å，促进其被 H^*裂解。然而，氯酚吸附行为及其对脱氯反应的影响以及其作用机制却鲜有报道。除本征吸附外，氯酚的有效吸附还受脱氯产物的吸附行为影响。若脱氯产物解吸较慢，将使活性位点被其占据，降低氯酚的吸附概率。这种因产物脱附速率低下而致使催化剂中毒是影响非均相催化反应速率的关键因素[19-21]，但在 EHDC 的研究中常被忽略。

本节拟通过原位液相还原将 Pd NPs 负载在炭黑和 TiN 两种载体表面，形成复合催化剂 C-Pd 和 TiN-Pd。进而以 2,4-DCP 为模型污染物，对比两种催化剂的脱氯效率、脱氯动力学、H^*利用率和脱氯路径。其次，通过 DFT 计算不同载体上 Pd 的电子结构，及 H^*、2,4-DCP 和苯酚(脱氯产物)在 Pd 表面上的吸附强度。基于以上结果，确定 EHDC 反应的决速步骤，为优化脱氯效率和设计高效催化剂奠定理论依据。

3.1.1 TiN-Pd 催化剂制备及理化性质表征

图 3.1 是 TiN-Pd 催化剂的制备流程图。在添加还原剂 $NaBH_4$ 前，调控反应体系溶液的 pH 维持在 10 左右，在碱性环境中$[PdCl_4]^{2-}$将形成 $Pd(OH)_2$沉淀，通过 $NaBH_4$还原后将 Pd NPs 沉积在 TiN 载体表面。

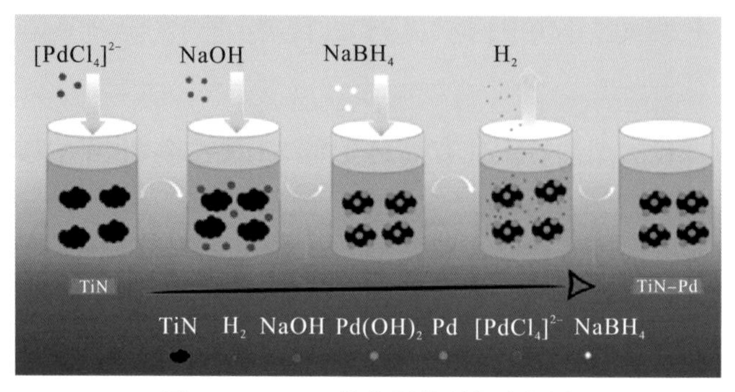

图 3.1 TiN-Pd 催化剂的制备流程图

图 3.2(a)为 TiN-Pd 和 C-Pd 的 XRD 图。TiN-Pd 催化剂的 XRD 图谱中，在 36.66°、42.59°、61.81°、74.07°和 77.96°处的衍射峰归属于 TiN 晶相(PDF#38-1420)，40.12°和 46.66°处的两个衍射峰归属于金属 Pd 颗粒(PDF#46-1043)。C-Pd 催化剂的 XRD 图谱中，26.04°处的衍射峰归属于碳(PDF#26-1080)，40.12°、46.66°、68.12°和 82.10°归属于金属 Pd 颗粒。XRD 结果表明 TiN-Pd 和 C-Pd 复合催化剂成功制备。图 3.2(b)和(c)分别是 TiN-Pd 的 TEM 图和 HR-TEM 图。从 TEM 图可知，尺寸为 50nm 左右的 Pd NPs 均匀分布于 TiN 上。对比 HRTEM 结果发现 Pd 颗粒上呈现间距为 0.23nm 的晶格条纹，对应于 Pd(111)晶面，间距为 0.21nm 的晶格条纹对应于 TiN(220)晶面。基于以上结果，Pd NPs 成功负载在 TiN 载体表面。此外，Pd NPs 同样均匀分布在炭黑表面，粒径约 5nm。

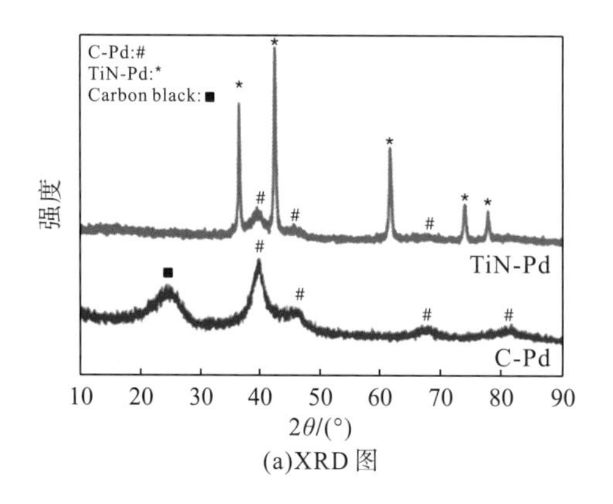

(a)XRD 图

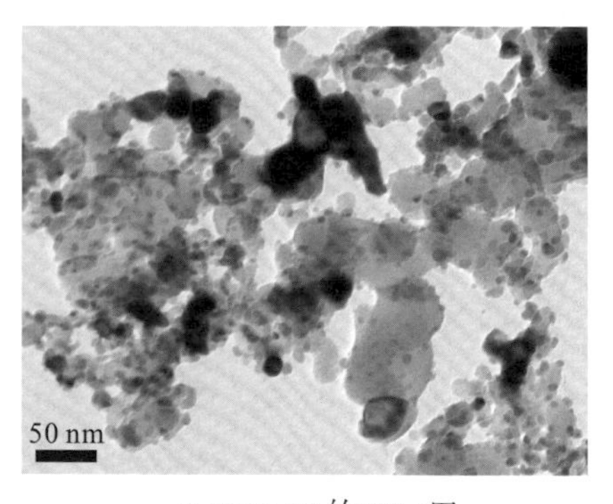

(b) TiN-Pd 的TEM 图

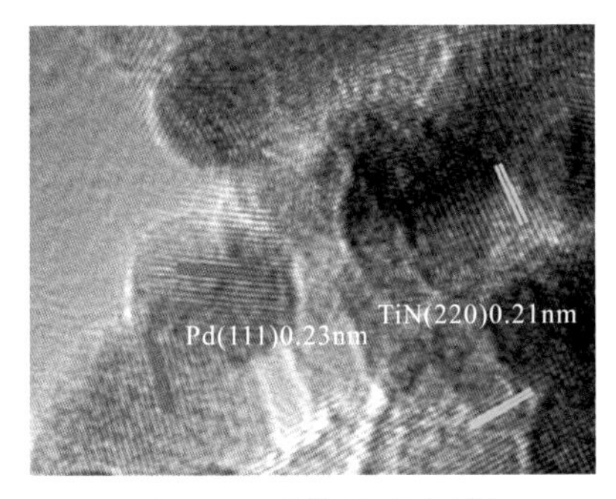

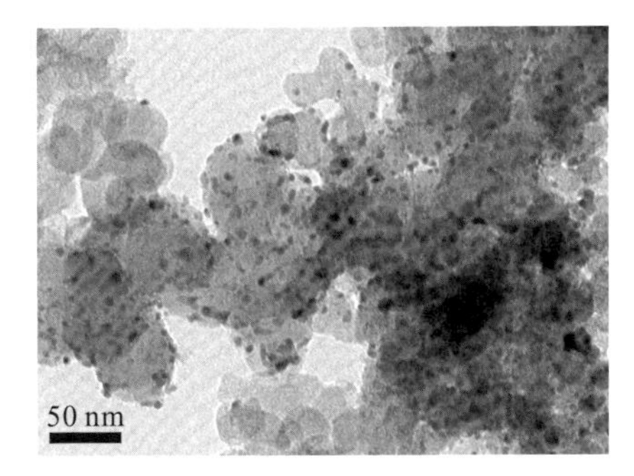

(c) TiN-Pd 的HR-TEM 图

(d) C-Pd 的TEM 图

图 3.2 TiN-Pd 和 C-Pd 催化剂的形貌和结构表征

通过电感耦合等离子体原子发射光谱可表征工作电极上 Pd 催化剂的真实载量。研究发现 TiN-Pd 和 C-Pd 电极上 Pd NPs 的负载量均为 3.20mg±0.4mg。此外，通过 CO 溶出伏安法曲线法测定 TiN-Pd 和 C-Pd 催化剂的电催化活性面积分别是 $58m^2 \cdot g^{-1}$ 和 $54m^2 \cdot g^{-1}$(图 3.3)，非常接近，因此后续研究中排除了电催化活性面积差异对脱氯性能的影响。

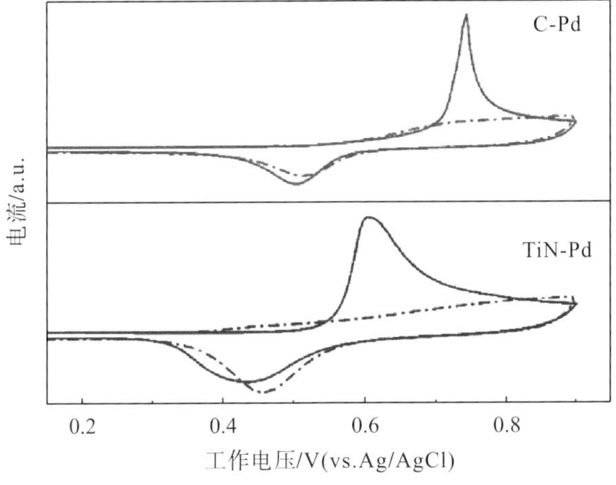

图 3.3 TiN-Pd 和 C-Pd 催化剂的 CO 溶出伏安法曲线

3.1.2 TiN-Pd 催化剂脱氯性能评价

图 3.4 是 TiN、TiN-Pd 和 C-Pd 催化剂去除 2,4-DCP 的脱氯性能测试结果，其中阴极电压为−0.80V，Na_2SO_4 电解质溶液的浓度为 $50mg \cdot L^{-1}$，2,4-DCP 的浓度为 $50mg \cdot L^{-1}$。图 3.4(a)呈现了两种催化剂单位质量 Pd 在 4h 去除 2,4-DCP 的质量，结果表明 TiN 无脱氯活性，而在 4h 内 TiN-Pd 去除 2,4-DCP 的量($1.56mg \cdot mg^{-1}$)明显高于 C-Pd($1.25mg \cdot mg^{-1}$)。这些结果表明 Pd NPs 才是脱氯反应真正的活性位点，TiN 可通过载体效应提高 Pd NPs 脱氯效率。图 3.4(b)是 TiN-Pd 稳定性的测试结果。在−0.80V 电压下，TiN-Pd 工作电极在连续 5 次脱氯过程中效率基本保持稳定，第 1 次和第 5 次去除量相差仅 8%，表明 TiN-Pd 具有一定的催化稳定性。

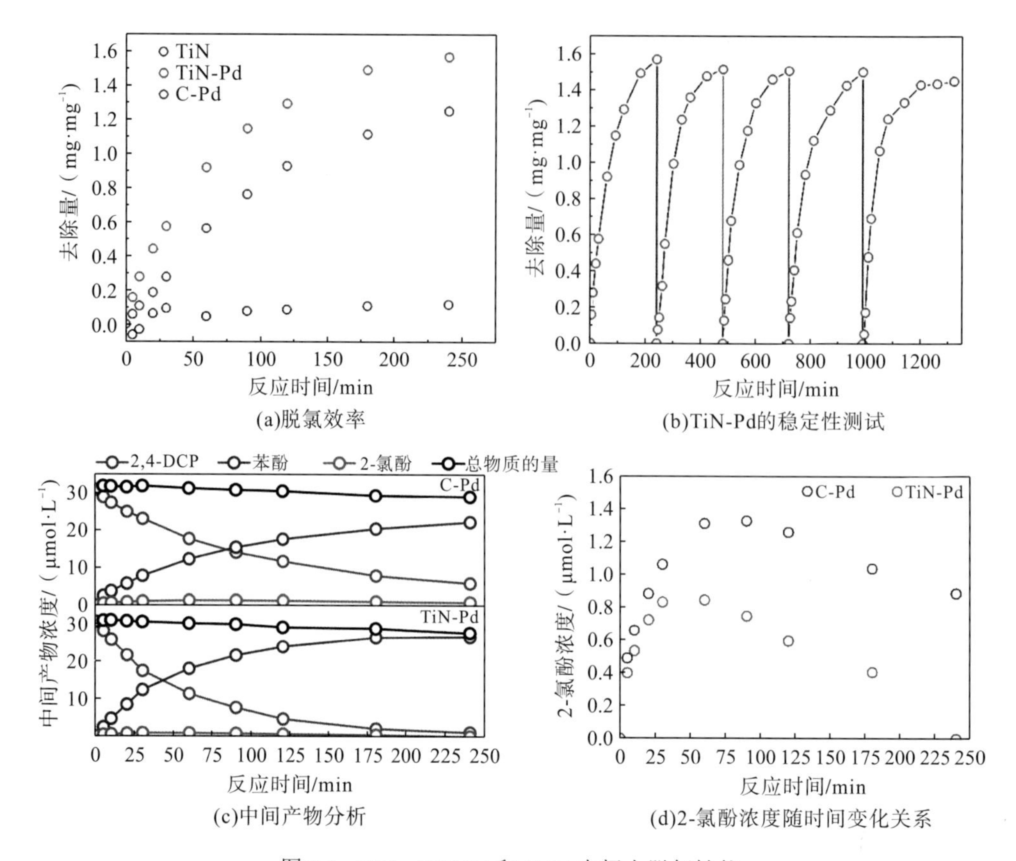

图 3.4 TiN、TiN-Pd 和 C-Pd 电极上脱氯性能

图 3.4(c)是在 C-Pd 和 TiN-Pd 上，2,4-DCP 脱氯过程中其浓度及及脱氯产物浓度随反应时间的变化关系图。如图所示，TiN-Pd 和 C-Pd 电极上脱氯产物均含苯酚和 2-氯酚；随着反应进行，2,4-DCP 、苯酚和 2-氯酚总物质的量基本维持不变，表明脱氯反应的高选择性。产物苯酚随 2,4-DCP 的不断消耗而逐渐增多，另外其浓度也要明显高于 2-氯酚。如反应 1h 后，苯酚浓度达 $120\mu mol \cdot L^{-1}$，而 2-氯酚浓度仅 $1.1\mu mol \cdot L^{-1}$。随反应的持续进行，2-氯酚浓度持续下降，表明 2-氯酚是该反应的中间产物。根据以上结果，可合理推测 2,4-DCP 的脱氯反应路径为：2,4-DCP 首先脱除对位 Cl 生成 2-氯酚，再脱除邻位 Cl 形成苯酚。因 2-氯酚浓度也不高，对位 Cl 和邻位 Cl 脱除的选择性差异应该不大。图 3.4(d)为在 C-Pd 和 TiN-Pd 上，中间产物 2-氯酚浓度随反应时间的变化情况。结果显示，在 1h 内 2-氯酚的浓度均随反应的进行而增大，而 1h 后 2-氯酚的浓度逐渐下降。重要的是，TiN-Pd 电极上产生的 2-氯酚浓度远低于 C-Pd，说明 TiN-Pd 催化剂更有利于 2,4-DCP 的去除。

为探究 TiN-Pd 和 C-Pd 工作电极上发生析氢反应对脱氯性能的影响，考察 TiN-Pd 和 C-Pd 电极上的电流效率。研究发现，在前 30min 内两个工作电极上的电流效率均呈上升趋势，随着反应时间的延长，电流效率则逐渐降低。在整个脱氯反应过程中，TiN-Pd 的电流效率均比比 C-Pd 低，表明 TiN-Pd 上的脱氯反应能量利用率要低一些[图 3.5(a)]。图 3.5(b)显示了 TiN-Pd 和 C-Pd 工作电极生成 H^*的速率。线性扫描伏安法曲线中，TiN-

Pd电极上产H^*过电位更正，且产H_2曲线的斜率大于C-Pd，表明TiN-Pd上的析氢应更容易。通常析氢反应快慢是与Pd—H^*键强度有关，强度越高则H^*和H^*形成H_2越难[22]。因TiN-Pd产H^*的起始电位比C-Pd低，说明TiN的引入削弱了Pd对H^*的吸附强度，使H^*更容易生成H_2，这可能是TiN-Pd电极电流效率较低的原因。

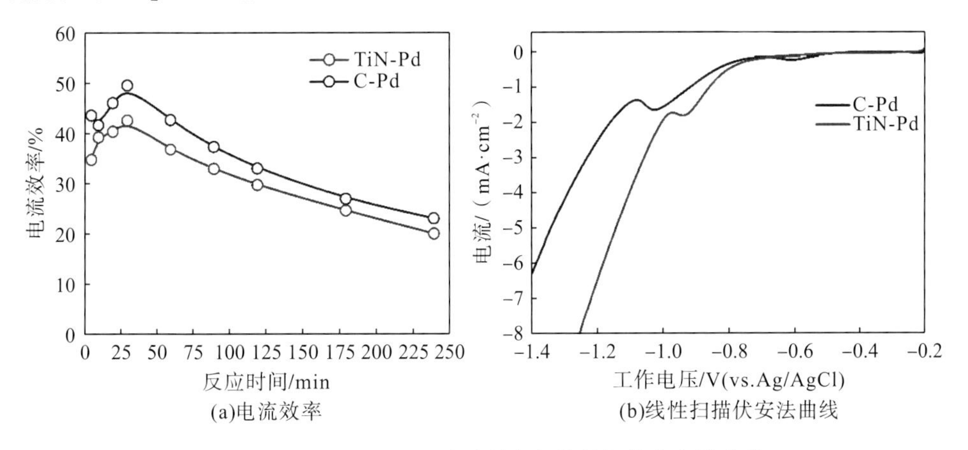

图3.5 TiN-Pd和C-Pd电流效率与线性扫描伏安法曲线

3.1.3 Pd/TiN催化剂上氯代有机物吸附活化和产物脱附探讨

如图3.5(a)所示，TiN-Pd和C-Pd两催化剂上的电流效率基本维持在20%～30%，表明反应过程产生的H^*远超脱氯的实际使用量，因此我们坚定认为产H^*并不是脱氯反应的决速步骤。因EHDC也是非均相催化反应的一种，根据经验我们推测2,4-DCP在催化剂表面的吸附可能是脱氯反应的决速步骤[18]。图3.6是TiN-Pd和C-Pd电极上脱氯过程的的伪一级动力学方程拟合图，从拟合符合情况(R^2)可知两种催化剂上的EHDC过程非常符合伪一级动力学方程，表明2,4-DCP浓度是决定脱氯速率的唯一函数变量。此外，TiN-Pd上的伪一级动力学常数大于C-Pd，表明TiN-Pd上的脱氯反应更快。

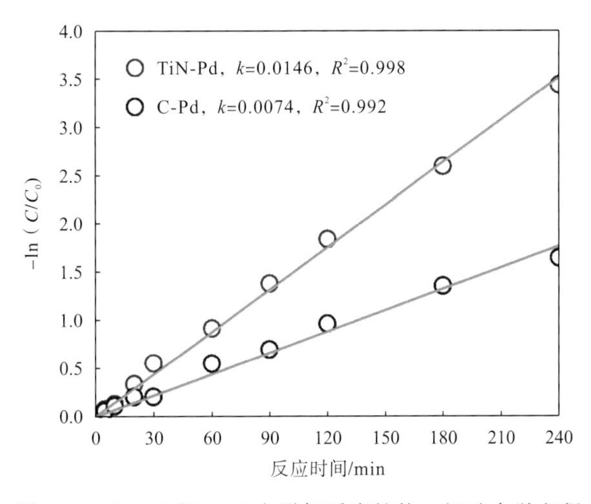

图3.6 TiN-Pd和C-Pd上脱氯反应的伪一级动力学方程

图 3.7 呈现了不同 2,4-DCP 初始浓度下，2,4-DCP 的浓度随反应时间的变化情况。通过上述数据能计算出不同 2,4-DCP 初始浓度下 C-Pd 和 TiN-Pd 的在前 30min 的脱氯速率，并利用该速率与反应时间拟合朗缪尔-欣谢尔伍德(Langmuir-Hinshelwood，L-H)吸附动力学方程。图 3.8 呈现了相应的拟合结果，较好的拟合结果表明两种催化剂上的脱氯反应也符合 L-H 吸附动力学方程。符合 L-H 吸附动力学方程表明 2,4-DCP 在活性位点上的有效吸附是决定脱氯反应速率的决定性因素。也有国内外研究学者曾通过 L-H 吸附动力学方程拟合推导出类似结论，如 Jiang[23]等在研究 Pd/PCN 加氢脱氯 2,4-二氯苯氧乙酸时，通过 L-H 吸附动力学方程拟合，得出加氢脱氯速率与 2,4-二氯苯氧乙酸在催化剂表面的浓度息息相关。

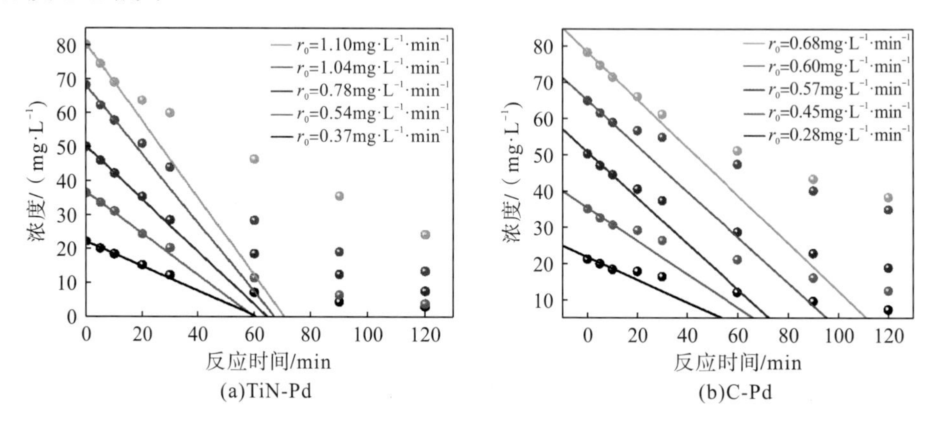

图 3.7 2,4-DCP 初始浓度随时间的变化关系

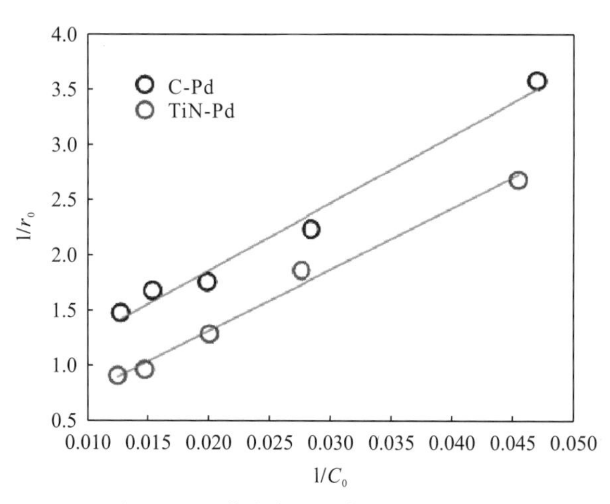

图 3.8 TiN-Pd 和 C-Pd 工作电极上脱氯反应的 L-H 吸附动力学方程

根据非均相催化反应过程分析，2,4-DCP 在 Pd 活性位点上的的吸附主要受两因素影响：①活性位点对 2,4-DCP 的吸附；②产物苯酚在活性位点上的脱附(因苯酚会与 2,4-DCP 竞争吸附活性位点)。为了识别以上两方面中哪一方面是脱氯反应的决速步骤，通过 DFT 计算和循环伏安法来探究 TiN-Pd 和 C-Pd 与 2,4-DCP 和苯酚的吸附强度。首先，根据结构表征数据建立了 TiN-Pd 和 C-Pd 的结构模型[24-26]，Pd NPs 颗粒由 4 个 Pd 原子构

成的四面体(Pd_4)来表示，将 Pd_4 分别放置在 TiN(220)和 C(001)上来表示 TiN-Pd 和 C-Pd 模型；在优化 TiN-Pd 和 C-Pd 模型后，计算 2,4-DCP 和苯酚在两个结构上的吸附强度。图 3.9 和图 3.10 呈现的是 2,4-DCP 和苯酚在 TiN-Pd 和 C-Pd 模型上的四组吸附结构模型。通过获得的吸附能可发现 2,4-DCP 和苯酚均倾向于苯环平行于 Pd 四面体模型的一个侧面吸附[见图 3.9(d)和(e)，图 3.10(a)和(f)]。另外，最优结构下 TiN-Pd 吸附 2,4-DCP 和苯酚的吸附能分别为−0.69eV 和−0.51eV[见图 3.9(d)和(e)]，而最优结构下 C-Pd 吸附 2,4-DCP 和苯酚的吸附能却高达−1.23eV 和−1.19eV[见图 3.10(a)和(f)]，表明 C-Pd 对 2,4-DCP 和苯酚的吸附强度较强，TiN 的引入会大大削弱 Pd NPs 对 2,4-DCP 和苯酚的吸附。

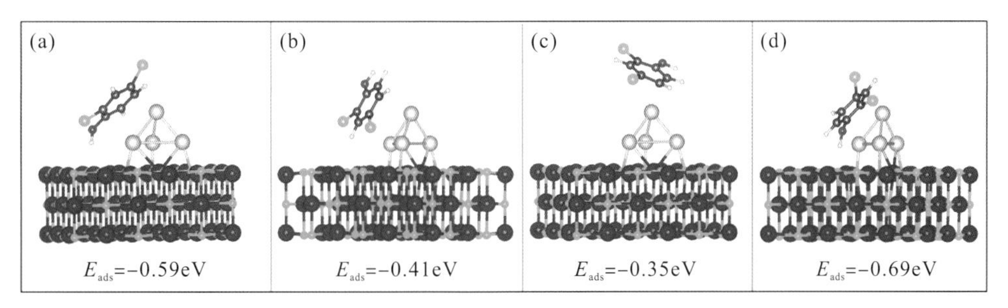

(a)~(d)2,4-DCP

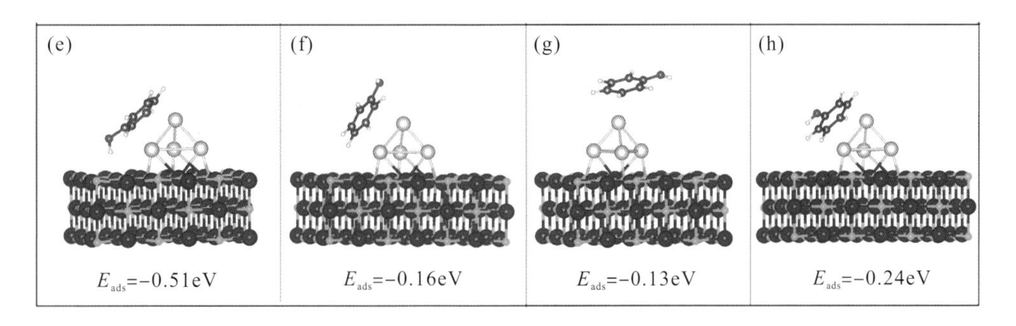

(e)~(f)苯酚

图 3.9 TiN-Pd 工作电极吸附 2,4-DCP 和苯酚的吸附构型

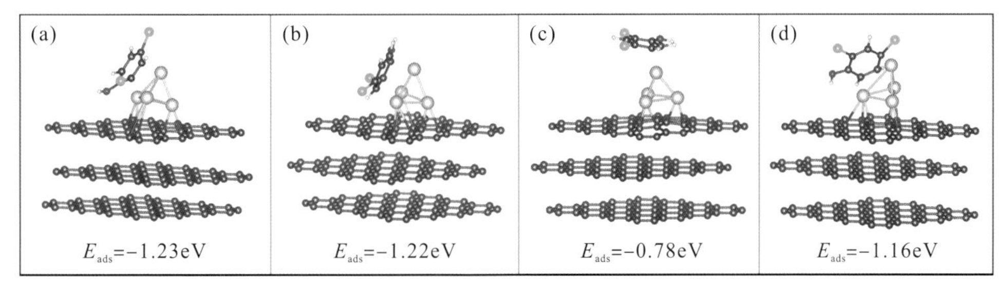

(a)~(d)2,4-DCP

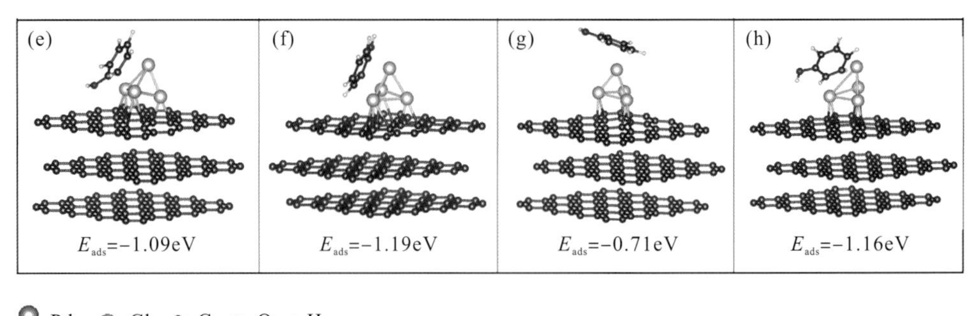

(e)~(f)苯酚

图 3.10 C-Pd工作电极吸附2,4-DCP和苯酚的吸附构型

同时，通过 H^*电剥离电化学法来对比 TiN-Pd 和 C-Pd 对 2,4-DCP 和苯酚的吸附强度。H^*电剥离电化学法的测试方法如下：在安培计时模式下−0.6V 电压下通电 90s，确保在 Pd 表面欠电位沉积 H^*，实现 H^*覆盖饱和；后对电极进行正电位极化(从−0.6 到 0.4V，扫速为 $10mV \cdot s^{-1}$)，使覆盖于表面的 H^*发生氧化反应产生电荷转移，根据转移的电荷量出 H^*的覆盖量。因 Pd 表面吸附 2,4-DCP 和苯酚的位点和 H^*相同，位点吸附 2,4-DCP 或苯酚后被毒化不再产 H^*，因此可通过通过对比加入 2,4-DCP 和苯酚前后 H^*的绝对覆盖量变化来间接测量活性位点对 2,4-DCP 和苯酚吸附强弱，变化量越大则表示吸附越强。

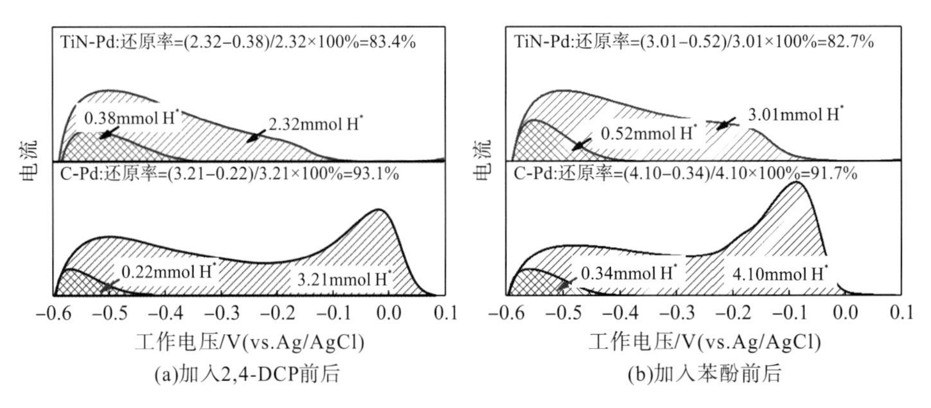

(a)加入2,4-DCP前后　(b)加入苯酚前后

图 3.11 TiN-Pd和C-Pd的循环伏安法曲线

从图 3.11(a)得知，干净的 TiN-Pd 和 C-Pd 表面产 H^*量分别为 2.32mmol 和 3.21mmol。加入 $20mg \cdot L^{-1}$ 2,4-DCP 后，TiN-Pd 和 C-Pd 上产 H^*量分别减至 0.38mmol 和 0.22mmol。TiN-Pd 上 H^*的减少量为 83.6%，相比于 C-Pd 的 93.1%要低很多，表明 TiN-Pd 中活性位点被 2,4-DCP 毒化较少，TiN-Pd 的 Pd 对 2,4-DCP 的吸附强度较小。图 3.11(b)显示在加入等摩尔量苯酚后，TiN-Pd 和 C-Pd 上产 H^*量均减少，但 TiN-Pd 上 H^*的减少量(82.7%)比 C-Pd(91.7%)少，也表明 TiN-Pd 对苯酚的吸附同样较弱。H^*电剥离电化学法同样证明 TiN 载体的引入有效削弱了 Pd 对 2,4-DCP 和苯酚的吸附，与 DFT 计算结果相一致。

L-H 吸附动力学方程拟合结果已表明脱氯效率与 2,4-DCP 的有效吸附，而 2,4-DCP 的有效吸附取决于 2,4-DCP 的本征吸附和苯酚的解吸速率两方面。理论计算和 H^* 电剥离电化学法结果显示 TiN 载体的引入削弱了 2,4-DCP 和苯酚在 Pd 上面的吸附，但却提升了 Pd 的脱氯活性，从这些结果中我们可以得出 TiN 的促进作用应该是来源于其促进了苯酚的脱附，苯酚对活性位点有一定的毒化作用，也得出产物苯酚的脱附是 EHDC 的决速步骤。图 3.12 阐述了苯酚在活性位点上的竞争吸附对脱氯效率的影响。随着苯酚浓度的增大，TiN-Pd 的脱氯效率逐渐下降，表明苯酚对活性位点确实有毒化作用。

众所周知，金属对污染物的吸附与其内部电子结构息息相关。Kitchin 等提出 d 带中心理论，能很解释金属的吸附行为[27]。一般来说，金属 d 带中心越低，其吸附污染物越弱。Lima 等利用 d 带中心理论成功解析了碱性条件下 Pd 的 d 带中心与催化还原氧气效率间的构效关系[28]。因此，本文也尝试利用 d 带中心理论来解析 Pd 的 d 带中心与脱氯效率之间的构效关系。

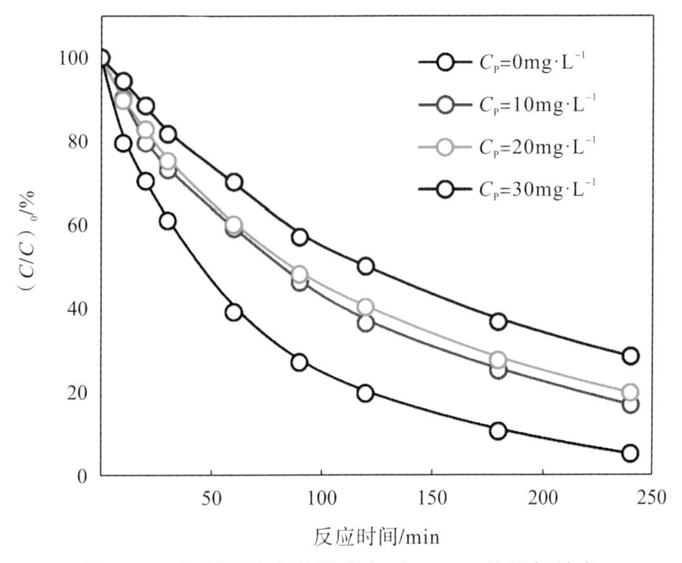

图 3.12 在不同浓度苯酚存在时 EHDC 的脱氯效率

图 3.13 呈现了 TiN-Pd 和 C-Pd 的电子结构图 。侧视为视觉方向，三维等势面基准为 0.0063 e/Bohr^3，其中黄色和青色等势面分别代表电荷富集和电荷缺失，差分电荷计算方法为$\Delta\rho=\rho(Pd_4+support)-\rho(Pd_4)-\rho(support)$。Pd 与 TiN 和 C 载体间存在明显电子传递通道，其中 TiN 载体与 Pd 间电子相互作用要明显高于 C-Pd 与 Pd 间电子相互作用，表明 TiN 向 Pd 传递了更多电子。图 3.14 是 C-Pd 和 TiN-Pd 的 Pd 3d 轨道 X 射线光电子能谱图(X-ray photoelectron spectroscopy，XPS)。TiN-Pd 催化剂中 Pd 的 Pd $3d_{5/2}$ 和 Pd $3d_{3/2}$ 轨道峰相对于 C-Pd 催化剂明显向低结合能方向偏移，说明相对于碳，TiN 会向负载的 Pd 颗粒提供更多的电子，与上述 DFT 计算结果一致。

图 3.15 是 C-Pd 和 TiN-Pd 的差分电荷密度图(partial density of states，PDOS)。图显示 C-Pd 和 TiN-Pd 中 Pd d 带中心分别为−1.12eV 和−2.07eV，TiN-Pd 中的 Pd 具有更低

的 d 带中心，因而 TiN-Pd 对 2,4-DCP 和苯酚的吸附强度均比 C-Pd 更弱。此外，上述线性扫描伏安法结果也证明 TiN-Pd 对 H^*的吸附强度较弱。

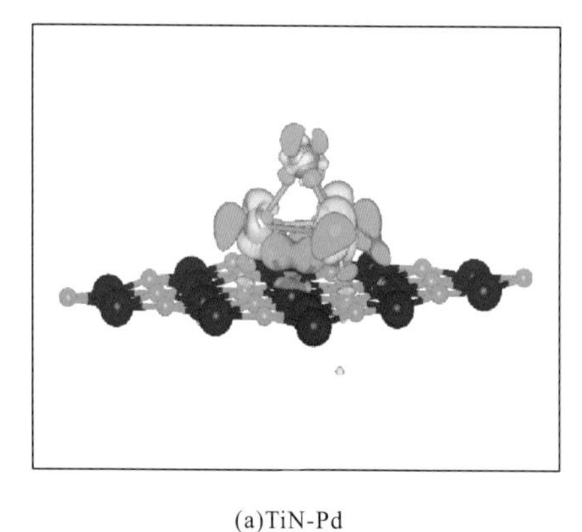

(a)TiN-Pd

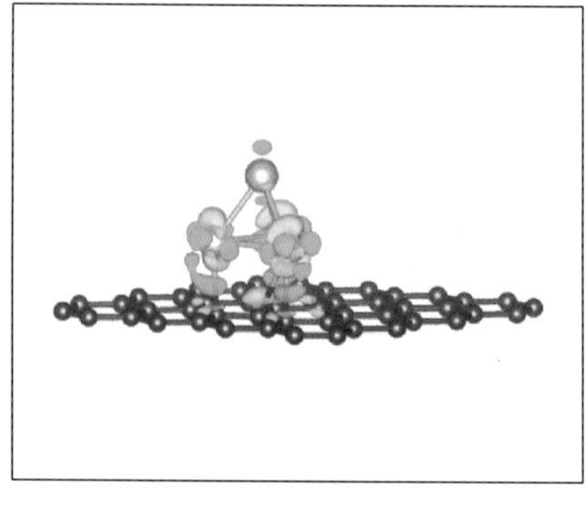

(b)C-Pd

图 3.13　差分电荷密度图

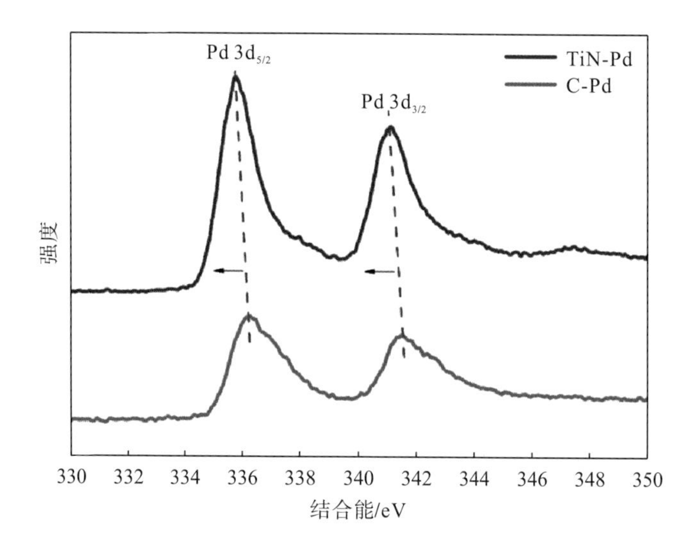

图 3.14　C-Pd 和 TiN-Pd 的 Pd 3d 轨道 XPS 图

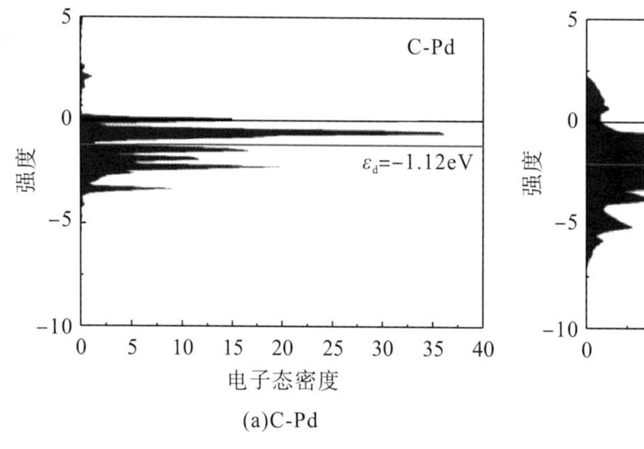

(a)C-Pd

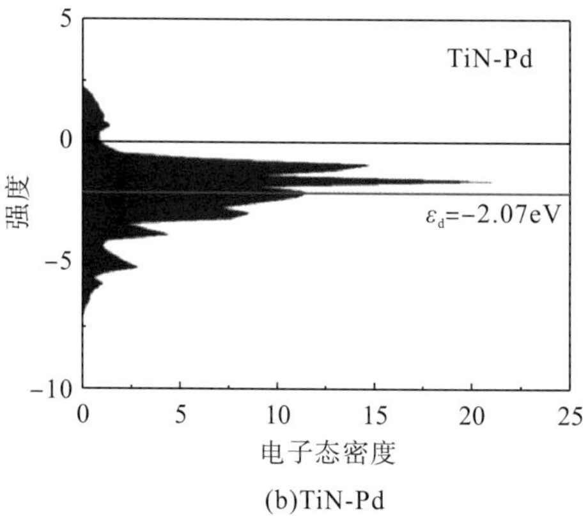

(b)TiN-Pd

图 3.15　PDOS 图

考虑到 EHDC 脱氯效率与苯酚的脱附行为紧密相关，Pd 的 d 带中心可作为描述减缓苯酚毒化作用的评价指标。降低 Pd 的 d 带中心，削弱 Pd 活性位点与苯酚的结合强度有利于提高催化剂抗苯酚毒化性能。因此，优化 Pd 的 d 带中心位置以促进苯酚的快速脱附是增强 EHDC 脱氯性能的有效策略。值得注意的是，降低 Pd 的 d 带中心也会影响析氢反应和脱氯间的竞争关系，弱化 2,4-DCP 的吸附和 C—Cl 键的活化，这可能是 TiN-Pd 电流效率较低的原因之一。

通过试验和 DFT 计算相结合的研究方法，本节系统对比了 TiN-Pd 和 C-Pd 催化剂的脱氯效率、产 H^*性能及对 2,4-DCP 和苯酚的吸脱附行为，识别发现苯酚在 Pd 活性位点上的缓慢脱附是 Pd 电催化脱氯效率不高的原因，已成为脱氯反应的决速步骤。与 C 相比，TiN 载体具有降低 Pd 的 d 带中心的作用，降低苯酚在 Pd 表面的吸附强度，促进苯酚脱附，缓解苯酚对 Pd 的毒化，进而提高 EHDC 脱氯效率，因此通过调控 Pd 的 d 带中心以优化 2,4-DCP 的有效吸附和苯酚快速脱附是增强 EHDC 脱氯效率的有效策略。

3.2　晶面依赖性探索电催化氢化脱氯关键步骤

EHDC 可在温和反应条件下氢解 C—X 键(X=F、Cl、Br 和 I)，降低卤代有机污染物的分子稳定性和毒性，在消除卤代有机污染物环境风险的领域备受关注[29-31]。与常规的吸附、物化和生物技术相比，EHDC 技术还具有智能化加持和二次污染小等特点[32-37]。

EHDC 主要发生在阴极，通过电解水原位产生原子态 H^*。H^*具有很强的还原性，能进攻 C—Cl 键并将 Cl 原子取代[32,38]。一般认为，催化剂的 H^*产率是脱氯性能的决定因素[13,39]，因此具有较低产 H^*能力的贵金属 Pd 是最常用的 EHDC 催化剂[3,40]。为进一步提高 Pd 表面 H^*产率，国内外科研学者设计了诸多增强脱氯性能的策略：增加极化电位、降低溶液 pH[16]、引入其他产 H^*活性位点(MnO_2、TiC 和 MoS_2)[11,12,41]、优化 Pd 几何/电子结构[42,43]。尽管上述策略在增强产 H^*能力方面表现突出，但仍有部分研究学者认为反应物在活性位点上的吸附活化对脱氯性能的影响更大[33]。在 Pd 催化的针对 2,4-DCP 的 EHDC 反应中，Fu[44]提出产物苯酚在活性位点上的解吸是脱氯反应的速率控制步骤，其研究结果发现 H^*的供给远大于实际消耗值，而产物苯酚与 Pd 活性位点结合强度高，其解吸较慢导致活性位点被毒化，2,4-DCP 的吸附受影响。另外，Fu 还发现在反应初始阶段引入苯酚会使其脱氯效率显著下降[45]，而通过一定方法削弱 Pd 与苯酚的结合强度会提高反而会脱氯效率[46]。此外，Shu[47]和 Shen[48]认为脱氯效率是受阴极与去质子化或电离后带负电的苯酚间的排斥力影响(在中性水溶液中苯酚几乎完全电离)。阴极电压越负，电场排斥力越大，这将大大阻碍苯酚在电极表面的有效扩散，抑制反应的进行。如前所述，上述观点尚未统一，致使催化剂的设计和操作条件的优化变得无所适从，因此统一上述观点并提出更准确的脱氯机制意义重大。

EHDC 过程中的产 H^*、反应物吸附/活化和产物解吸均发生在 Pd 颗粒上，因此 Pd 颗粒暴露面上 Pd 原子的电子/几何结构应与电催化性能有着重要的关联，然而 Pd 结构性质与脱氯反应间的构效关系尚不清楚。现有研究表明具较低 d 带中心的 Pd 可提供较高的脱氯活性。不过，也有不少研究学者认为 Pd 原子的几何排布对脱氯性能的影响更重要。Liu[15]研究表明不管 Pd 电子结构如何，脱氯反应都需要表面 5～7 个连续的 Pd 原子参与。Peng[49]认为 AgPd 合金中被 Ag 原子隔开的 Pd 原子脱氯活性更高。鉴于颗粒表面原子电子/几何结构在电催化中的作用在不同的反应体系中作用不一，本节将致力于确定 Pd 表面结构与电催化脱氯性能间的构效关系。

单组分金属(Pt[50]、Pd[51-53]、Ru[54]、Au[55]和 Cu[56])中每个晶面原子排列即可成为反应体系的唯一变量，故通过研究晶面依赖性关系可为多相催化反应机理提供更多解释[57,58]。Wang[59]等通过对比不同 Pd 暴露晶面催化氧化四氢-N-乙基咔唑反应动力学，确定四氢-N-乙基咔唑的第一步氧化是整个催化反应的决速步骤。Liu[60]对比 Pt(100)和 Pt(111)表面的催化氧化乙醇反应，阐明了 O_2 及中间氧物种在不同晶面上的吸附能在醇类催化氧化中的关键作用。Ge[61] 研究发现 Pd(111)的催化活化 H_2O_2 性能优于 Pd(100)，证实 H_2O•的歧化步骤是决速步骤。基于此，通过深入研究脱氯反应的 Pd 晶面依赖性关系，有助于深入认识脱氯反应机制。另外，晶面-活性构效关系的研究也常用于鉴定非均相反应催化剂表面的高活性结构。Long[62]通过晶面依赖性研究确定 Pd(100)表面的 Pd 原子结构是吸附和活化 O_2 的理想结构。

本节通过水热法制备了三种尺寸类似，但又仅暴露单一晶面[(100)、(111)或(110)]的的 Pd 纳米颗粒，为 Pd 晶面依赖性研究提供理想平台。以工作电位和暴露的晶面为变量，建立其与与 2,4-DCP 脱氯性能间的构效关系。此外，通过单因子变量试验和 DFT 计算，从 H^*生成速率和 2,4-DCP 在电极表面的吸附等方面探索构效关系机制，进而结合每个晶面上 Pd 原子的电子/几何结构识别利于脱氯反应的最优 Pd 原子结构。

3.2.1 不同晶面暴露的钯催化剂的制备及理化性质表征

1)不同晶面钯 NPs 的制备方法

Pd(100)钯立方体合成如下[53]：称取 500mg 溴化钾、105mg 聚乙烯吡咯烷酮和 60mg 抗坏血酸溶于 8mL 去离子水中，在 80℃油浴锅中搅拌 10min；向混合溶液中快速注入 3mL 四氯钯酸钠水溶液($19g \cdot L^{-1}$)；反应 3h 后，冷却至室温，并用丙酮/去离子水混合溶剂洗涤样品，去除残余化学品。

Pd(111)钯八面体合成如下[62]：称取 60mg 柠檬酸、105mg 聚乙烯吡咯烷酮和 60mg 抗坏血酸至 8mL 去离子水中，在 120℃搅拌 10min；向混合溶液中以 $5mL \cdot h^{-1}$ 的速度注入 3mL 四氯钯酸钠水溶液($19g \cdot L^{-1}$)；反应 3h 后，冷却至室温，并用丙酮/去离子水混合溶剂洗涤样品，去除残余化学品。

Pd(110)钯十二面体合成如下：称取 60mg 抗坏血酸、105mg 聚乙烯吡咯烷酮、60mg 柠檬酸溶于 8mL 去离子水中，在 120℃搅拌 10min；向混合溶液中以 $90mL \cdot h^{-1}$ 的速度注入 3mL 四氯钯酸钠水溶液($19g \cdot L^{-1}$)；反应 3h 后，冷却至室温，并用丙酮/去离子水混合溶剂洗涤样品，去除残余化学品。

C-Pd 催化剂的制备：将 40mg 的炭粉(Vulan XC-72)超声分散于 40mL 乙醇中，将上述洗涤后分散于水中的 Pd 纳米颗粒，在超声过程中缓慢滴入碳粉分散液中。将混合液加热蒸干，得到的粉末在 200℃(空气气氛)下煅烧 4h，以去除表面聚乙烯吡咯烷酮。

2) 理化性质表征

图 3.16 分别是(100)、(111)和(110)晶面的 Pd NPs 的 TEM 图，可观察到三种晶面对应的 Pd NPs 呈均匀分布。

图 3.17(a)、(b)和(c)是(100)、(111)和(110)晶面的 Pd NPs 的 HR-TEM 图，可以看出，三种晶面对应的 Pd NPs 均呈单分散分布，其粒径约为 15 nm。立方体主要暴露(100)晶面，晶格间距约为 0.20nm；八面体主要暴露(111)晶面，其晶格间距约为 0.23nm；十二面体主要暴露(110)晶面，其晶格间距约为 0.22nm[63]。图 3-17(d)中 C-Pd(100)、C-Pd(111)和 C-Pd(110)的 XRD 图结果显示，位于 40.0°、46.5°、67.9°、81.1°和 87.6°处的五个特征衍射峰，归属于金属 Pd 的(111)、(100)、(110)、(311)和(222)晶面(PDF #88-2335)，表明 C-Pd 催化剂的成功制备[58]。在测试活性前，需要通过循环伏安扫描去除颗粒表面残余的表面活性剂，如聚乙烯吡咯烷酮和柠檬酸[64]。通常，电化学表面积是描述催化剂活性位点的一个重要评价指标，根据 CV 图中 PdO 的还原峰计算得到 C-Pd(100)、C-Pd(110)和 C-Pd(111)的电化学面积分别为 $9.44m^2 \cdot g^{-1}$、$9.80m^2 \cdot g^{-1}$ 和 $8.67m^2 \cdot g^{-1}$[图 3.17(e)]，相差不大。

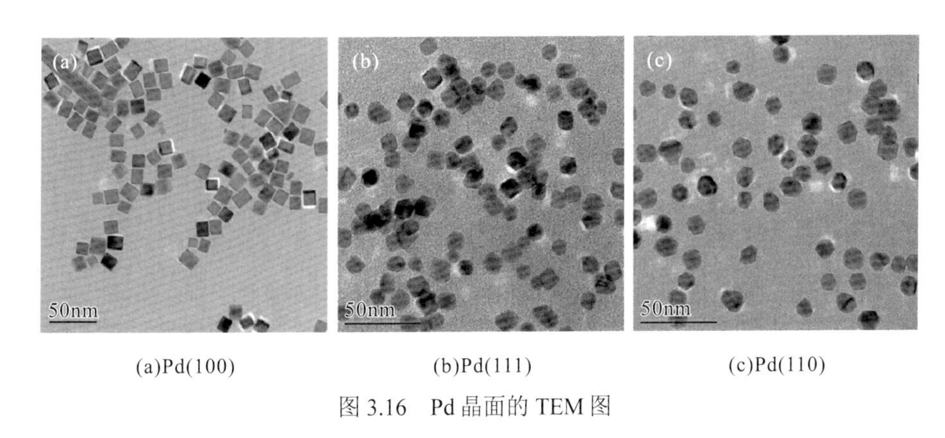

(a)Pd(100)　　(b)Pd(111)　　(c)Pd(110)

图 3.16　Pd 晶面的 TEM 图

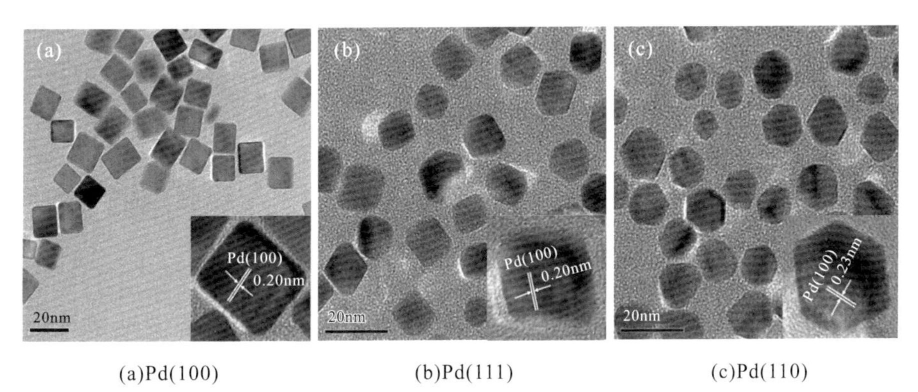

(a)Pd(100)　　(b)Pd(111)　　(c)Pd(110)

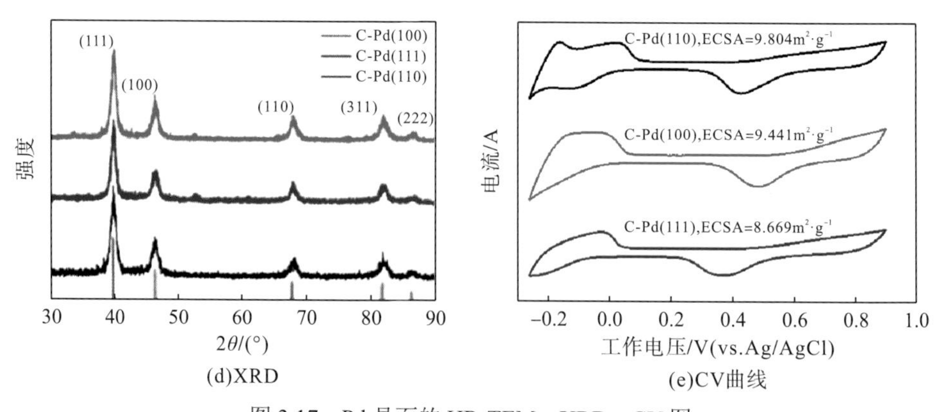

(d)XRD　　(e)CV曲线

图 3.17　Pd 晶面的 HR-TEM、XRD、CV 图

注：ECSA 表示电化学表面积。

XPS 分析是表征催化剂表面原子电子结构的有效手段。图 3.18(a)呈现的是 C-Pd(100)、C-Pd(111)和 C-Pd(110)催化剂的 XPS 全谱图，图中显示催化剂中仅存在 C、O 和 Pd 元素，无其他杂质元素(如 N)。图 3.18(b)的高分辨率 Pd 3d XPS 谱图显示，三种催化剂中 Pd 均出现对主峰和卫星峰，分别对应于 Pd^0 和 Pd^{2+}物种的 Pd $3d_{5/2}$和 Pd $3d_{3/2}$的自旋轨道分裂。Pd $3d_{5/2}$ 和 Pd $3d_{3/2}$ 在 335.66eV 和 340.98eV 处的强峰归属于金属 Pd^0，在 337.54eV 和 343.15eV 处的弱峰归属于 Pd^{2+}。Pd 暴露在空气中易被氧化，会形成 Pd^{2+}。通过计算 Pd^0 $3d_{5/2}$ 与 Pd^{2+} $3d_{5/2}$ 的峰面积比值发现，C-Pd(111)、C-Pd(100)、C-Pd(110)中 Pd^0/Pd^{2+}原子比分别为 5.66、5.54 和 4.42，表明(110)晶面上 Pd 原子活泼性最高。

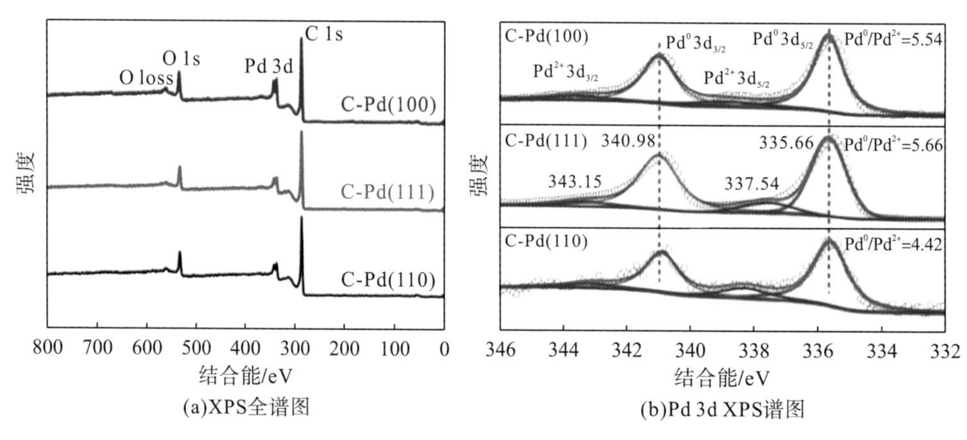

(a)XPS全谱图　　(b)Pd 3d XPS谱图

图 3.18　C-Pd(100)、C-Pd(111)和 C-Pd(110)的 XPS 谱图

3.2.2　晶面依赖的脱氯性能研究

1)工作电极脱氯效果分析

以 C-Pd(100)、C-Pd(111)和 C-Pd(110)三种催化剂为工作电极，在−0.95V 条件下，通过恒电位法去除 2,4-DCP 污染物。基于液相色谱数据，图 3.19(a)展示了 C、C-Pd(100)、

C-Pd(111)和 C-Pd(110)去除 2,4-DCP 的电催化脱氯效率(C/C_0)随反应时间的变化情况。研究发现，碳电极对 2,4-DCP 的脱氯反应没有活性，表明碳在整个脱氯反应中不直接参与电催化脱氯反应，只起导电作用。在 240min 反应时间内，C-Pd(111)的 C/C_0 降到最低(36.73%)，远优于 C-Pd(110)(59.02%)和 C-Pd(100)(75.43%)，表明 C-Pd(111)具有最高的脱氯效率。图 3.19(b)罗列了 C-Pd(111)的本征活性($k_{obs\text{-}N}$)为 $0.088min^{-1}\cdot cm_{Pd}^{-2}$，优于 C-Pd(110)的 $0.044min^{-1}\cdot cm_{Pd}^{-2}$ 和 C-Pd(100)的 $0.025min^{-1}\cdot cm_{Pd}^{-2}$。另外，C-Pd(111)上 EHDC 反应过程电流效率为 10.74%，高于 C-Pd(110)和 C-Pd(100)。综上所述，在−0.95V 电位下，Pd(111)晶面具有最优的 EHDC 活性。

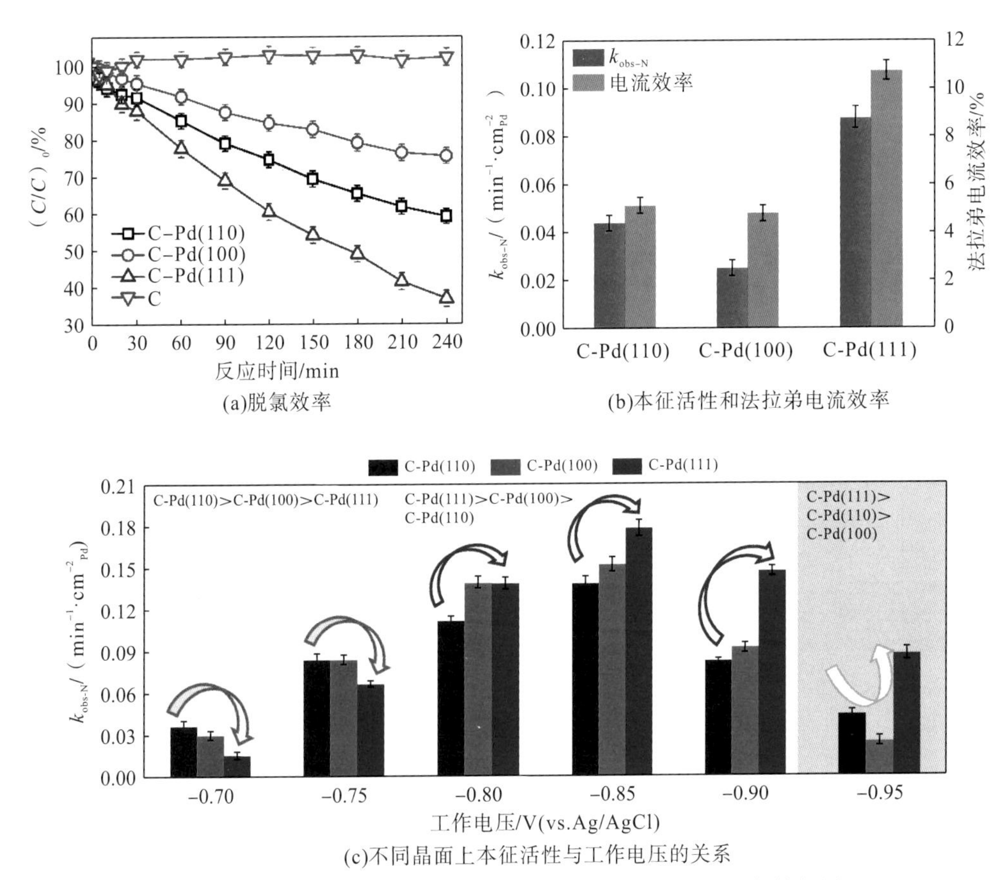

图 3.19 C-Pd(100)、C-Pd(111)和 C-Pd(110)催化剂的脱氯性能图

为进一步阐明脱氯反应的晶面性赖性关系，在−0.70～−0.95V 电位下系统测试了 C-Pd(111)、C-Pd(110)和 C-Pd(100)的 EHDC 脱氯性能。图 3.19(c)显示三种催化剂的 $k_{obs\text{-}N}$ 随着阴极电位由正变负呈火山型分布，在−0.85V 附近达到最大值。随着工作电位的负移，H^*的生成速率加快，$k_{obs\text{-}N}$ 增加；随着工作电位的进一步负移，电极与电离的 2,4-DCP 盐之间的排斥力将进一步增强，导致 $k_{obs\text{-}N}$ 逐渐降低[47, 48]。此外，在高、中、低三个阴极电位区间，三种 C-Pd 催化剂对应的 $k_{obs\text{-}N}$ 也在发生变化。在黄色对应的低电位区域，$k_{obs\text{-}N}$ 的大小顺序依次为 C-Pd(110)＞C-Pd(100)＞C-Pd(111)；在白色

对应的中电位区域，$k_{obs\text{-}N}$ 的大小顺序依次为 C-Pd(111)＞C-Pd(100)＞C-Pd(110)；在紫色对应的高电位区域，$k_{obs\text{-}N}$ 的大小顺序依次为 C-Pd(111)＞C-Pd(110)＞C-Pd(100)。图 3.20 整理了三种催化剂在不同电压下的-ln(C/C_0)与反应时间的关系图。结果表明，反应物浓度与反应时间呈线性关系，动力学研究表明三种催化剂上的脱氯过程均符合伪一级动力学模型。

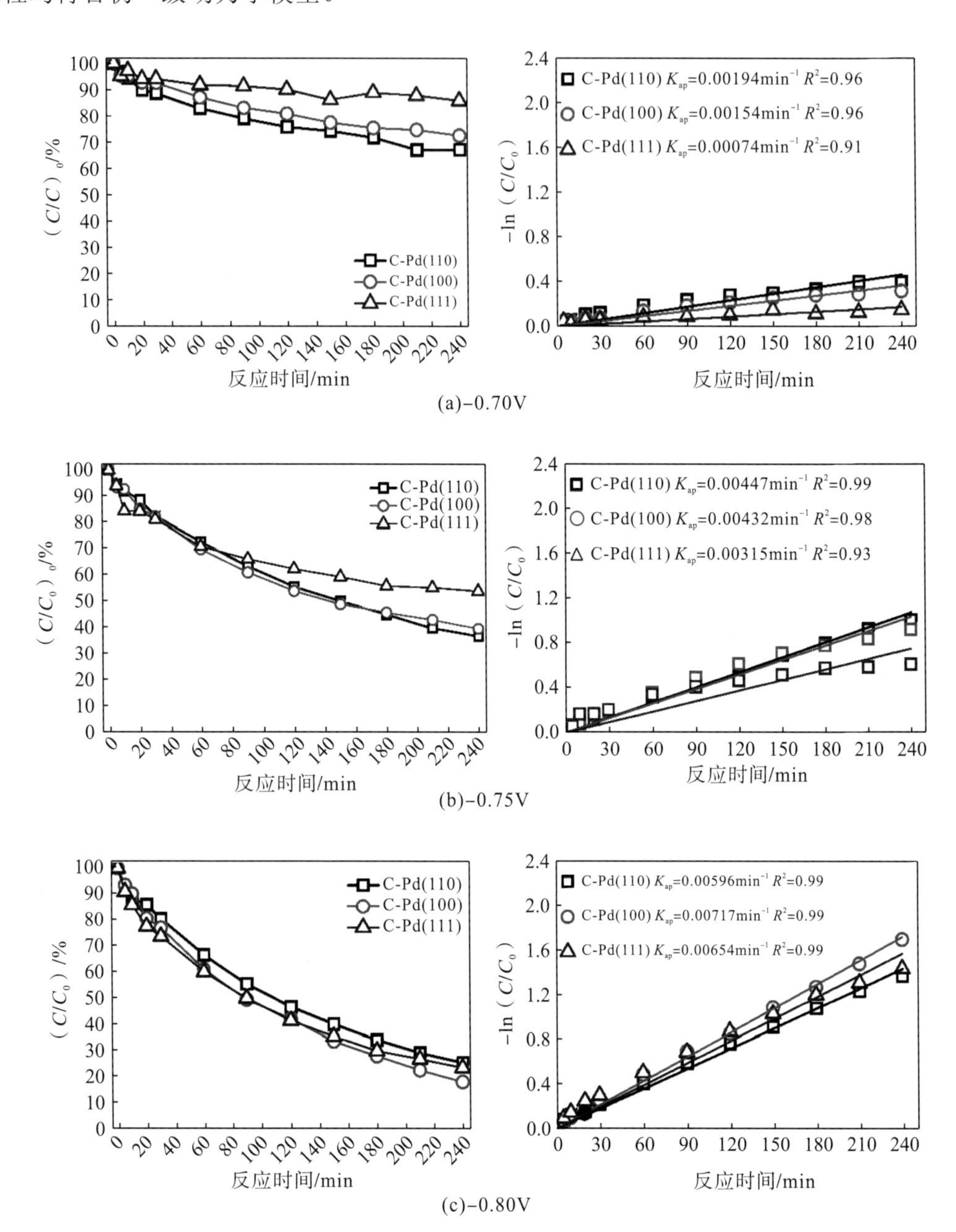

(a)-0.70V

(b)-0.75V

(c)-0.80V

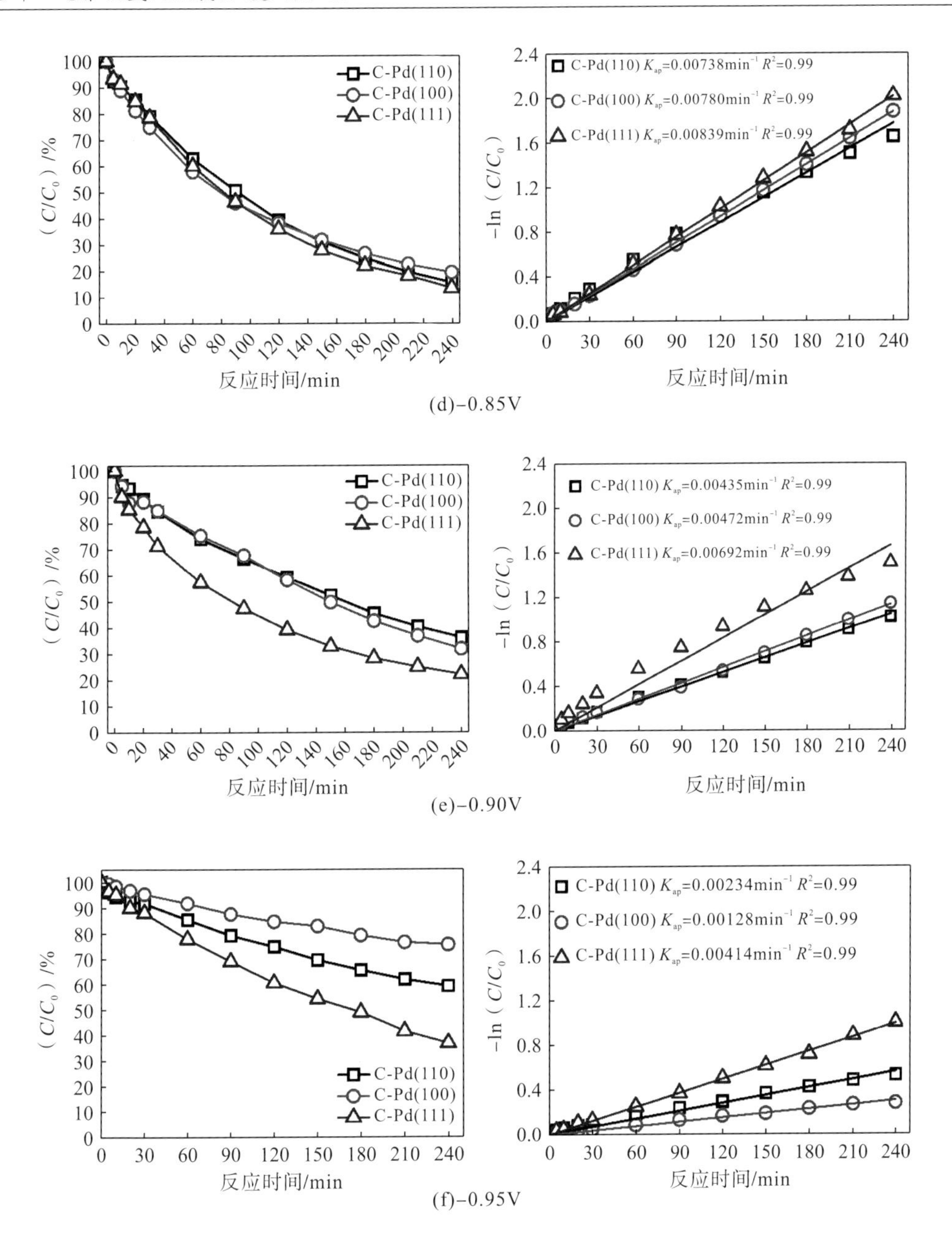

图 3.20　C-Pd(100)、C-Pd(111)和 C-Pd(110)的脱氯效率与 EHDC 反应动力学模型

2)脱氯反应过程中脱氯产物分析

为深入研究 2,4-DCP 脱氯反应路径的晶面依赖性关系，通过液相色谱分析监测了电解质溶液中个产物的分布。如图 3.21(a)显示，在三种催化反应体系中均检测到苯酚和 2-氯酚。从苯酚和 2-氯酚的相对含量可知苯酚是主要产物，2-氯酚是中间产物。随着反应的进行，2,4-DCP 浓度逐渐降低，而苯酚的浓度逐渐升高，2-氯酚的浓度基本保持不变，且整体上浓度范围很低。另外，(2,4-DCP+2-氯酚+苯酚)的总物质的量在整个反应过程中

基本保持一致，表明三种催化剂对 2,4-DCP 具有较高的脱氯反应选择性，产物苯酚的深度氢化及中间产物的偶联反应均未发生。

图 3.21(b)总结了反应结束后在不同工作电位下的 2-氯酚在产物中的比例[$n_{2-氯酚}/(n_{2-氯酚}+n_{苯酚})$，$n$ 指摩尔量]。在−0.85V～−0.75 范围内，产物中 2-氯酚含量相对较低(<5.92%)，表明该电位区间利于 C—Cl 键的氢解。在−0.70V 和−0.75V 时，C-Pd(110)上 2-氯酚产生最少，然而当电位大于或等于−0.80V 时，C-Pd(111)上的 2-氯酚产量最少。通过耦合三个晶面不同电位下的 $k_{obs\text{-}N}$ 和 $n_{2-氯酚}/(n_{2-氯酚}+n_{苯酚})$ 排序可发现，具有较高 $k_{obs\text{-}N}$ 的(111)晶面具有更低的 $n_{2-氯酚}/(n_{2-氯酚}+n_{苯酚})$，表明在该晶面上脱氯最快，C—Cl 键去除更彻底。

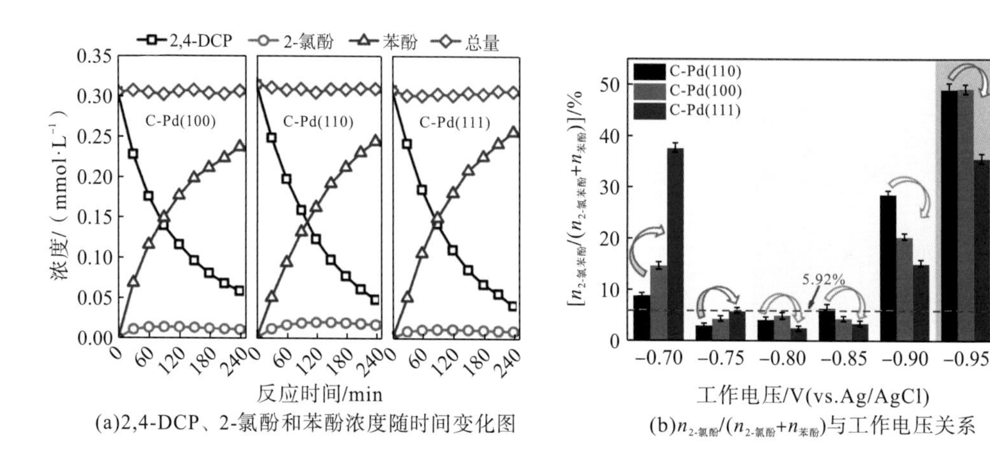

图 3.21　C-Pd(100)、C-Pd(111)和 C-Pd(110)脱氯路径分析

3.2.3　电催化氢化脱氯机制探索

通过对比不同阴极工作电位下，H^*的生成速率和 2,4-DCP 的吸脱附行为，阐明晶面效应并揭示 Pd 晶面在脱氯反应中的作用机制。通过线性扫描伏安法(linear sweep voltammetry，LSV)研究了 H^*生成速率的晶面依赖性。图 3.22(a)显示了 C-Pd(111)、C-Pd(110)和 C-Pd(100)在 N_2 饱和的 Na_2SO_4 溶液中的 LSV 曲线。从交换电流密度值可看出，Pd(110)是最活跃的晶面，然后是 Pd(100)和 Pd(111)。将此结果与在图 3.19(c)中的脱氯性能耦合分析可发现 H^*生成能力的晶面排序与黄色区域中 $k_{obs\text{-}N}$ 的数值排序完全相同。因此可得出结论，在−0.70～−0.80V 范围内，H^*产率是脱氯效率的决定因素。从 LSV 曲线上可知在此电位范围内 H^*供应量相对不足。当电位超过−0.80V 时，H^*的产生变强，其供给不再成为限速步骤，这就使得黄色区域的 $k_{obs\text{-}N}$ 排序与 H^*产生能力的排序不一致。

在 EHDC 过程中，2,4-DCP 在电极上的吸附与 Pd 吸附 2,4-DCP、Pd 解析产物苯酚的能力及阴极和电离的 2,4-DCP 间的电场排斥力强度三个因素密切相关[47,48]。本节首先通过 DFT 计算对比了 2,4-DCP 和苯酚在 Pd(110)、Pd(100)和 Pd(111)晶面上的吸附强度。图 3.22(b)结果显示在相同晶面上，苯酚-Pd 的结合强度与 2,4-DCP-Pd 的结合强度在同一数量级，这意味着苯酚能与 2,4-DCP 竞争活性位点[44]。另一方面，2,4-DCP 和苯酚与三个 Pd 晶面的结合强度具有相同顺序：[Pd(110)>Pd(100)>Pd(111)]，这与图 3.19(c)中白色区域呈现的 $k_{obs\text{-}N}$ 顺序正好相反。这表明在−0.90V～−0.80 内苯酚与 Pd 的强力结合毒化了活性位点，抑制了 2,4-DCP 在 Pd 上的吸附，因此在该电位区间内脱氯效率可能受苯酚脱附动力学控制。为验证苯酚的毒化作用及 Pd(111)对苯酚的最大抵抗能力，比较了 C-Pd(111)、C-Pd(110)和 C-Pd(100)在加入苯酚前后的脱氯性能下降程度。图 3.22(c)显示，三个 Pd 晶面的 $k_{obs\text{-}N}$ 在加入苯酚后均有降低，其中 C-Pd(111)的降幅最小(3.2%)，远低于 C-Pd(100)的 19.7%和 C-Pd(110)的 26.1%。

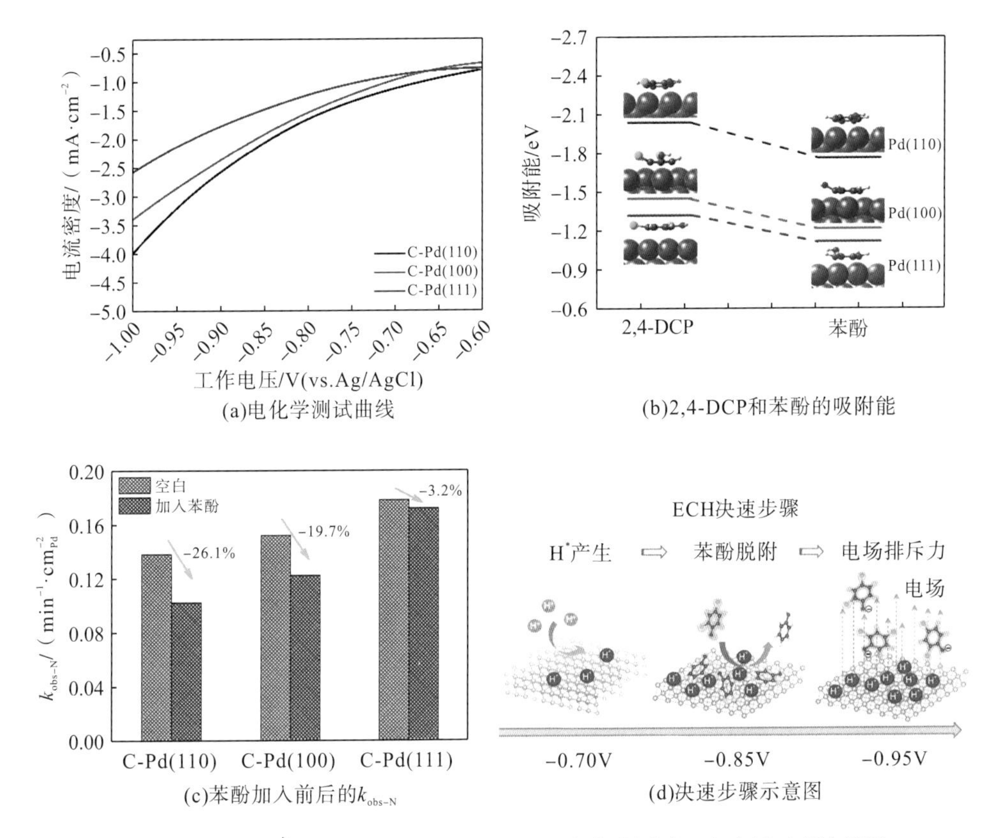

(a)电化学测试曲线

(b)2,4-DCP和苯酚的吸附能

(c)苯酚加入前后的$k_{obs\text{-}N}$

(d)决速步骤示意图

图 3.22 C-Pd(100)、C-Pd(111)和 C-Pd(110)电化学测试、密度泛函理论模拟、脱氯性能及决速步骤

图 3.19(c)的紫色区域中，三个 Pd 面的 $k_{obs\text{-}N}$ 排序与对应的 H^*生成能力和 2,4-DCP/苯酚-Pd 结合能均不一致。这可能是因为在电位负到−0.95V 时，电极与电离的 2,4-DCP 之间的电场排斥力很大，大大抑制了 2,4-DCP 在电极表面的传质扩散。因此，Pd 晶面依赖性显得不那么明显。

以上实验结果表明 EHDC 反应决速步骤随阴极工作电位变化。如图 3.19(c)所示，在黄色区域(电位较正)，H^*的产量不足，H^*的生成速率是脱氯反应的决速步骤，在该范

围内可通过增大 H^*产量来提高脱氯效率。在图 3.23 中，当增加溶液中质子浓度时，$k_{obs\text{-}N}$升高。在白色区域，H^*供应充足且其生成能力不再控制脱氯反应，如图 3.23 所示。当进一步增加产 H^*时，对应的-0.85V 下的 $k_{obs\text{-}N}$只产生微小变化。此时苯酚的脱附成为决速步骤，这表明可通过削弱 Pd 与苯酚的结合强度来提高 $k_{obs\text{-}N}$[45]。在紫色区域，极负的电位增大了电极与 2,4-DCP 间的电场排斥力，阻碍了污染物靠近电极，副作用很大，甚至取代了苯酚脱附而成为脱氯速率的决定因素。

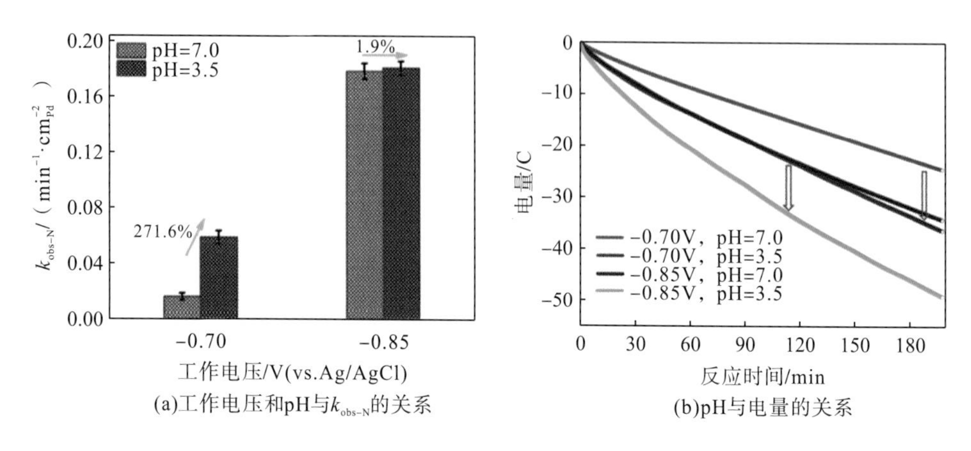

(a)工作电压和pH与$k_{obs\text{-}N}$的关系　　(b)pH与电量的关系

图 3.23　C-Pd(111)晶面上本征活性和电量与质子浓度关系

3.2.4　钯催化剂高活性表面结构识别

为进一步阐明 Pd 晶面的几何结构和电子结构对脱氯反应的影响，图 3.24(a)是通过DFT 模拟的 Pd(110)、Pd(100)和 Pd(111)的表面结构，如虚线区域所示，Pd 原子间存在明显的几何差异。图 3.24(b)为 Pd(110)、Pd(100)和 Pd(111)面对应的差分电荷密度图。通过计算获得 Pd(111)、Pd(100)和 Pd(110)的 d 带中心分别为-1.77eV、-1.64eV和-1.5eV，表明 Pd(111)的 d 带中心低于 Pd(100)和 Pd(110)。相应的三种 Pd 晶面上的表面能大小顺序为 Pd(110)＞Pd(100)＞Pd(111)，与参考文献中报道的一致[65]，与图3.18(b)中 Pd 3d X 射线光电子能谱数据结论一致。

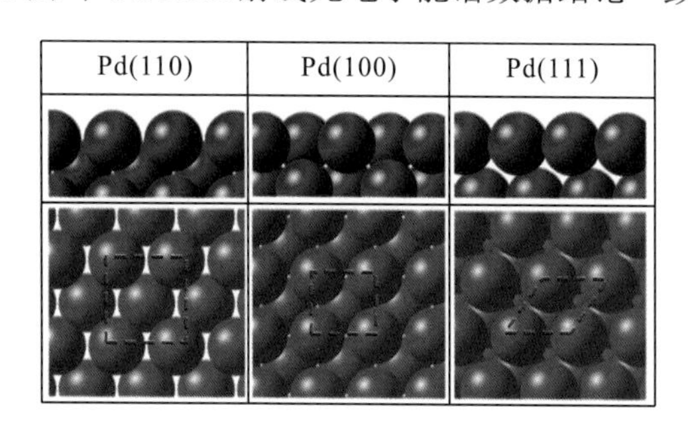

(a)Pd原子排列的侧视图和俯视图

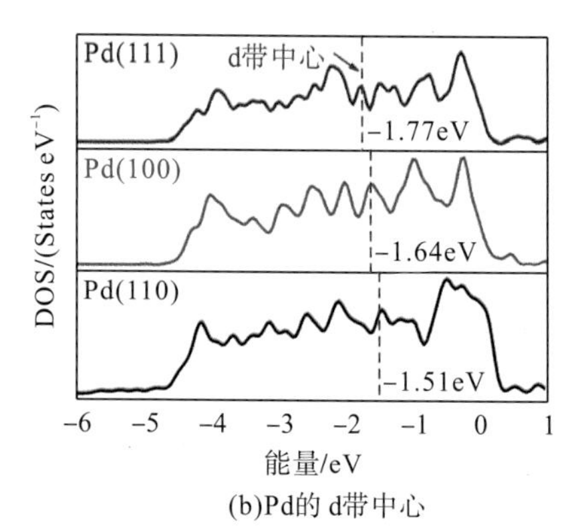

(b)Pd的 d带中心

图 3.24　Pd(100)、Pd(111)和 Pd(110)的 DFT 计算

众所周知，金属的 d 带中心或表面能可用于表征 Pd 与 M(M 表示被吸附物)间结合能大小。根据 d 带中心理论，d 带中心越高，Pd-M 结合越强[66,67]。图 3.22(b)显示 Pd 晶面与 2,4-DCP 和苯酚的结合强度与 d 带中心位置具有相同顺序，即 Pd(110)>Pd(100)>Pd(111)，这也表明 Pd 晶面的电子结构是控制 Pd 与污染物及产物结合强度的决定性因素。因此，当苯酚脱附作为决速定步骤时，Pd 的 d 带中心可作为脱氯性能的重要描述符。相应的，具有最低 d 带中心的 Pd(111)晶面是具有最优的脱氯结构。

图 3.25(a)展示了 H^*在三个晶面上的吸附能数值。Pd(111)吸附 H^*最强，达-0.53eV，然后是 Pd(110)(-0.48eV)和 Pd(100)(-0.44eV)。值得注意的是，该顺序只与各晶面的 d 带中心位置和 LSV 结果[图 3.22(a)]部分一致，两者均为 Pd(110)>Pd(100)>Pd(111)。这说明 Pd 的电子结构不是控制 H^*生成速率的唯一因素。实际上，H^*在 Pd 上的吸附能还与晶面上 Pd 原子的几何排布有关。图 3.25(a)显示 Pd(111)晶面上 H^*与三个 Pd 原子键合，而在 Pd(110)和 Pd(100)上 H^*与两个 Pd 原子键合。因此，H^*在 Pd(111)晶面上的强吸附力应该是源于其三倍键吸附模式。然而，H^*产量低则有可能是因 Pd(111)上产 H^*活性位点密度较低。为证实该观点，通过循环伏安法测试量化了不同晶面上产 H^*活性位点密度(在一定的阴极电位和反应时间下，以每平方厘米 Pd 表面上生成 H^*量来表征)。图 3.25(b)显示 Pd(110)晶面上 Pd 的活性位点密度达到 $0.0527\text{mmol}\cdot\text{cm}^{-2}_{\text{Pd}}$，高于 Pd(100)的 $0.0518\text{mmol}\cdot\text{cm}^{-2}_{\text{Pd}}$ 和 Pd(111)的 $0.0290\text{mmol}\cdot\text{cm}^{-2}_{\text{Pd}}$，故推测各晶面上产 H^*活性位点密度顺序为 Pd(110)>Pd(100)>Pd(111)，与 LSV 结果一致。在此条件下，Pd 表面产 H^*活性位点密度是产氢 H^*能力的决定因素，而具有最高活性位点密度的 Pd(110)是 H^*生成能力最强的晶面。

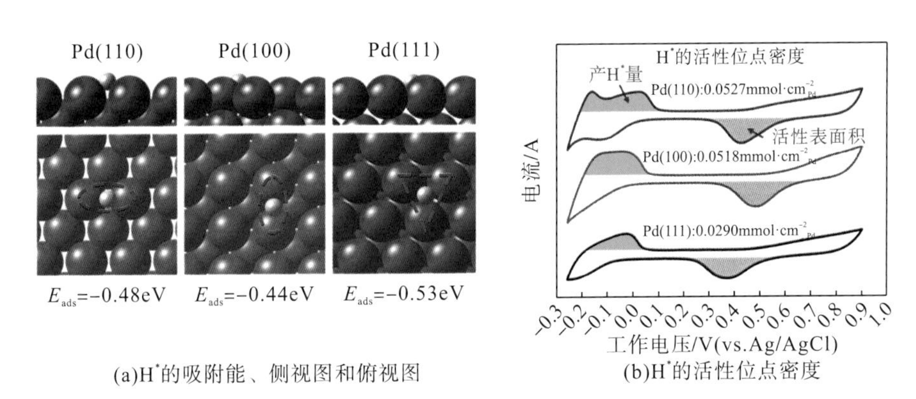

(a)H^*的吸附能、侧视图和俯视图　(b)H^*的活性位点密度

图 3.25 Pd(100)、Pd(111)和 Pd(110)的 DFT 计算和 CV 曲线

催化剂的活性和结构的稳定性是评价其实际环境应用的关键指标。本节以 C-Pd(111)催化剂为例，对其进行了连续 5 次脱氯性能测试，以评估其耐久性。图 3.26(a)中结果显示，在 5 次循环脱氯过程中，C-Pd(111)上脱氯性能基本保持不变。图 3.26(b)显示 5 次循环前后的 Pd 的 CV 曲线基本没有变化，活性面积基本没有衰减，表明该电极在电催化氢解脱氯反应中具有优异的结构稳定性。

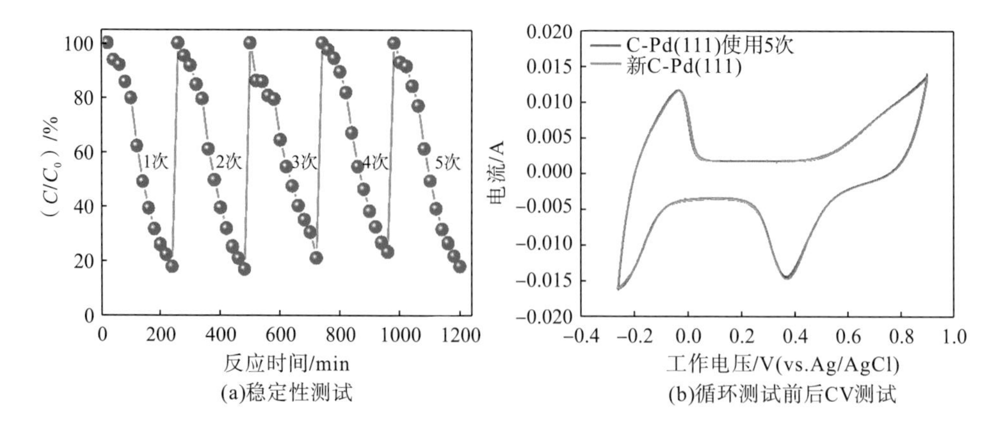

图 3.26 C-Pd(111)电极耐久性评价

参考文献

[1] Wang J, Xia Y, Zhao H, et al. Oxygen defects-mediated Z-scheme charge separation in g-C_3N_4/ZnO photocatalysts for enhanced visible-light degradation of 4-chlorophenol and hydrogen evolution[J]. Applied Catalysis B Environmental, 2017, 206: 406-416.

[2] Cheng Y J, Dong H R, Lu Y, et al. Toxicity of sulfide-modified nanoscale zero-valent iron to Escherichia coli in aqueous solutions[J]. Chemosphere, 2019, 220: 523-530.

[3] Wu Y, Gan L, Zhang S, et al. Enhanced electrocatalytic dechlorination of para-chloronitrobenzene based on Ni/Pd foam electrode[J]. The Chemical Engineering Journal, 2017, 316: 146-153.

[4] Jiang G, Lan M, Zhang Z, et al. Identification of active hydrogen species on palladium nanoparticles for an enhanced electrocatalytic hydrodechlorination of 2, 4-dichlorophenol in water[J]. Environmental Science & Technology, 2017, 51(13): 7599-7605.

[5] Liu R, Zhao H, Zhao X, et al. Defect sites in ultrathin Pd nanowires facilitate the highly efficient electrocatalytic hydrodechlorination of pollutants by H^*_{ads}[J]. Environmental Science and Technology, 2018, 52(17): 9992-10002.

[6] Li W, Ma H, Huang L, et al. Well-defined nanoporous palladium for electrochemical reductive dechlorination[J]. Physical Chemistry Chemical Physics, 2011, 13(13): 5565-5568.

[7] He Z, Lin K, Sun J, et al. Kinetics of electrocatalytic dechlorination of 2-chlorobiphenyl on a palladium-modified nickel foam cathode in a basic medium: From batch to continuous reactor operation[J]. Electrochimica Acta, 2013, 109: 502-511.

[8] Rong H, Cai S, Niu Z, et al. Composition-dependent catalytic activity of bimetallic nanocrystals: AgPd-catalyzed hydrodechlorination of 4-chlorophenol[J]. ACS Catalysis, 2013, 3(7): 1560-1563.

[9] Liu Y, Liu L, Shan J, et al. Electrodeposition of palladium and reduced graphene oxide nanocomposites on foam-nickel electrode for electrocatalytic hydrodechlorination of 4-chlorophenol[J]. Journal of Hazardous Materials, 2015, 290: 1-8.

[10] Sun C, Baig S A, Lou Z, et al. Electrocatalytic dechlorination of 2, 4-dichlorophenoxyacetic acid using nanosized titanium nitride doped palladium/nickel foam electrodes in aqueous solutions[J]. Applied Catalysis B: Environmental, 2014, 158-159: 38-47.

[11] Luo Z M, Zhou J S, Sun M, et al. MnO_2 enhances electrocatalytic hydrodechlorination by Pd/Ni foam electrodes and reduces Pd needs[J]. Chemical Engineering Journal, 2018, 352: 549-557.

[12] Sun Z, Wei X, Shen H, et al. Preparation and evaluation of Pd/polymeric pyrrole-sodium lauryl sulfonate/foam-Ni electrode for 2, 4-dichlorophenol dechlorination in aqueous solution[J]. Electrochimica Acta, 2014, 129: 433-440.

[13] Mao R, Huang C, Zhao X, et al. Dechlorination of triclosan by enhanced atomic hydrogen-mediated electrochemical reduction: Kinetics, mechanism, and toxicity assessment[J]. Applied Catalysis B: Environmental, 2019, 241: 120-129.

[14] Lou Z, Li Y, Zhou J, et al. TiC doped palladium/nickel foam cathode for electrocatalytic hydrodechlorination of 2, 4-DCBA: Enhanced electrical conductivity and reactive activity[J]. Journal of Hazardous Materials, 2019, 362: 148-159.

[15] Liu, Rui, Chen, et al. Au@Pd bimetallic nanocatalyst for carbon-halogen bond cleavage: An old story with new insight into how the activity of Pd is influenced by Au[J]. Environmental Science & Technology, 2018, 52(7): 4244-4255.

[16] Jiang G, Wang K, Li J, et al. Electrocatalytic hydrodechlorination of 2, 4-dichlorophenol over palladium nanoparticles and its pH-mediated tug-of-war with hydrogen evolution[J]. Chemical Engineering Journal, 2018, 348: 26-34.

[17] Shen H, Wei X, Xiang H. Electrocatalytic hydrogenolysis of chlorophenols in aqueous solution on $Pd_{58}Ni_{42}$ cathode modified with PPy and SDBS[J]. Chemical Engineering Journal, 2014, 241: 433-442.

[18] Esclapez M D, Tudela I, Díez-García M I, et al. Towards the complete dechlorination of chloroacetic acids in water by sonoelectrochemical methods: Effect of the cathode material on the degradation of trichloroacetic acid and its degradation by-products[J]. Applied Catalysis B Environmental, 2015, 166/167: 66-74.

[19] Widegren J A, Finke R G. A review of the problem of distinguishing true homogeneous catalysis from soluble or other metal-particle heterogeneous catalysis under reducing conditions[J]. Journal of Molecular Catalysis A: Chemical, 2003, 198(1-2): 317-341.

[20] Ayram E B, Linehan J C, Fulton J L, et al. Is it homogeneous or heterogeneous catalysis derived from$[RhCp^*C_{l2}]^2$? In operando XAFS, kinetic, and crucial kinetic poisoning evidence for subnanometer Rh_4 cluster-Based benzene hydrogenation catalysis[J]. Journal of the American Chemical Society, 2011, 133(46): 18889-18902.

[21] Boldrin P, Ruiztrejo E, Mermelstein J, et al. Strategies for carbon and sulfur tolerant solid oxide fuel cell materials, incorporating lessons from heterogeneous catalysis[J]. Chemical Reviews, 2016, 116(22): 13633-13684.

[22] Zhang L, Chang Q, Chen H, et al. Recent advances in palladium-based electrocatalysts for fuel cell reactions and hydrogen evolution reaction[J]. Nano Energy, 2016, 29: 198-219.

[23] Jiang F, Tan W, Chen H, et al. Effective catalytic hydrodechlorination of chlorophenoxyacetic acids over Pd/graphitic carbon nitride[J]. RSC Advances, 2015, 5(64): 51841-51851.

[24] Kwon J A, Kim M S, Shin D Y, et al. First-principles understanding of durable titanium nitride (TiN) electrocatalyst supports[J]. Journal of Industrial and Engineering Chemistry, 2017, 49: 69-75.

[25] Giuseppe, Zanti, Daniel, et al. DFT study of small palladium clusters pdn and their interaction with a CO ligand (n=1-9)[J]. European Journal of Inorganic Chemistry, 2009, 26: 3904-3911.

[26] Mehmood F, Pachter R, Murphy N R, et al. Electronic and optical properties of titanium nitride bulk and surfaces from first principles calculations[J]. Journal of Applied Physics, 2015, 118(19): 91.

[27] Kitchin J R, Nϕrskov J K, Barteau M A, et al. Modification of the surface electronic and chemical properties of Pt(111) by subsurface 3d transition metals[J]. The Journal of Chemical Physics, 2004, 120(21): 10240-10246.

[28] Lima F H B, Zhang J, Shao M H, et al. Catalytic activity-d-band center correlation for the O_2 reduction reaction on platinum in alkaline solutions[J]. The Journal of Physical Chemistry C, 2007, 111(1): 404-410.

[29] Xu Y H, Yao Z Q, Mao Z C, et al. Single-Ni-atom catalyzes aqueous phase electrochemical reductive dechlorination reaction[J].

Applied Catalysis B: Environmental, 2020, 277(1): 119057.

[30] Lou Y, Hapiot P, Floner D, et al. Efficient dechlorination of alpha-Halocarbonyl and alpha-Haloallyl pollutants by electroreduction on bismuth[J]. Environmental Science and Technology, 2020, 54(1): 559-567.

[31] Zhang S, Xia Z, Ni T, et al. Strong electronic metal-support interaction of Pt/CeO_2 enables efficient and selective hydrogenation of quinolines at room temperature[J]. Journal of Catalysis, 2018, 359: 101-111.

[32] Yao Q, Zhou X, Xiao S, et al. Amorphous nickel phosphide as a noble metal-free cathode for electrocatalytic dechlorination[J]. Water Research, 2019, 165: 114930.

[33] Wu Z, Tao P, Yan C, et al. Synthesis of palladium phosphides for aqueous phase hydrodechlorination: Kinetic study and deactivation resistance[J]. Journal of Catalysis, 2018, 366: 80-90.

[34] Liu T, Luo J M, Meng X Y, et al. Electrocatalytic dechlorination of halogenated antibiotics via synergistic effect of chlorine-cobalt bond and atomic H*[J]. Journal of Hazardous Materials, 2018, 358: 294-301.

[35] Zhou J, Wu K, Wang W, et al. Pd supported on boron-doped mesoporous carbon as highly active catalyst for liquid phase catalytic hydrodechlorination of 2, 4-dichlorophenol[J]. Applied Catalysis A General, 2014, 470: 336-343.

[36] Li K, Fang X, Fu Z, et al. Boosting photocatalytic chlorophenols remediation with addition of sulfite and mechanism investigation by in-situ DRIFTs[J]. Journal of Hazardous Materials, 2020, 398: 123007.

[37] Bedia J, Arevalo-Bastante A, Grau J M, et al. Effect of the Pt-Pd molar ratio in bimetallic catalysts supported on sulfated zirconia on the gas-phase hydrodechlorination of chloromethanes[J]. Journal of Catalysis, 2017, 352: 562-571.

[38] Yin H, Cao X, Lei C, et al. Insights into electroreductive dehalogenation mechanisms of chlorinated environmental pollutants[J]. ChemElectroChem, 2020, 7(8): 1825-1837.

[39] Zhou Y, Zhang G, Ji Q, et al. Enhanced stabilization and effective utilization of atomic hydrogen on Pd-In nanoparticles in a flow-through electrode[J]. Environmental Science and Technology, 2019, 53(19): 11383-11390.

[40] Chen A, Ostrom C. Palladium-based nanomaterials: Synthesis and electrochemical applications[J]. Chemical Reviews, 2015, 115(21): 11999-12044.

[41] Lou Z, Wang Z, Zhou J, et al. Pd/TiC/Ti electrode with enhanced atomic H^* generation, atomic H^* adsorption and 2, 4-DCBA adsorption for facilitating electrocatalytic hydrodechlorination[J]. Environmental Science: Nano, 2020, 7(5): 1566-1581.

[42] Wu Y, Gan L, Zhang S, et al. Carbon-nanotube-doped Pd-Ni bimetallic three-dimensional electrode for electrocatalytic hydrodechlorination of 4-chlorophenol: Enhanced activity and stability[J]. Journal of Hazardous Materials, 2018, 356: 17.

[43] Ball M R, Rivera-Dones K R, Stangland E, et al. Hydrodechlorination of 1, 2-dichloroethane on supported AgPd catalysts[J]. Journal of Catalysis, 2019, 370: 241-250.

[44] Fu W, Shu S, Li J, et al. Identifying the rate-determining step of the electrocatalytic hydrodechlorination reaction on palladium nanoparticles[J]. Nanoscale, 2019, 11(34): 15892-15899.

[45] Kw A, Song S A, Min C A, et al. Pd-TiO_2 Schottky heterojunction catalyst boost the electrocatalytic hydrodechlorination reaction[J]. Chemical Engineering Journal, 2020, 381: 122673.

[46] Chen M, Shu S, Li J, et al. Activating palladium nanoparticles via a Mott-schottky heterojunction in electrocatalytic hydrodechlorination Reaction[J]. Journal of Hazardous Materials, 2019, 389: 121876.

[47] Shu S, Fu W Y, Wang P, et al. Electrocatalytic hydrodechlorination of 2, 4-dichlorophenol over palladium nanoparticles: The critical role of hydroxyl group deprotonation[J]. Applied Catalysis A: General, 2019, 583: 117146.

[48] Shen Y, Tong Y, Xu J, et al. Ni-based layered metal-organic frameworks with palladium for electrocatalytic dechlorination[J].

Applied Catalysis B: Environmental, 2019, 264: 118505.

[49] Peng Y, Cui M, Zhang Z, et al. Bimetallic Composition-Promoted electrocatalytic hydrodechlorination Reaction on Silver-Palladium Alloy Nanoparticles[J]. ACS Catalysis, 2019, 9(12): 10803-10811.

[50] Chou T C, Chang CC, Yu H L, et al. Controlling the oxidation state of Cu electrode and reaction intermediates for electrochemical CO_2 reduction to ethylene[J]. Journal of the American Chemical Society, 2020, 142(6): 2857-2867.

[51] Tao C, Sheng C, Ping S, et al. Single molecule nanocatalysis reveals facet-dependent catalytic kinetics and dynamics of Pd nanoparticles[J]. ACS Catalysis, 2017, 7(4): 2967-2972.

[52] Zhang J, Feng C, Deng Y, et al. Shape-controlled synthesis of palladium single-crystalline nanoparticles: The effect of HCl oxidative etching and facet-dependent catalytic properties[J]. Chemistry of Materials, 2014, 26(2): 1213-1218.

[53] Cao S W, Li Y, Zhu B C, et al. Facet effect of Pd cocatalyst on photocatalytic CO_2 reduction over g-C_3N_4[J]. Journal of Catalysis, 2017, 349: 208-217.

[54] Wang F, Li C, Zhang X, et al. Catalytic behavior of supported Ru nanoparticles on the {100}, {110}, and {111} facet of CeO_2[J]. Journal of Catalysis, 2015, 329(21): 177-186.

[55] Choi M, Siepser N P, Jeong S, et al. Probing single-particle electrocatalytic activity at facet-controlled gold nanocrystals[J]. Nano Letters, 2020, 20(2): 1233-1239.

[56] Bagger A, Ju W, Varela A S, et al. Electrochemical CO_2 reduction: classifying Cu facets[J]. ACS Catalysis, 2019, 9(9): 7894-7899.

[57] Strasser P, Gliech M, Kuehl S, et al. Electrochemical processes on solid shaped nanoparticles with defined facets[J]. Chemical Society Reviews, 2018, 47(3): 715.

[58] Ding X F, Yao Z Q, Xu Y H, et al. Aqueous-phase hydrodechlorination of 4-chlorophenol on palladium nanocrystals: Identifying the catalytic sites and unraveling the reaction mechanism[J]. Journal of Catalysis, 2018, 368: 336-344.

[59] Wang B, Chen Y T, Chang T Y, et al. Facet-dependent catalytic activities of Pd/rGO: Exploring dehydrogenation mechanism of dodecahydro-N-ethylcarbazole[J]. Applied Catalysis B: Environmental, 2020, 266: 118658.

[60] Liu Y, Ma H Y, Lei D, et al. Active oxygen species promoted catalytic oxidation of 5-hydroxymethyl-2-furfural on facet-specific Pt nanocrystals[J]. ACS Catalysis, 2019, 9(9): 8306-8315.

[61] Ge C, Fang G, Shen X, et al. Facet energy versus enzyme-like activities: The unexpected protection of palladium nanocrystals against oxidative damage[J]. Acs Nano, 2016, 10(11): 10436.

[62] Long R, Mao K, Ye X, et al. Surface facet of palladium nanocrystals: a key parameter to the activation of molecular oxygen for organic catalysis and cancer treatment[J]. Journal of the American Chemical Society, 2013, 135(8): 3200-3207.

[63] Cao M, Tang Z, Liu Q, et al. The synergy between metal facet and oxide support facet for enhanced catalytic performance: The case of Pd-TiO_2[J]. Nano Letters, 2016, 16(8): 5298-5302.

[64] Zhang S, Guo S, Zhu H, et al. Structure-induced enhancement in electrooxidation of trimetallic FePtAu nanoparticles[J]. Journal of the American Chemical Society, 2012, 134(11): 5060.

[65] Song X, Sun K, Hao X, et al. Facet-dependent of catalytic selectivity: The case of H_2O_2 direct synthesis on Pd surfaces[J]. The Journal of Physical Chemistry C, 2019, 2019(43): 26324-26337.

[66] Luo M, Guo S. Strain-controlled electrocatalysis on multimetallic nanomaterials[J]. Nature Reviews Materials, 2017, 2: 201759.

[67] Crampton A S, R?tzer M D, Schweinberger F F, et al. Ethylene hydrogenation on supported Ni, Pd and Pt nanoparticles: Catalyst activity, deactivation and the d-band model[J]. Journal of Catalysis, 2016, 333: 51-58.

第 4 章　电催化氢化脱氯反应效能调控

4.1　莫特-肖特基异质结效应调控钯电子结构研究

4.1.1　Pd/TiO_2 莫特-肖特基异质结构建及脱氯效能评价

氯酚是一类重要的化工原料，广泛应用于农业、制药、石油和聚合物合成等领域。然而氯酚具有典型的富集性、致癌性及持久性等特点，严重威胁着人类健康和生态系统安全[1,2]。卤族氯元素具有强电负性，C—Cl 键稳定性高，难以通过自然降解方式去毒化。研究发现，C—Cl 键是苯酚具有高毒性和持久性的根本原因，可通过氢原子加成取代 Cl 原子实现削弱其毒性[3, 4]。基于此原理，目前，H_2/Fe^0 化学加氢脱氯[5,6]、光催化加氢脱氯和电催化加氢脱氯[4]等加氢脱氯技术得到快速发展。其中，EHDC 技术因其高效、设备成本低和二次污染风险小等优势而备受关注[7-9]。

贵金属钯由于具有良好的生产 H^*能力和存储 H^*能力，常用来作为电催化氢解脱氯反应的催化剂[10]。然而，Pd 储量有限、价格高昂，极大限制了 EHDC 技术的应用发展[11]。为减少 Pd 的消耗并改善 Pd 基催化剂的脱氯性能，科学家将 Pd 纳米晶构筑为三维多孔结构[12]，或将其负载到三维多孔材料(如泡沫镍或泡沫铜)表面[13, 14]，或通过构筑层状结构载体暴露更多 Pd 活性位点，最终达到加快催化剂表面传质速率的目的。然而，上述策略在提高 Pd 本征活性能力上仍有提升空间。目前，基于界面两侧材料功函数的差异，将 Pd 与过渡金属 M(如 Ni 和 Cu)合金化，[15]或与其他材料(如碳基材料[16]、氧化物[17]、氮化物[18,19]和磷化物[20])形成异质结，调控 Pd 电子结构以增强 Pd 本征活性的策略吸引了众多研究者关注。研究表明，通过合金化的方法实现调控 Pd 表面应力以调控 Pd d 带中心，优化催化剂与反应物及中间产物的吸附强度来改善催化活性。然而，制备具有理想表面应力和电子结构的 Pd-M 合金纳米晶通常需要苛刻的反应条件。异质结催化剂是基于金属与载体间强相互作用，促使金属与载体间电荷重新分布，进而改变金属的电子结构，提升催化剂活性[21-23]。近年来，研究人员开发了一种新型的 n 型半导体负载贵金属的肖特基异质结电催化剂[24-27]。金属与半导体费米能级的相对位置决定着电子转移的方向，形成的肖特基势垒高低决定着转移的电子数[28,29]。在该异质结中，电子倾向于从更负费米能级的相转移到另一相，直到两相费米能级平衡，电子转移才停止。综上所述，肖特基异质结具有预测电子转移的方向和数量优势，当前已在多相催化领域开展诸多研究工作。

众所周知，当 Pd d 轨道富集大量电子时，Pd 将具备更优异的催化活性[30-32]。考虑到

n 型半导体 TiO_2 的费米能级为−0.192V，有助于将电子转移至 Pd 表面，使 Pd 表面富集电子，因此本节将以 TiO_2 作为 Pd-TiO_2 肖特基异质结催化剂载体，探索该催化剂的电催化脱氯性能[33]。其次，通过 X 射线衍射仪、透射电镜、光致发光光谱、X 射线光电子能谱等物理表征，对催化剂进行表征分析，验证肖特基异质结的形成及电子转移的方向；评价 Pd-TiO_2 肖特基异质结催化剂的脱氯效率、反应途径、脱氯反应动力学。最后，结合实验和密度泛函理论计算，探讨肖特基异质结调控脱氯性能的反应机理。

1) Pd/TiO_2 莫特-肖特基异质结构建及理化性质表征

采用湿法化学还原法来制备具有肖特基异质结的 Pd-TiO_2 催化剂。以硼氢化钠为还原剂，将其滴加至 TiO_2 与四氯钯酸钠的混合溶液中，调节反应溶液的 pH=10，反应结束后，通过洗涤、干燥即可制备 Pd-TiO_2 催化剂。此外，采用相同的方法，使用炭黑(C)替换 TiO_2，即可制备 Pd-C 对比催化剂。

首先通过透射电子显微镜来表征 Pd 形貌特征。图 4.1(a)结果显示 Pd NPs 具有球状形态，其直径约为 5.0nm，且 Pd NPs 良好地分散在 TiO_2 载体表面。通过高分辨透射电镜发现，Pd 的晶格间距约为 0.22nm，TiO_2 的晶格间距约为 0.36nm，上述晶格间距分别与 Pd(111)晶面和锐钛矿型 TiO_2(101)晶面相匹配[图 4.1(b)]。通过对 TiO_2 和 Pd-TiO_2 进行 XRD 分析，在 2θ=40.12°和 46.36°处的两个衍射峰分别对应 Pd 的(111)和(200)晶面，证实 Pd-TiO_2 催化剂成功制备[图 4.1(c)]。图 4.1(d)透射电子显微镜图像同样显示 Pd NPs 均匀分布在碳材料表面，其粒径分布主要集中在 5.2nm 附近。通过电感耦合等离子体原子发射光谱检测到 Pd-C 和 Pd-TiO_2 催化剂上 Pd 的真实负载量分别为(0.241±0.012) $mg_{Pd}\cdot mg_{catalyst}^{-1}$ 和(0.239±0.016) $mg_{Pd}\cdot mg_{catalyst}^{-1}$。如图 4.2 所示，本节还通过 CO 溶出曲线法确定 Pd-TiO_2 和 Pd-C 催化剂的电化学活性面积分别为 $19.5m^2\cdot g_{Pd}^{-1}$ 和 $22.7m^2\cdot g_{Pd}^{-1}$。综上表征结果说明，Pd-TiO_2 和 Pd-C 催化剂的活性位点类似，为研究肖特基异质结效应提供了理想催化平台。

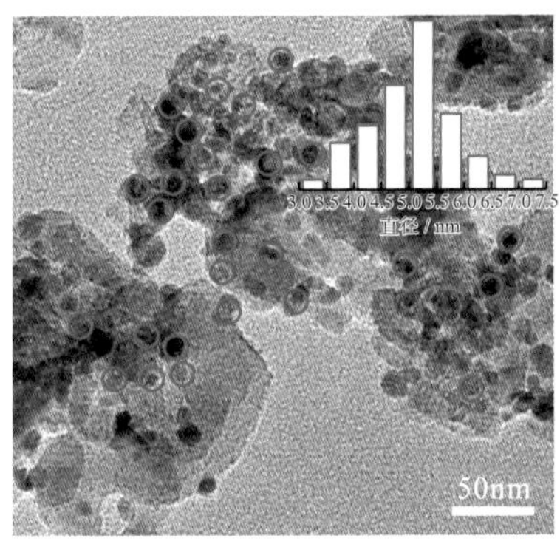

(a) Pd-TiO_2 的TEM图

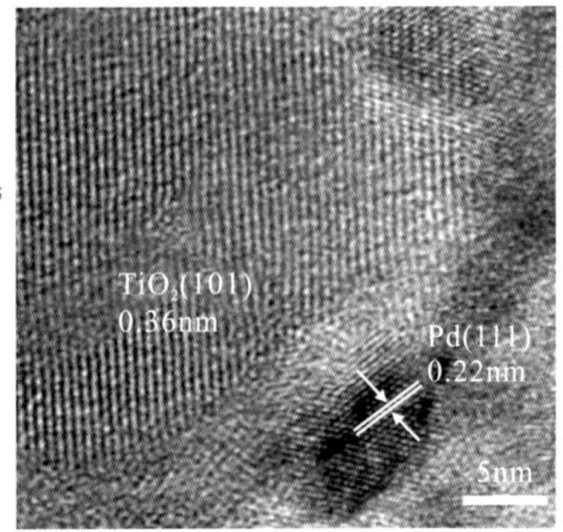

(b) Pd-TiO_2 的HR-TEM图

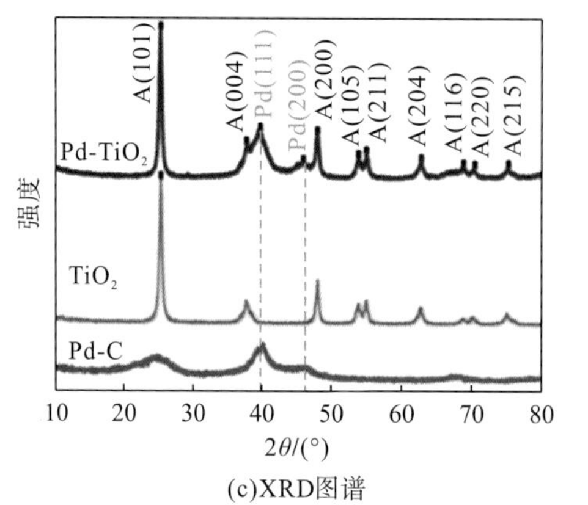

(c)XRD图谱

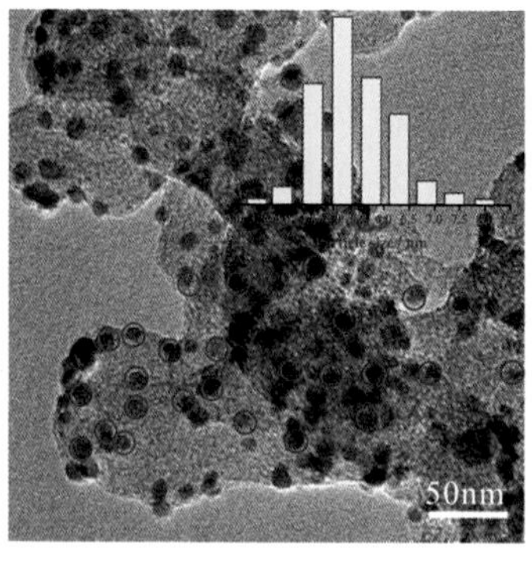

(d)Pd-C材料的TEM图

图 4.1 Pd-TiO_2、Pd-C、纯 TiO_2 的形貌和结构表征

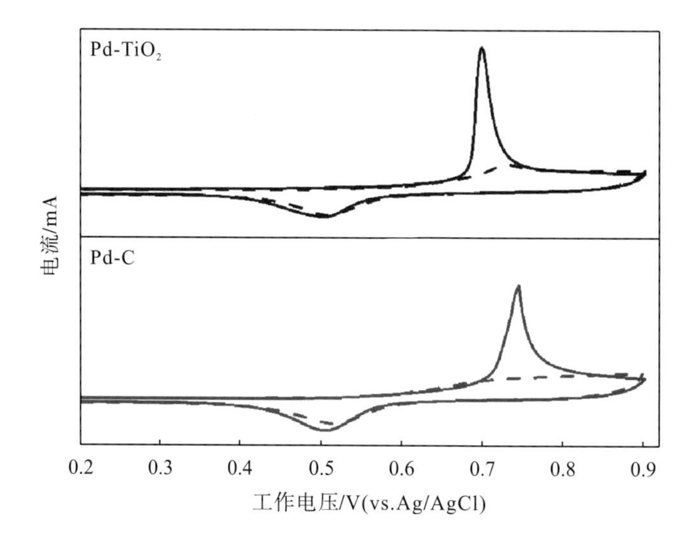

图 4.2 在 N_2 饱和的 50mmol · L^{-1} Na_2SO_4 溶液中的 Pd-TiO_2 与 Pd-C 的 CO 剥离实验 CV 曲线

如图 4.3 所示，在黑暗条件下，肖特基异质结的形成有助于促使部分电子从 TiO_2 转移到 Pd 界面上；在光照条件下，肖特基异质结同样可实现 TiO_2 中载流子的有效分离[34]。为验证 Pd 贵金属与 TiO_2 载体是否在界面处成功构建了肖特基异质结，通过 X 射线光电子能谱和光致发光光谱表征 Pd-C 和 Pd-TiO_2 催化剂中 Pd 的电子结构信息及 TiO_2 和 Pd-TiO_2 中的电荷分离效率。

Pd-TiO_2 和 Pd-C 中 Pd 3d 能级的 XPS 光谱如图 4.4(a)所示。Pd-TiO_2 和 Pd-C 催化剂在 335eV 和 340eV 附近均存在两对双峰，分别对应于金属 Pd 的 $3d_{5/2}$ 和 $3d_{3/2}$ 自旋轨道；在 337eV 和 342eV 附近出现的衍射峰则归属于 Pd^{2+} 的 $3d_{5/2}$ 和 $3d_{3/2}$ 自旋轨道(主要以 PdO 的形式存在)。Pd-TiO_2 催化剂中 Pd^0 的 $3d_{5/2}$ 轨道位于 335.25eV，小于金属 Pd 标准峰结合能(335.60eV)。通过对比发现，相对于 Pd-C 催化剂，Pd-TiO_2 催化剂中 Pd $3d_{3/2}$ 和 $3d_{5/2}$ 轨道位置均向低结合能方向偏移。通过将 Pd^{2+} ($S_{Pd}{}^{2+}$) 和 Pd^0 ($S_{Pd}{}^0$) 峰面积进行积分发现，Pd-TiO_2 的 $S_{Pd}{}^{2+}/S_{Pd}{}^0$ 仅为 0.12，远低于 Pd-C 相对应的值(0.32)，表明 Pd-TiO_2 催化剂上

Pd^0 含量更高。图 4.5 为 Pd-TiO_2 和 TiO_2 的 Ti 2p 以及 O 1s XPS 谱图。与 TiO_2 相比，Pd-TiO_2 催化剂中 Ti $2p_{1/2}$ 和 $2p_{3/2}$ 以及 O 1s 峰均向高结合能方向偏移。综上所述，与 Pd-C 催化剂相比，Pd-TiO_2 催化剂中 Pd 表面富集了更多电子。图 4.4(b) 是 TiO_2 和 Pd-TiO_2 的光致发光光谱图，Pd-TiO_2 催化剂具有更快速的电荷分离能力，抑制电子空穴对的复合。基于以上 XPS 光谱中 TiO_2 到 Pd 电子定向转移和 Pd-TiO_2 中载流子的高效分离，推测具有肖特基势垒的 Pd-TiO_2 异质结催化剂成功制备。

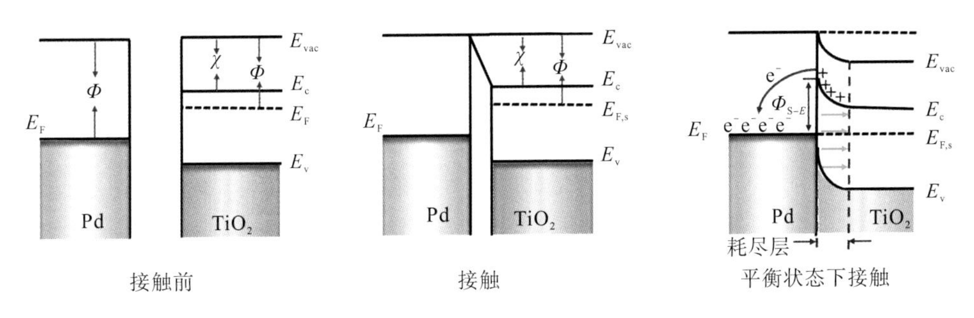

图 4.3 肖特基异质结效应对 Pd 电子结构的影响机理图

(E_{vac}：真空能级；E_c：导带；E_v：价带；E_F：费米能级；χ：真空电离能；ϕ：功函数)

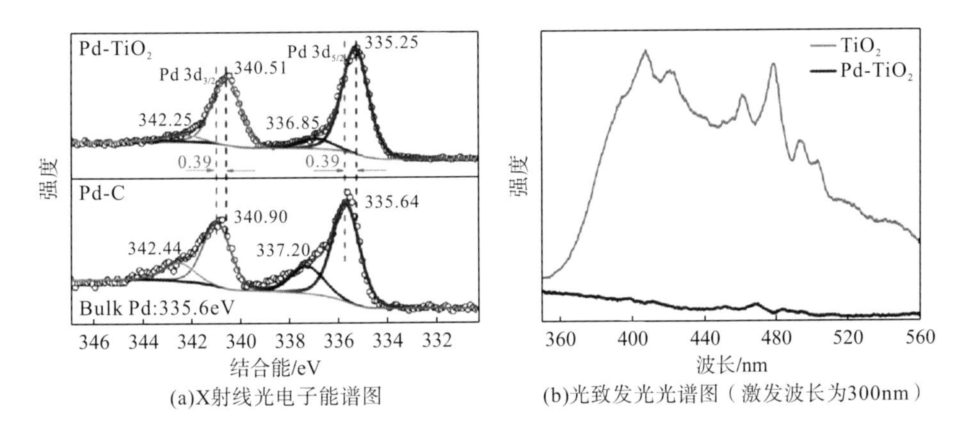

图 4.4 Pd-TiO_2 与 Pd-C 和 UV-光照射下 Pd-TiO_2 和 TiO_2 样品的图谱

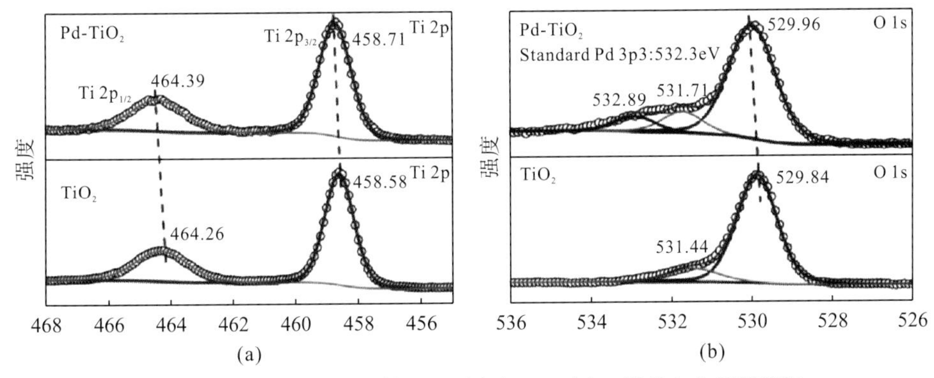

图 4.5 Pd-TiO_2 和 TiO_2 的 Ti 2p(a) 和 O 1s(b) X 射线光电子能谱图

2) Pd/TiO_2莫特-肖特基异质结脱氯效能评价

(1) Pd/TiO_2莫特-肖特基异质结脱氯性能。

为了探究肖特基异质结对脱氯性能的影响，分别研究了 TiO_2、$Pd\text{-}TiO_2$和 Pd-C 三种催化剂对 2,4-DCP 的去除效率、反应路径、脱氯程度及中间的反应动力学。图 4.6(a)是在阴极电位为−0.85V 下，2,4-DCP 的 C/C_0 与反应时间的函数关系图。研究发现，TiO_2 NPs 对去除 2,4-DCP 未表现出催化活性，而 Pd-C 和 $Pd\text{-}TiO_2$两种催化剂均能在一定程度上去除 2,4-DCP。图 4.6(b)罗列出在−0.65V、−0.75V、−0.85V 和−0.95V 阴极电位条件下，$Pd\text{-}TiO_2$和 Pd-C 催化剂的转换效率值。结果发现，$Pd\text{-}TiO_2$催化剂在上述四种电位下的转换效率值均大于 Pd-C 催化剂。考虑到 TiO_2对 2,4-DCP 的去除没有电催化活性，因此 $Pd\text{-}TiO_2$催化剂更优异的脱氯性能源自 Pd 与 TiO_2界面间的肖特基异质结效应。

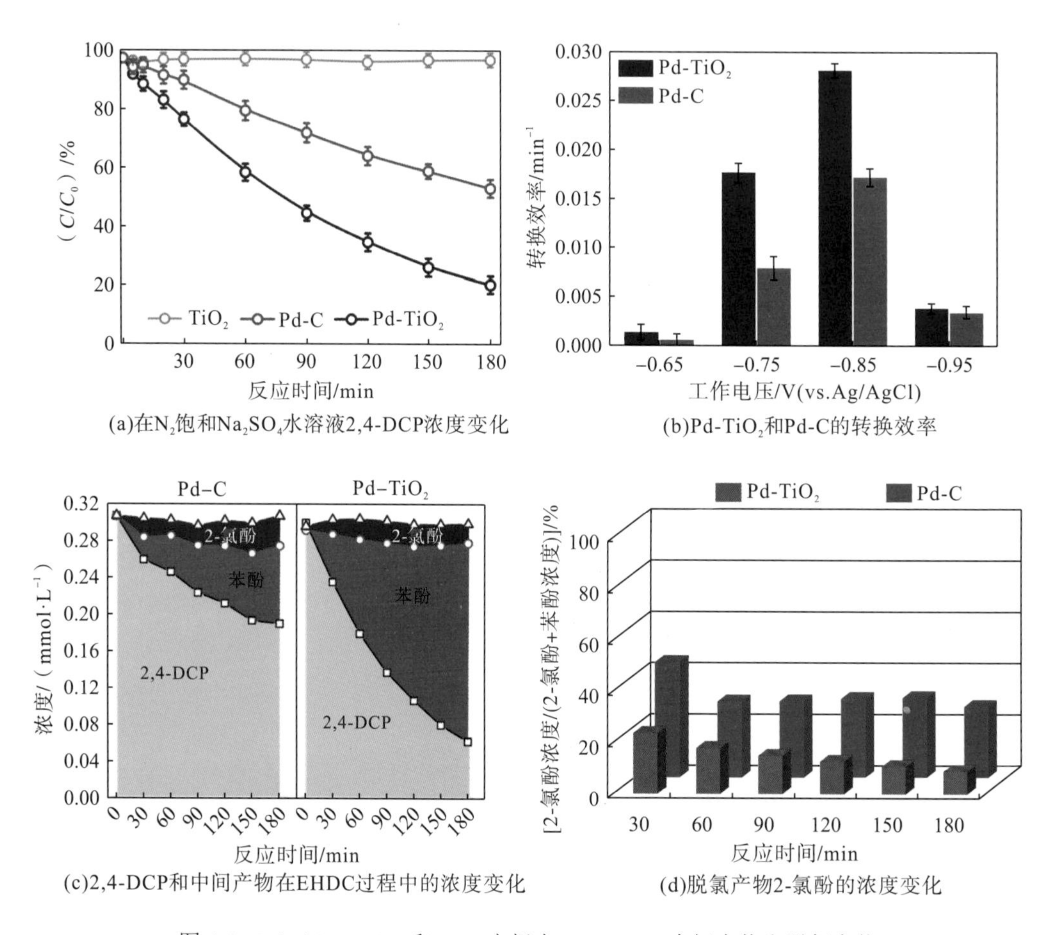

(a)在N_2饱和Na_2SO_4水溶液2,4-DCP浓度变化

(b)$Pd\text{-}TiO_2$和Pd-C的转换效率

(c)2,4-DCP和中间产物在EHDC过程中的浓度变化

(d)脱氯产物2-氯酚的浓度变化

图 4.6 $Pd\text{-}TiO_2$、Pd-C 和 TiO_2电极中 2,4-DCP、中间产物和脱氯产物 2-氯酚的浓度随反应时间的变化及其转换效率

为研究 2,4-DCP 电催化氢解后的脱氯产物及其反应路径，采用液相色谱仪和氯离子分析仪追踪反应过程中的产物变化。如图 4.6(c)所示，在 $Pd\text{-}TiO_2$和 Pd-C 反应体系中仅

检测到 2,4-DCP、2-氯酚、苯酚和氯离子，即使延长反应时间也未检测出其他产物(见图 4.7)，说明在脱氯反应过程中最终产物是苯酚，并未进一步发生氢化反应。此外，通过对比脱氯产物浓度数值发现，产物苯酚和中间产物 2-氯酚的总浓度随 2,4-DCP 的不断消耗而逐渐增加，但总浓度始终保持物料守恒，表明在电极上发生脱氯反应具有良好的选择性。综上，Pd-TiO_2 催化剂上反应路径为：2,4-DCP ⟶ 2-氯酚+氯离子 ⟶ 苯酚+氯离子。

研究脱氯路径时发现中间产物并不存在 4-氯酚，主要是由于空间位阻效应的影响，2,4-DCP 上邻位碳氯键比对位碳氯键更难断裂[35, 36]。脱氯产物占总产物的比值是衡量脱氯反应是否完全的关键指标之一。如图 4.6(d)所示，由 2-氯酚和苯酚摩尔比与反应时间关系可知，反应进行 180 min 后，Pd-TiO_2 中 2-氯酚含量仅占 5%，而 Pd-C 中仍有 30% 的 2-氯酚未完全转化为苯酚，这表明肖特基异质结效应有助于 Pd-TiO_2 催化剂实现脱氯反应更高效、彻底。

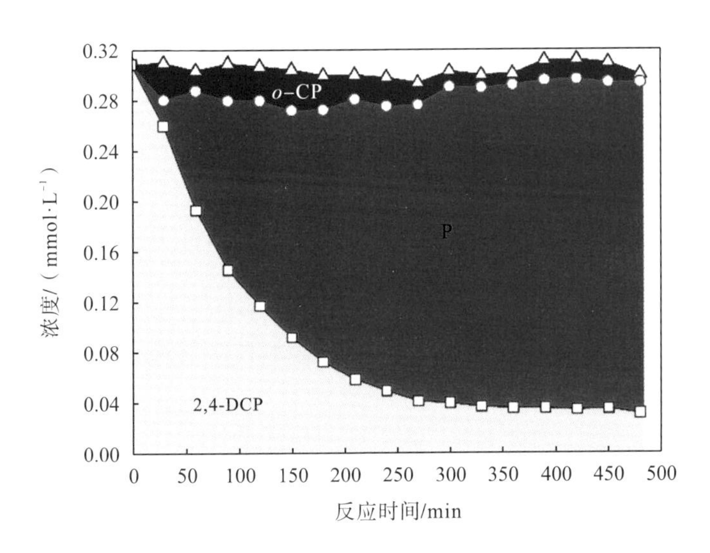

图 4.7　随着反应时间的延长 2,4-DCP 与中间产物在 Pd-TiO_2 电极上的浓度变化

电极材料的耐久性是评价其实际工业应用的关键指标。本节以 Pd-TiO_2 电极为例，对该电极进行 5 次电催化脱氯性能循环测试，评估其耐久性。如图 4.8 所示，结合液相色谱数据发现，在 5 次循环脱氯过程中，Pd-TiO_2 电极的脱氯效率未大幅下降，且循环伏安法曲线也基本保持不变，表明 Pd-TiO_2 催化剂具有优异的耐久性能。在反应结束后，采集脱氯后的电解质溶液，采用电感耦合等离子体发射光谱仪对 Pd^{2+}进行检测，结果并未发现溶液中存在 Pd^{2+}，说明在脱氯过程中催化剂上的 Pd 没有被溶解。以上结果表明肖特基异质结诱导的强金属-载体相互作用有助于增强 Pd-TiO_2 的耐久性[37]。此外，电催化氢解脱氯反应通常在较负的阴极电位(−0.85V)和去氧溶液中测试，也有利于防止 Pd 被氧化而溶解。

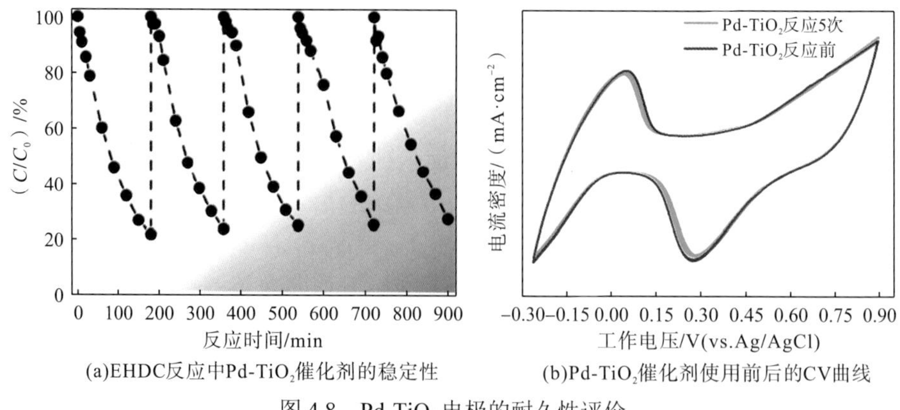

(a)EHDC反应中Pd-TiO$_2$催化剂的稳定性 (b)Pd-TiO$_2$催化剂使用前后的CV曲线

图 4.8 Pd-TiO$_2$电极的耐久性评价

(2)Pd-TiO$_2$催化剂提升脱氯效能机理研究。

为了探究肖特基异质结效应的作用机理，采用经典的 L-H 模型研究初始反应 Pd-C 和 Pd-TiO$_2$的脱氯动力学。取图 4.9 中前 30min 反应速率倒数 $1/r_0$与 2,4-DCP 初始浓度倒数 $1/C_0$进行拟合(图 4.10)。结果显示，两体系中 $1/r_0$和 $1/C_0$均呈良好的线性关系，表明脱氯反应的速率受催化剂表面 2,4-DCP 与 H^*的表面反应控制。为探究 H^*在催化剂表面的关键作用，采用线性扫描伏安法来分析 H^*在 Pd-TiO$_2$和 Pd-C 催化剂上的生成动力学。如图 4.11 所示，Pd-C 催化剂中 H^+向 H^*转化的起始电位更大，电流密度也更大，表明 Pd-C 催化剂上产 H^*能力优于 Pd-TiO$_2$。若从产 H^*能力方面评估脱氯性能，Pd-C 催化剂理论上应具有更佳的脱氯效率。然而，从图 4.6(a)获悉，Pd-TiO$_2$催化剂的脱氯效率远优于 Pd-C，与上述结论相矛盾。此外，电流效率是衡量脱氯反应过程中 H^*利用率高低的重要因素。如图 4.10(b)所示，Pd-TiO$_2$催化剂的电流效率大约是 Pd-C 催化剂的两倍，但绝对值较低且不稳定。在反应结束时 Pd-C 催化剂的电流效率值降至 18%，Pd-TiO$_2$也仅为 25.8%。综上所述，Pd-C 电极上产 H^*能力更强，而脱氯效率及电流效率反而较低；Pd-TiO$_2$电极上虽产 H^*能力更弱，但其脱氯效率和电流效率反而优于 C-Pd 催化剂。由此推断，产 H^*能力的差异并不是制约脱氯反应速率快慢的决速步骤，而 2,4-DCP 在催化剂上的有效吸附和活化可能是脱氯反应的关键步骤。

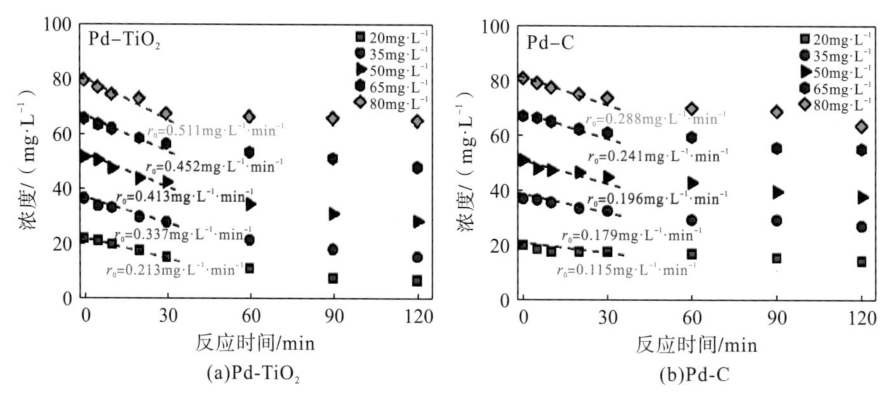

(a)Pd-TiO$_2$ (b)Pd-C

图 4.9 催化剂在阴极电位为−0.75V、N_2饱和的 50mmol·L^{-1} Na_2SO_4溶液中，不同初始浓度 2,4-DCP 与反应时间的关系

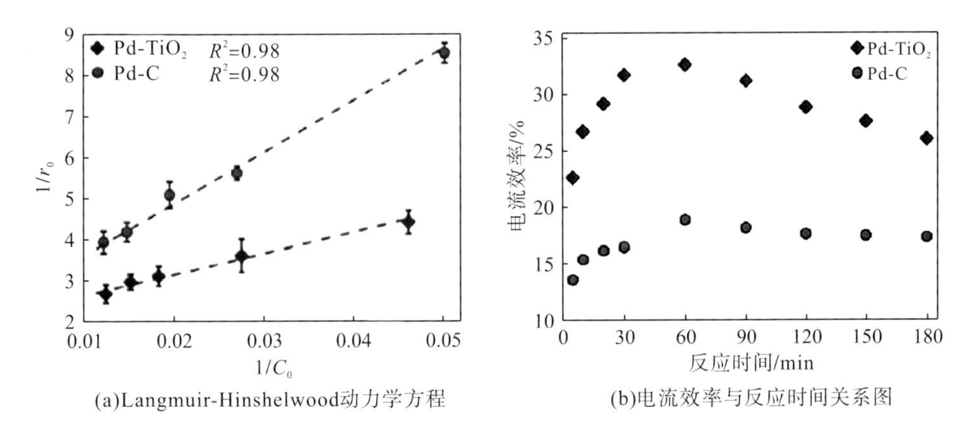

(a)Langmuir-Hinshelwood动力学方程　(b)电流效率与反应时间关系图

图 4.10　Pd-TiO_2和 Pd-C 的动力学方程及 EHDC 反应过程中的电流效率

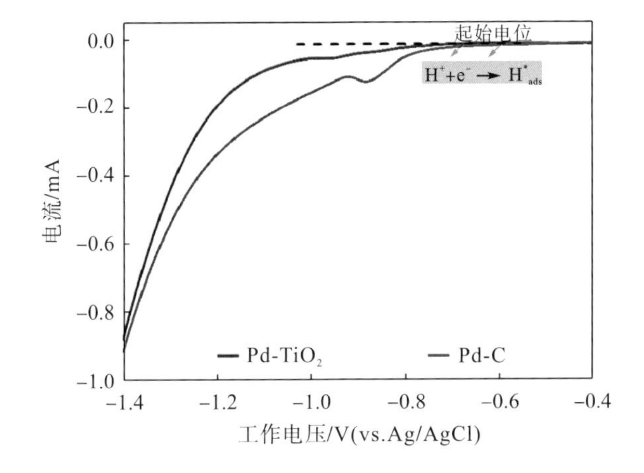

图 4.11　Pd-TiO_2和 Pd-C 在 N_2饱和 50mmol · L^{-1}的 Na_2SO_4溶液中的线性扫描伏安法曲线

注：扫描速率 10mV · s^{-1}，扫描范围为-0.4～-1.4V。

基于以上研究结果，推测肖特基异质结增强脱氯性能归因于强化 Pd 对表面 2,4-DCP 吸附和活化。由于在整个脱氯反应过程中都持续搅拌，且载体没有产 H^*和活化 2,4-DCP 的能力，故本研究体系中并未考虑 2,4-DCP 的传质效应及其在载体上的吸附行为[38,39]。为验证上述推测，利用密度泛函理论计算比较 Pd-C 和 Pd-TiO_2催化剂对 2,4-DCP 的吸附强弱(E_{ads})及 C—Cl 键的活化程度(以 C—Cl 键长变化为标准)。以四个 Pd 原子构成的四面体为活性物种，悬浮于 TiO_2(101)面和 C(002)面上来模拟异质结界面[40]。图 4.12 和图 4.13 列出了 Pd-TiO_2、Pd-C 最佳吸附构型及详细优化过程，由图可知，2,4-DCP 分子更倾向于苯环与 Pd 面平行吸附。利用差分电荷可以描述 Pd 与载体之间的作用强弱，如图 4.14 所示，Pd 与 TiO_2 界面间电子云更密集。此外，巴德(Bader)电荷计算表明(表 4.1)，Pd-TiO_2催化剂中 TiO_2向 Pd 表面转移约 0.81 个电子，而 Pd-C 催化剂中 Pd 向 C 转移约 0.49 个电子，证实 Pd 与 TiO_2载体间具有更强的电子传递作用。如图 4.12(a)和(b)所示，E_{ads}计算结果表明，Pd-C(−1.23eV)对 2,4-DCP 的吸附强于 Pd-TiO_2(−1.01eV)，且邻位碳氯键和对位碳氯键被拉升至 1.754Å 和 1.751Å，活化程度也强于 Pd-TiO_2(1.754Å

和 1.751Å)。这表明,Pd-C 界面对 2,4-DCP 的吸附和 C—Cl 键的活化能力强于 $Pd\text{-}TiO_2$。Pd-C 拥有优异的吸附活化能力,其 EHDC 性能却远不及 $Pd\text{-}TiO_2$,由此我们推测,肖特基异质结效应可能对反应中产物的吸附活化有影响。

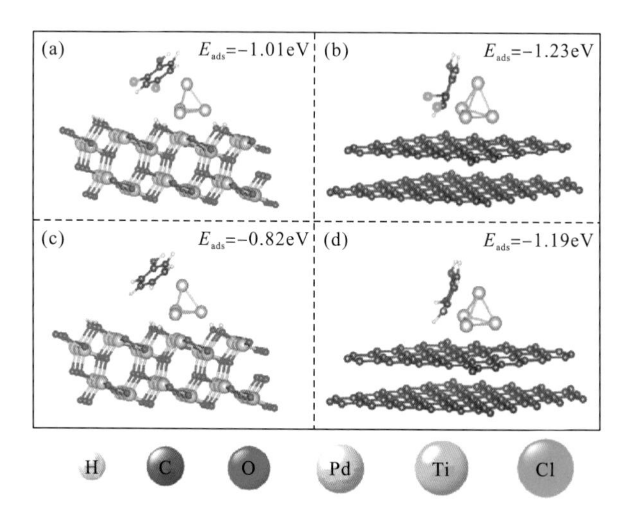

图 4.12　2,4-DCP 在(a)$Pd\text{-}TiO_2$、(b)Pd-C,苯酚在(c)$Pd\text{-}TiO_2$ 和(d)Pd-C 上的最佳吸附构型

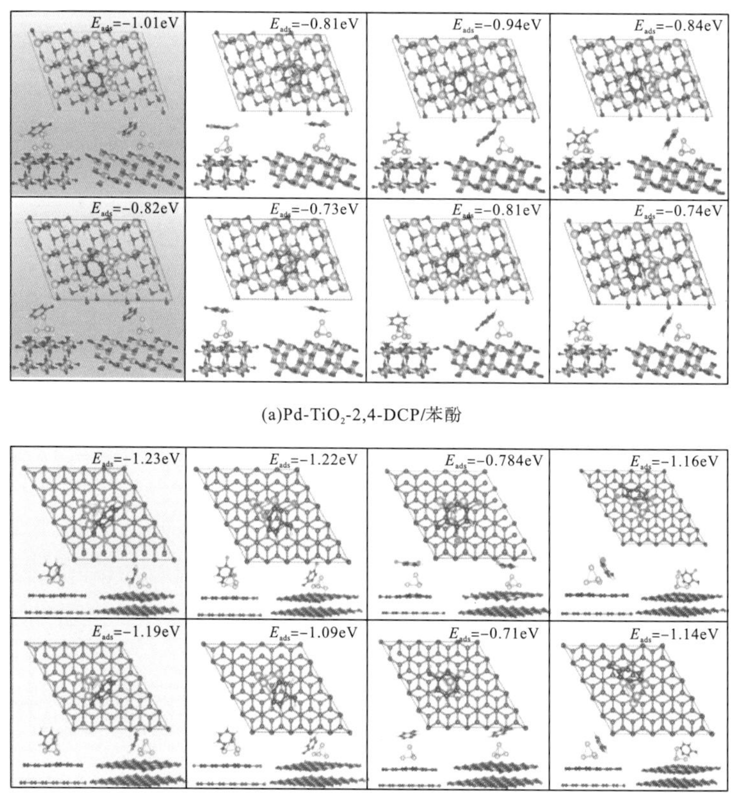

图 4.13　2,4-DCP 和苯酚在(a)$Pd\text{-}TiO_2$ 和(b)Pd-C 上的结构优化和吸附能大小

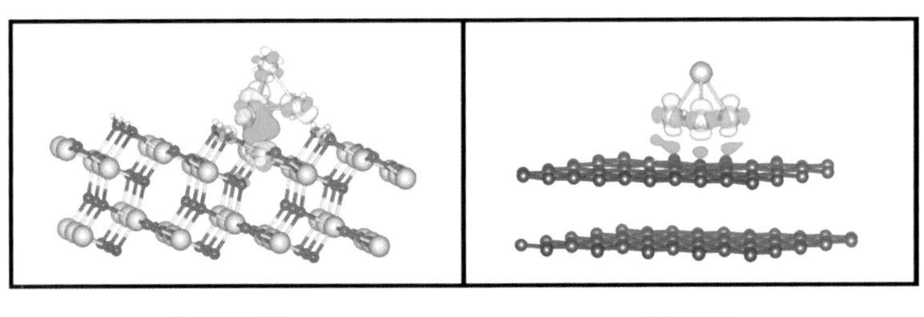

(a)Pd-TiO_2 (b)Pd-C

图 4.14 催化剂的 Pd 差分电荷密度

(蓝色表示得电子，黄色表示失电子。差分电荷密度等值面电势设为 0.005eVA^{-3})

表 4.1 Pd-C 和 Pd-TiO_2 中 Pd 原子的 Bader 电荷(正、负分别表示失去电子和得到电子)

元素 (Pd)	Pd_1-C	Pd_2-C	Pd_3-C	Pd_4-C	Pd_1-TiO_2	Pd_2-TiO_2	Pd_3-TiO_2	Pd_4-TiO_2
Δq^a	0.01	0.18	0.20	0.10	−0.38	−0.10	−0.16	−0.17
总和		0.49				−0.81		

在非均相催化体系中，除本征吸附与 C—Cl 活化外，Pd 上 2,4-DCP 的吸附还受到中间产物(苯酚和氯离子)脱附动力学的影响[41-43]。产物的有效脱附有利于新一轮活性位点的暴露，这是维持高效、连续催化反应的关键所在。通过密度泛函理论计算进一步研究苯酚和氯离子在 Pd-C 和 Pd-TiO_2上的吸附行为。如图 4.12(c)、(d)和图 4.15 所示，两种催化剂对苯酚与 2,4-DCP 的吸附构型相似且吸附强度相当，推测苯酚极有可能与 2,4-DCP 在催化剂上存在活性位点竞争行为；但对氯离子的吸附都很弱，表明氯离子对整个脱氯反应影响较小。为验证这一结论进行氯离子干扰实验，在脱氯前向阴极池加入不同浓度 NaCl 溶液(0mg·L^{-1}、10mg·L^{-1}、20mg·L^{-1})作为参考，结果如图 4.16 所示。引入氯离子前后，Pd-C 和 Pd-TiO_2 对 2,4-DCP 的转换效率未发生明显变化，另一方面，Pd-TiO_2 对苯酚的最大吸附能仅为−0.82eV，小于 Pd-C(−1.19eV)，由此证实氯离子对催化剂脱氯反应过程影响较小，Pd-TiO_2 界面上对于苯酚的脱附比 Pd-C 容易。

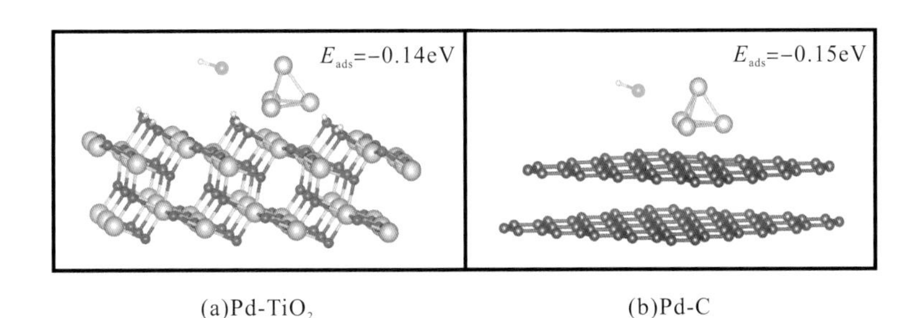

(a)Pd-TiO_2 (b)Pd-C

图 4-15 催化剂对 HCl 的吸附结构和吸附能量

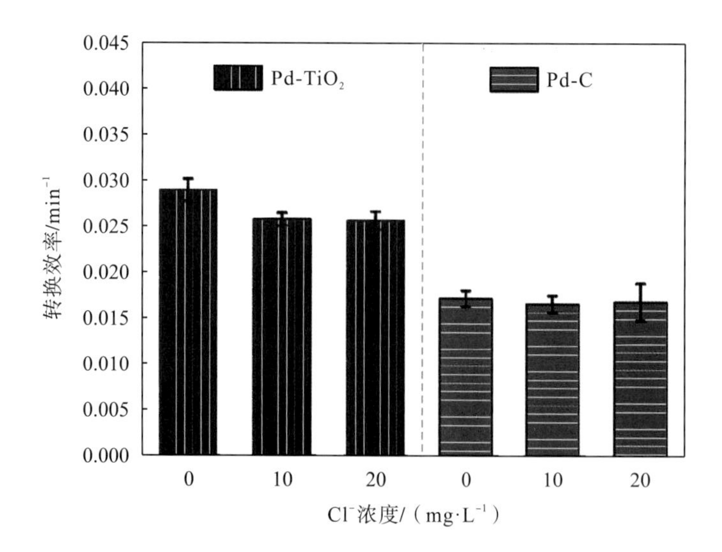

图 4.16 Pd-C 和 $Pd-TiO_2$ 催化剂在−0.85V、N_2 饱和的 50mmol·L^{-1} Na_2SO_4 溶液中的 EHDC 性能

注：溶液含有 50mg·L^{-1} 2,4-DCP，Cl^- 的浓度从 0mg·L^{-1} 增加到 20mg·L^{-1}。

由以上研究可知，苯酚在 Pd NPs 上过强吸附(非氯离子影响)会与 2,4-DCP 产生竞争吸附，增加 2,4-DCP 富集于催化剂表面的难度，阻碍其在活性位点上的吸附与活化，降低催化剂脱氯性能。相比于 Pd-C，$Pd-TiO_2$ 对苯酚的吸附强度相对较弱，能有效促进苯酚从催化剂上快速脱附，增强 Pd 对 2,4-DCP 的吸附，因此表现出优异的脱氯性能。综上所述，研究人员将 $Pd-TiO_2$ 在吸附 2,4-DCP 和脱附苯酚方面性能的提高归因于肖特基异质结效应，该效应具有优化 Pd 电子结构并调控 2,4-DCP 和苯酚竞争吸附的作用。

(3) Pd/TiO_2 催化剂削弱竞争吸附的研究。

有研究人员对 Pd-C 和 $Pd-TiO_2$ 电极浸入苯酚前后的脱氯效率进行研究以验证苯酚的负面影响及 $Pd-TiO_2$ 对竞争吸附的削弱作用，如图 4.17 所示。Pd-C 和 $Pd-TiO_2$ 经苯酚溶液浸泡后转换效率值均下降，随着苯酚浓度增加，活性衰减程度增大，由此证实苯酚的确能占据催化剂的活性位点，与 2,4-DCP 形成竞争吸附，对脱氯反应产生不利影响。随着苯酚浓度从 0mg·L^{-1} 增加到 30mg·L^{-1}，$Pd-TiO_2$ 的转换效率值仅下降了 3.7%和 1.0%，远低于 Pd-C 的下降值(35.7%和 27.0%)。$Pd-TiO_2$ 上较小的转换效率衰减为肖特基异质结催化剂能削弱苯酚对脱氯反应的负面影响提供了有力证据，由此也验证了上述猜想。

为进一步证明肖特基异质结对苯酚竞争吸附的削弱作用，进行了电化学原子 H^* 剥离研究。该方法通过利用电极浸入苯酚前后 H^* 的变化量(产 H^* 面积)来间接测量苯酚在工作电极表面的覆盖度，表征其吸附强弱及脱氯反应受影响的程度，进一步衡量催化剂削弱竞争吸附能力的强弱。首先设置安培计时法，使 Pd 在−0.7V 产 H^* 60s(在此条件下 H^* 不会形成 H_2)并吸附在其表面上，再正向扫描氧化 H^*(扫描范围−0.7～0.4V，扫描速率 10mV·s^{-1})，由此根据氧化电流估算氧化过程中转移电子数，量化产 H^* 量。如图 4.17(b)所示，相同条件下，经苯酚浸泡后 $Pd-TiO_2$ 电极产 H^* 量仅下降 10.31%，远低于 Pd-C 电极的下降值(38.65%)。综上所述，可以得出结论：$Pd-TiO_2$ 肖特基异质结催化剂能减弱反应过程中对苯酚的吸附，促进苯酚的脱附和 2,4-DCP 的吸附，削弱二者竞争吸附，缓解苯酚的负面作用进而提升脱氯性能。

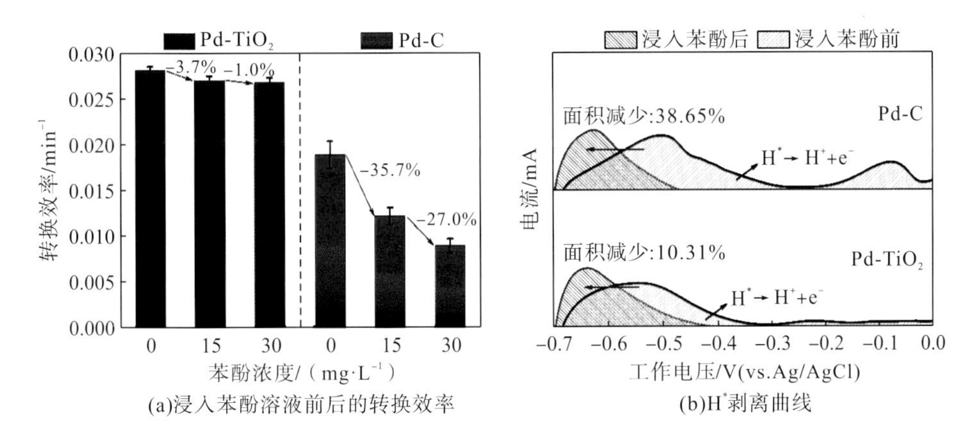

(a)浸入苯酚溶液前后的转换效率　(b)H^*剥离曲线

图 4.17　Pd-TiO_2 和 Pd-C 电极在浸入苯酚溶液前后的转换效率和 H^*剥离曲线

4.1.2　Pd/氮化碳莫特-肖特基异质结构建及脱氯效能评价

氯酚类有机污染物是一类重要的化工原料和中间体，被广泛用于医药、农药、造纸和橡胶生产等行业。因其含有 C—Cl 键且化学结构稳定、难降解、生物易富集，具有致畸、致癌和致突变等作用，对人体及动植物健康构成巨大威胁。目前去除水体中的氯酚类有机污染物的主要技术为吸附富集、高级氧化、化学还原和微生物降解。但这几种技术均存在着安全隐患和二次污染风险，因此急需开发一种高效环保的氯酚类有机污染物去除技术。

电催化氢化脱氯技术通过外接电源提供电子，在阴极原位电解水形成还原性 H^*，H^* 取代氯酚中的氯原子实现脱氯。由此可知，电催化氢化还原脱氯技术的关键决速步骤是 H^*生成。经大量文献调研发现，相对于其他贵金属，Pd 与氢原子之间存在特别的相互作用力，同时金属钯(Pd)能够在较低的过电位下电解水生成 H^*，甚至可以在中性或碱性的条件下产生 H^*，所以本实验选择 Pd 作为电催化氢化脱氯的催化剂。Pd 是迄今为止报道过最活跃的单组分催化剂，但作为一种贵金属非常稀有并且价格昂贵。所以，研究者们致力于开发有效促进脱氯性能和 H^*产生的策略以减少 Pd 的使用量，增加 Pd 的电催化脱氯性能。有两种主要改进方式：①与其他金属形成合金或者核壳结构；②引入载体，构建界面。一些双金属和三金属催化剂在较低温度下表现出很高的初始转换频率(转换效率)。然而复杂的制备工艺和机理限制了它们的进一步实际应用。单组分 Pd NPs 催化剂在不含添加剂的情况下显著提高电催化活性的途径仍然很少见。

研究者们在了解界面效应后，成功确定了金属-载体之间的强相互作用，其为电子从材料向 Pd 转移提供了驱动力，使得 Pd 呈现富电子状态，优化了 Pd 与 H^*以及污染物之间的相互作用[23,44,45]。研究者们已经合成了一些金属-载体催化剂，有效提升了电催化效率，如氮化钛[46]、锰氧化物[22]以及氮掺杂石墨烯[47]。尽管如此，设计一定电子转移方向确定(为载体到金属)和转移电子数可控的催化剂仍然是一个挑战，这在脱氯技术的发展中具有重大的意义。

受到半导体物理学的启发，一些研究者开发了一类新型的金属-半导体材料用于电化学反应[26,48,49]。研究发现，具有合适能带结构的半导体可以与金属形成莫特-肖特基异质结。这种结构中，一定数量的电子将自发地穿过界面转移，以平衡两侧的费米能级，从而诱导形成相对稳定的局部亲核区域[27]。电子的传输方向和传输数是通过半导体与金属费米能级的相对位置来控制的[29]，通常费米能级相对为负的半导体会提供电子给金属。鉴于莫特-肖特基异质结的独特特征，本实验构建了 Pd-半导体的莫特-肖特基异质结，以探索其在电催化氢化脱氯反应中的作用机理[50]。

本节通过无表面活性剂的湿化学还原方法合成了 Pd NPs-氮化碳莫特-肖特基异质结。选择氮化碳(polymeric carbon nitride，PCN)的原因是它易于合成，并且具有较大的比表面积和稳定的化学结构。更重要的是，它作为一种 n 型半导体，具有合适的能带结构，并且其费米能级与 Pd 的费米能级之间能够形成整流接触，使得电子从 PCN 转移给 Pd。本节利用光致发光光谱和 X 射线光电子能谱两种表征技术证明莫特-肖特基异质结的形成及 Pd 纳米颗粒上的电子富集。然后测试了 Pd-PCN 电催化氢化脱氯(2,4-DCP)的性能，并将其与典型的 Pd-C 性能进行比较。为进一步研究 Pd-PCN 异质结在脱氯反应中的作用机理，结合实验研究以及密度泛函理论计算，证明了 H^*生成动力学以及 Pd 与反应物/中间产物之间的相互作用。

1)Pd/氮化碳莫特-肖特基异质结的制备及理化性质表征

氮化碳的制备：称取 10.0g 的尿素置于 50mL 的氧化铝坩埚中，加入 20.0mL 的去离子水使尿素完全溶解。将坩埚置于 60℃的烘箱中 24.0h，得到白色结晶体。盖上盖子，将得到的白色结晶体放入马弗炉中，在 550℃的条件下煅烧 2.0h(升温速率为 $15℃\cdot min^{-1}$)。冷却至室温后，将得到的黄色产物用大量的去离子水抽滤，放入烘箱中烘干后研磨，即为氮化碳。

Pd-PCN 催化剂的制备：称取 15.0mg 的 PCN 于 250mL 的锥形瓶中，加入 30.0mL 的去离子水后超声为分散均匀的悬浮液。称取 16.65mg 的 Na_2PdCl_4 溶解在 10.0mL 的去离子水中，将该溶液缓慢滴入上述悬浮液中，继续超声 30min。然后置于磁力搅拌器上，以 $500r\cdot min^{-1}$ 的速度搅拌。往悬浮液中滴加 $30.0g\cdot L^{-1}$ 的 NaOH 溶液，调节 pH 到 10 后，继续搅拌 30min。称取 320.0mg 的硼氢化钠($NaBH_4$)于 10.0mL 的去离子水中溶解，缓慢滴加到上述悬浮液中。继续搅拌 1.0h，用大量的水和无水乙醇抽滤(有机微孔滤膜)后放入 60 ℃的烘箱中干燥后得到理论 Pd 负载量为 28%的 Pd-PCN 肖特基催化剂。

Pd-C 催化剂的制备：Pd-C 催化剂的作用是与 Pd-PCN 肖特基催化剂作对比，所用 Pd-C 催化剂的制备方法与上述 Pd-PCN 肖特基催化剂的制备方法一致，将氮化碳换成炭粉即可。

2)Pd-PCN 和 Pd-C 电极的制备方法

为了探究 Pd-PCN 对脱氯效率提升的具体情况，以典型的 Pd-C 电极为对照。两者都是通过无表面活性剂的湿化学还原方法合成[51]，图 4.18 为制备流程图。特别注意的是，需要加入 NaOH 溶液使得 pH=10.0，$[PdCl_4]^{2-}$能够与 NaOH 反应生成 $Pd(OH)_2$沉淀，沉积在样品的表面。当加入 $NaBH_4$后，$Pd(OH)_2$被原位还原为 Pd 纳米颗粒负载到材料的表面。

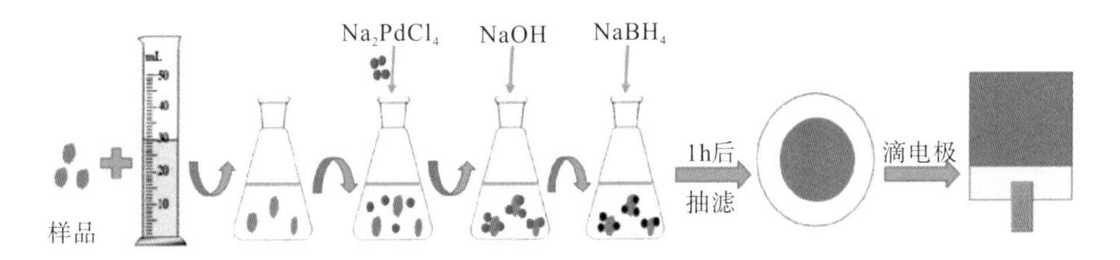

图 4.18　制备 Pd-PCN 和 Pd-C 电极的流程图

3) Pd-PCN 和 Pd-C 电极的形貌结构表征

图 4.19(a)～(b) 和 (c)～(d) 分别为合成的 Pd-PCN 和 Pd-C 催化剂的 TEM 图和 HR-TEM 图。在两种催化剂中，均有直径约 4nm 的球状黑色纳米颗粒均匀分散在载体上，这些黑色的纳米颗粒是晶格间距为 0.234nm 的金属 Pd(111) 晶面。从形貌上可以看出 Pd 纳米颗粒均匀地负载到载体 PCN 和 C 上，这有利于两者的对比实验。

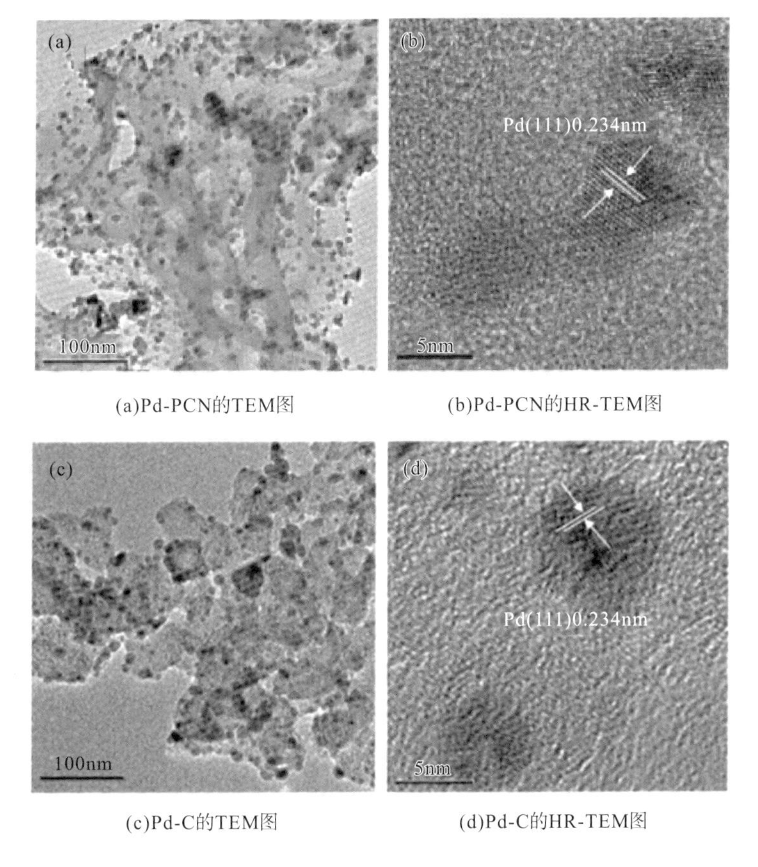

(a)Pd-PCN的TEM图　(b)Pd-PCN的HR-TEM图

(c)Pd-C的TEM图　(d)Pd-C的HR-TEM图

图 4.19　Pd-PCN 和 Pd-C 的形貌及结构表征

图 4.20 为 PCN、Pd-PCN 和 Pd-C 的 XRD 图谱。通过 Pd-PCN 和 Pd-C 的 XRD 图谱中 2θ=39.5°、45.6°、68.1°处的衍射峰确定为金属 Pd 相，进一步证明 Pd 纳米颗粒成功负载到载体 PCN 和 C 上，这与透射电镜和高分辨透射电镜图的结论一致。PCN 和 Pd-PCN 的 XRD 图谱中在 2θ=12.9°、27.4°处的衍射峰属于 PCN 的晶相，以及 Pd-C 的 XRD 图谱中在 2θ=25.0°处的衍射峰属于 C 的晶相，说明无表面活性剂的湿化学还原方法合成的催化剂，没有改变载体本身的性质，得到的都是纯物相，没有杂质。

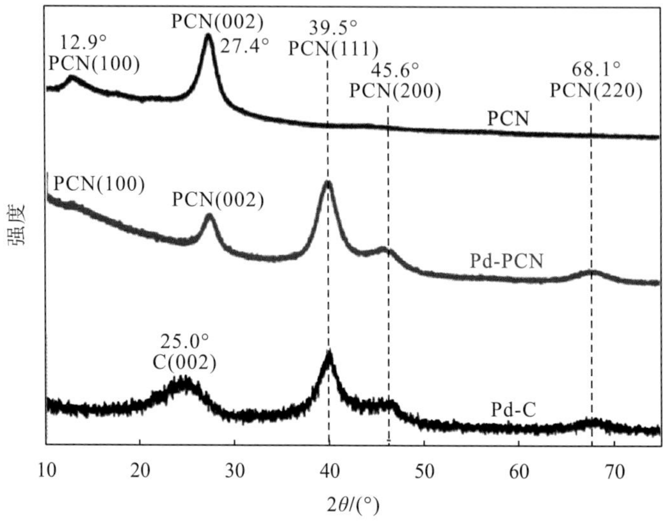

图 4.20 PCN、Pd-PCN 和 Pd-C 的 XRD 图谱

图 4.21 为 PCN 和 Pd-PCN 的光致发光光谱图，发现引入 Pd 纳米颗粒后，PCN 的光致发光强度显著降低，电子-空穴对复合率降低，电子从 PCN 转移到 Pd 纳米颗粒上，证明成功合成了莫特-肖特基异质结。

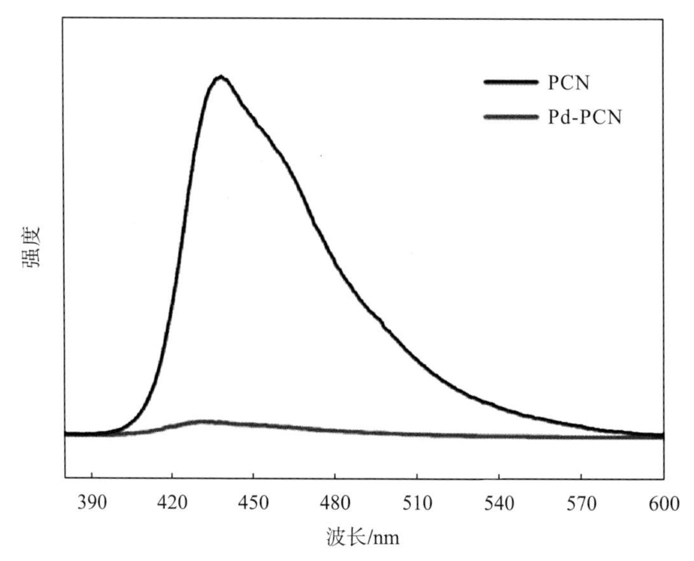

图 4.21 PCN 和 Pd-PCN 的光致发光光谱图

XPS 主要是为了确定材料表面元素的组成和电子结构。图 4.22(a)为 PCN、Pd-PCN 和 Pd-C 的 XPS 全谱图。从图中可以看出，Pd-PCN 中存在元素 C、N、O、Pd，而 Pd-C 中存在元素 C、O、Pd(元素 O 来自 PdO_x 的形成)。没有检测到其他元素的存在，进一步证明合成了高纯度的催化剂。图 4.22(b)是 Pd-PCN 和 Pd-C 的 Pd 3d 的 XPS 图，两者显示了相似的自旋轨道双峰，峰位在 340eV(Pd $3d_{3/2}$)和 335eV(Pd $3d_{5/2}$)附近。与 Pd-C 相比，Pd-PCN 的双峰明显向低能级发生偏移。对双峰进一步拟合后发现两种催化剂中都存在金属 Pd^0(占主要优势)和 Pd^{2+}。但是 Pd-PCN 的 $Pd^0 3d_{5/2}$ 峰位于 335.00eV，低于标准的 Pd(335.60eV)峰[52]。上述的 XPS 结果充分证明了负载于 PCN 上的 Pd 电子得到富集，这与莫特-肖特基异质结的效应一致。图 4.22(c)～(d)展示了 PCN 和 Pd-PCN 的 C 1s、N 1s 核心能级谱，结果表明，与 PCN 相比，Pd-PCN 中的 N—C═N 的 C 1s 峰、C—N═C、N—(C)$_3$、N—H 的 N 1s 峰均向高能级发生偏移。这说明 Pd 上富集的电子既来自 PCN 的 C 原子，也来自 N 原子。

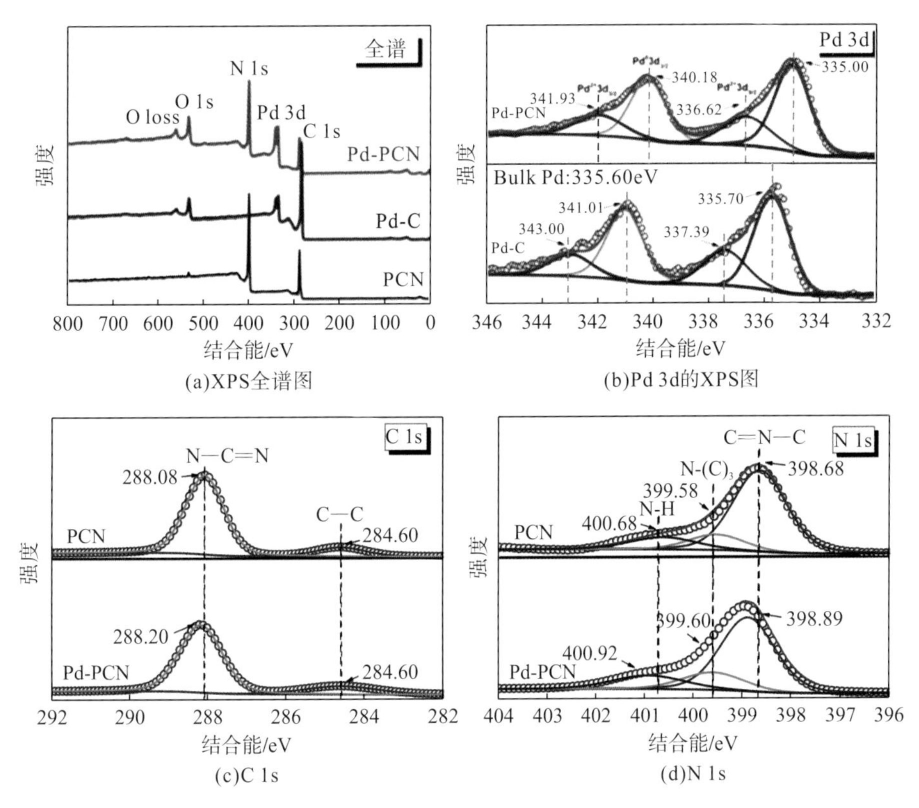

图 4.22　PCN、Pd-PCN 和 Pd-C 的经 XPS 图

4) Pd-PCN 和 Pd-C 电极的电催化脱氯性能的对比

(1) EHDC 效率对比。

在获知材料的基本结构后，对其电催化氢化脱氯性能进行评估。图 4.23 是 Pd-PCN 和 Pd-C 电极的电催化氢化脱氯效率图，展示了 PCN、Pd-PCN 和 Pd-C 三种材料在−0.85V

的工作电势下，脱氯反应期间 2,4-DCP 浓度的变化情况，以 C/C_0 来表示(反应条件：50mg·L^{-1} 的 2,4-DCP，50mmol·L^{-1} N_2 饱和的 Na_2SO_4 溶液，下同)。在整个反应过程中，PCN 的 C/C_0 几乎不变，表现为具有一定的惰性。Pd-PCN 的 C/C_0 下降比 Pd-C 显著，表明其脱氯效率(86.6%)优于 Pd-C(51.7%)。考虑到 PCN 本身的惰性以及 Pd-PCN 的高脱氯效率，可能是莫特-肖特基异质结效应调节了 Pd 的电子结构，从而促进了脱氯反应的进行。

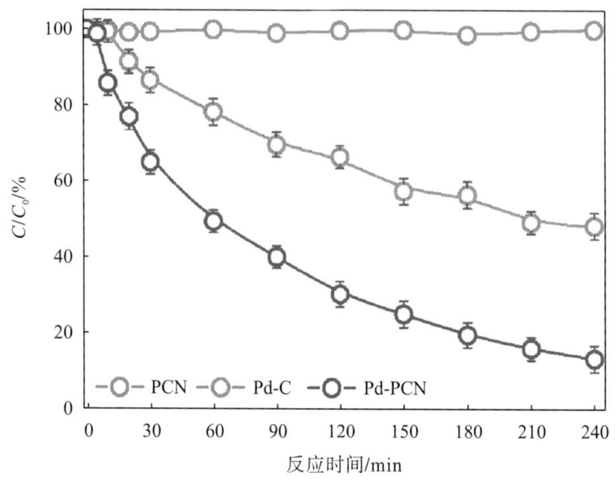

图 4.23　PCN、Pd-PCN 和 Pd-C 在−0.85V，50mmol·L^{-1} 的 2,4-DCP，50mmol·L^{-1} N_2 饱和的 Na_2SO_4 溶液的 EHDC 性能对比图

(2)电流效率对比。

电流效率是有效电流占总电流的比值，是衡量脱氯反应中有效电流利用率的重要指标，侧面反映了 H^* 的利用率。图 4.24 显示了 Pd-PCN 和 Pd-C 系统在−0.85V 时电流效率随反应时间的变化情况。可以发现，Pd-PCN 的电流效率始终高于 Pd-C，表明 Pd-PCN 对电流以及 H^* 的有效利用率更佳。

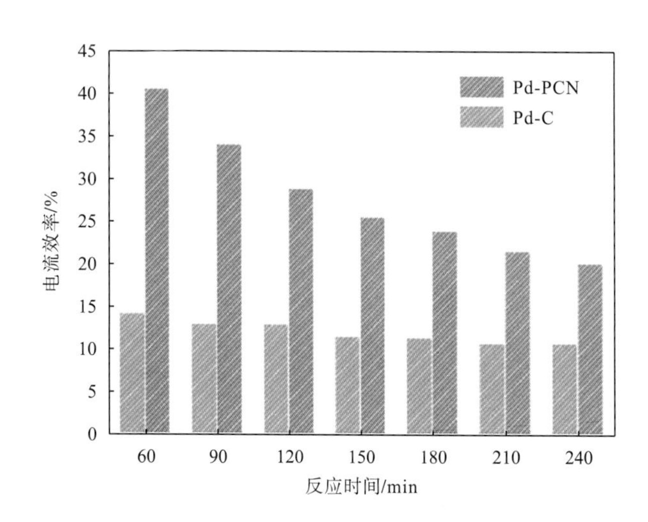

图 4.24　Pd-PCN 和 Pd-C 系统在−0.85V 时的电流效率随反应时间的变化图

(3) Pd-PCN 电催化脱氯动力学。

完成简单的表观活性对比后，需要进行更深入的动力学研究。电感耦合等离子体原子发射光谱测试发现，两种催化剂中 Pd 的质量分数均接近 30%；而根据循环伏安法图中氧化钯的面积分析出 Pd-PCN 和 Pd-C 的电化学表面积分别为(16.8±2.2) $m^2 \cdot g_{Pd}^{-1}$ 和(20.4±1.5) $m^2 \cdot g_{Pd}^{-1}$，如图 4.25(a)所示。CV 的测试条件为：0.1mol·L^{-1} $HClO_4$ 溶液、扫速 50mV·s^{-1}。Pd-PCN 的电化学表面积相对较低是由于 PCN 的导电性较差，因此某些 Pd NPs 无法从电极获取电子而呈现惰性。图 4.25(b)显示了 Pd-PCN 和 Pd-C 的$-\ln(C/C_0)$与反应时间之间的关系。从两者呈现的线性关系可以说明，在两种活性催化剂表面，2,4-DCP 浓度的衰减都遵循伪一级动力学模型，而 Pd-PCN 明显衰减得更快，本征活性(k_{obs})达到 0.68$min^{-1} \cdot mol_{Pd}^{-1}$，接近 Pd-C 本征活性 0.17$min^{-1} \cdot mol_{Pd}^{-1}$ 的 4 倍。

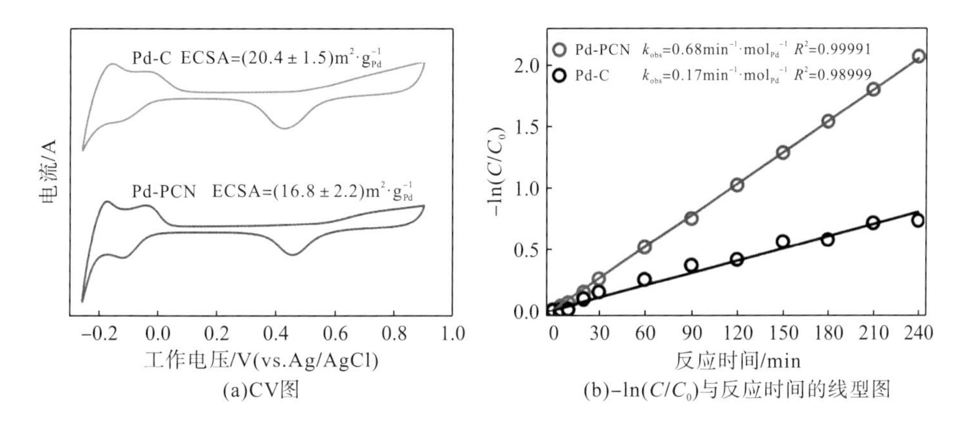

图 4.25　在 0.1mol·L^{-1} $HClO_4$ 溶液中以 50mV·s^{-1} 的扫描速率获得的 Pd-PCN 和 Pd-C 的 CV 图及其$-\ln(C/C_0)$与反应解时间的线型图

通过查阅大量文献，将 Pd-PCN 的脱氯效率与已报道的 Pd 催化剂在几乎相同的条件下进行比较，结果见表 4.2。进一步证明了 Pd-PCN 在脱氯反应中是高脱氯性能催化剂之一。

表 4.2　Pd-PCN 与报道的 Pd 催化剂在几乎相同的条件下 EHDC 性能的比较

催化剂	实验条件	污染物	k_{obs}/($min^{-1} \cdot mol_{Pd}^{-1}$)	参考文献
Pd/TiN	50mmol·L^{-1} Na_2SO_4；−2.0mA；1.5mg Pd；初始 pH 6.8	0.31mmol·L^{-1} 2,4-DCP	0.41	[84]
Pd/MnO_2/Ni-foam	10mmol·L^{-1} Na_2SO_4；−20mA；5.3mg Pd；初始 pH 4.0	0.20mmol·L^{-1} 2,4-DCBA	0.32	[85]
Pd-Ti/TiO_2NTs	10mmol·L^{-1} Na_2SO_4；−20mA；19.8mg Pd；初始 pH 7.0	163 μmol·L^{-1} TCE	0.04	[86]
Pd/Ni-foam	2 g·L^{-1} NaCl；21.36mg Pd；−10mA；初始 pH 6.8	0.18mmol·L^{-1} 2,4-D	0.05	[87]
Pd NWs	50mmol·L^{-1} Na_2SO_4；−0.95V；0.36mg Pd；初始 pH 7.0	0.31mmol·L^{-1} 2,4-DCP	0.54	[88]

续表

催化剂	实验条件	污染物	$k_{obs}/(min^{-1} \cdot mol_{Pd}^{-1})$	参考文献
Pd/Ni-foam	无隔膜槽；500mmol · L^{-1} NaOH；-20mA；20mg Pd	0.053mmol · L^{-1} 2-ClBP	0.31	[89]
Pd/Ni-foam	50mmol · L^{-1} Na_2SO_4；-400mA；80mg Pd；初始 pH 7	0.16mmol · L^{-1} *p*-CNB	0.20	[90]
NiPd/SDBS-C	50mmol · L^{-1} Na_2SO_4；-5mA；16mg Pd；初始 pH 7	0.62mmol · L^{-1} 2,4-DCP	0.34	[91]
Pd-PCN	50mmol · L^{-1} Na_2SO_4；-0.85V(-3.0mA)；2.8mg Pd，初始 pH 6.6	0.31mmol · L^{-1} 2,4-DCP	0.68	本书研究

5)脱氯反应途径

在脱氯过程中监控反应物、中间产物和最终产物的浓度变化有助于研究脱氯反应途径。图 4.26 显示了 Pd-PCN 和 Pd-C 系统在-0.85V 工作电压下 2,4-DCP、2-氯酚和苯酚三种物质的浓度随反应时间的变化趋势。反应过程中检测到总量(2,4-DCP+2-氯酚+苯酚的浓度)几乎未变化，表明对脱氯反应选择性高。其中 2,4-DCP 以 2-氯酚作为唯一的中间产物，再转化为苯酚。此外，2-氯酚的低含量表明脱氯反应几乎完全完成[11]。同时，在水体中检测不到 4-氯酚表明对位碳氯键的裂解更具优势，这可能是邻位碳氯键附近羟基的空间位阻效应所致[53]。综上所述，脱氯反应途径可总结为：2,4-DCP ⟶ 2-氯酚 ⟶ 苯酚。

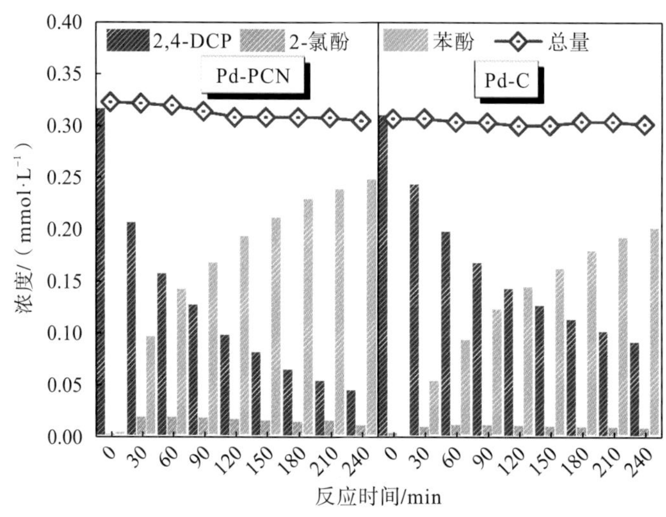

图 4.26 Pd-PCN 和 Pd-C 系统在-0.85V 时 2,4-DCP、2-氯酚和苯酚的浓度随反应时间的变化图

6)Pd-PCN 异质结电催化脱氯的机理

(1)原子氢 H^*的作用。

为了研究莫特-肖特基异质结在脱氯反应中的积极作用，首先研究了 H^*(脱氯剂)在 Pd-PCN 和 Pd-C 系统中的生成动力学。图 4.27(a)显示了 Pd-PCN 和 Pd-C 的线性扫描伏安法曲线(无 2,4-DCP，N_2 饱和的 50mmol · L^{-1} Na_2SO_4 溶液，电压范围：0.2V～-1.4V，

扫速：10mV·s^{-1})，结果清楚地表明 Pd-C 在产 H*方面的优越性能，并且具有更低的起始电势。Pd-PCN 相对较差的 H*生成性能可能是由于 Pd 的电子结构改变或者半导体 PCN 的导电率较低。根据以上结果，图 4.27(b)整合了 Pd-PCN 和 Pd-C 在−1.0V～−0.6V 电位下生成的 H*总量以及电流效率，由图可见在相同电位下 Pd-C 会生成更多的 H*，并且电压越负，产 H*越多。在−0.7V～−0.6V 的电势下，Pd-C 表现出较高的电流效率。然而在低于−0.7V 的负电位下，具有较低 H*产率的 Pd-PCN 反而表现出更高的电流效率，这意味着在电位更负的条件下，H*的产率不再是脱氯反应的决定性因素。

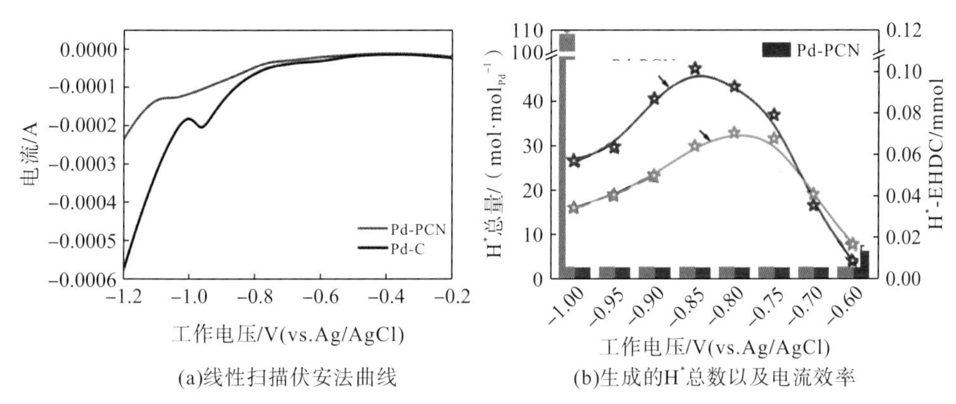

图 4.27　Pd-PCN 和 Pd-C 的线性扫描伏安法曲线及其在−1.0V～−0.6V 电位下生成的 H*总量及电流效率

(2)产物苯酚脱附的作用。

根据上述结果，2,4-DCP 浓度的衰减遵循伪一级动力学模型，反应速率仅为污染物 2,4-DCP 浓度的函数，表明脱氯反应速率主要受催化剂表面污染物的覆盖率控制。Pd-PCN 的脱氯性能较高可能与 Pd NPs 吸附 2,4-DCP、活化 C—Cl 键[54]和解吸产物(苯酚和氯离子)有关[55,56]。在强烈的搅拌下，催化剂载体本身不会产生 H*和激活 C—Cl 键[35]，因此忽略传质[57]和载体对 2,4-DCP 的吸附影响。

采用密度泛函理论计算讨论 2,4-DCP、P 和 Cl$^-$与不同载体上 Pd NPs 的相互作用。首先，计算 Pd-PCN 莫特-肖特基异质结中的界面电荷差，图 4.28(a)证明电子从 PCN 转移到 Pd。因此，PCN 上的 Pd 原子具有更高的电子密度，这与莫特-肖特基异质结效应预期的相同，也与 X 射线光电子能谱结果完全一致。其次，通过关联转移的电子数与相应的吸附强度，研究了 Pd NPs 中电子掺杂对其与 2,4-DCP、P 和 Cl$^-$(以 HCl 表示)相互作用的影响。图 4.28(b)表明，苯酚分子与 Pd 结合最强，其次是 2,4-DCP 和 HCl。Pd-PCN 对 HCl 几乎没有吸附，与电感耦合等离子体发射光谱测试反应后溶液中氯离子浓度的结果一致。具有较高电子密度的 Pd NPs 对这三种物质的吸附均较弱，这意味着 PCN 上的 Pd 吸附和活化 2,4-DCP 的能力低于炭黑上的 Pd(零点表示炭黑上的 Pd NPs)。此外，苯酚在 PCN 负载的 Pd 上的吸附作用也比炭黑上负载的弱。以上发现均表明，产物苯酚可能通过与 2,4-DCP 竞争活性位点而对脱氯反应产生负面影响，并且苯酚的脱附可能是 Pd-PCN 具有优异性能的主要原因。

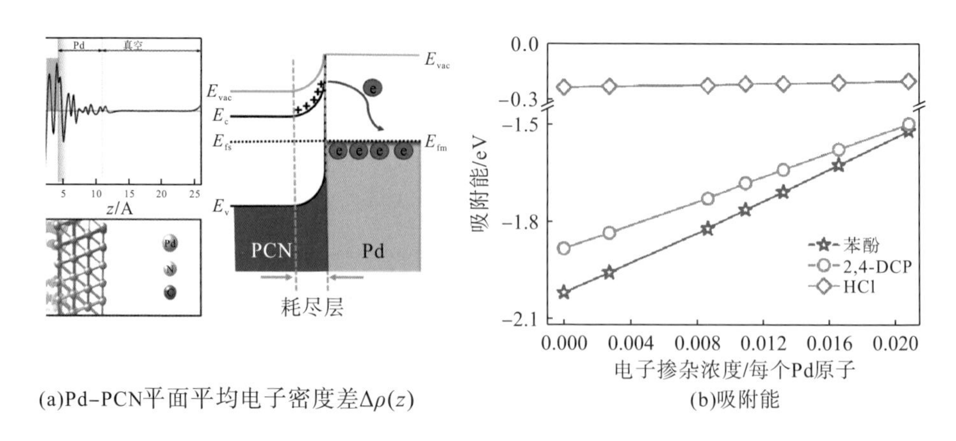

(a)Pd-PCN平面平均电子密度差$\Delta\rho(z)$ (b)吸附能

图 4.28 Pd-PCN 平面平均电子密度差 $\Delta\rho(z)$（青色和黄色区域分别表示电子的富集和消耗）和 2,4-DCP、苯酚、HCl 的吸附能

为了验证苯酚负面影响及 Pd-PCN 对其影响的缓解作用，在测试之前将电极浸入苯酚溶液，并观察浸入苯酚溶液前后 Pd-PCN 和 Pd-C 的脱氯活性。图 4.29(a)和(b)表明，随着苯酚浓度从 0mg·L^{-1} 增加到 30mg·L^{-1}，Pd-C 的脱氯反应效率从 52%显著下降到 33%，而 Pd-PCN 保持较高活性。

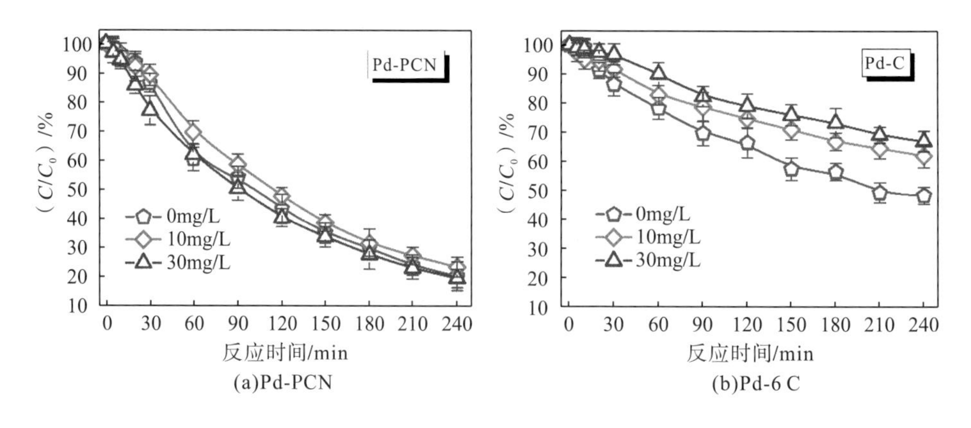

(a)Pd-PCN (b)Pd-6 C

图 4.29 电极处理中苯酚浓度对 Pd-PCN 和 Pd-C 的 EHDC 性能的影响

根据苯酚毒化实验和密度泛函理论计算结果，提出了 Pd-PCN 莫特-肖特基异质结增强脱氯反应的机理，如图 4.30 所示。在 Pd-PCN 和 Pd-C 上，脱氯反应路径相同：①在 Pd NP 上吸附 2,4-DCP 和 H_2O；②电解 H_2O 生成 H^*，C—Cl 键的活化；③C—Cl 氢解；④产物苯酚解吸。在 Pd-C 界面上，尽管增强了 H^*生成、2,4-DCP 吸附和 C—Cl 键活化，但同时阻止了随后苯酚的解吸，从而减少了脱氯反应的活性位点数量。相反，在 Pd-PCN 莫特-肖特基界面上，较高电子密度的 Pd 促进了苯酚的解吸，有助于反应活性位点的刷新，从而提高了 Pd 的脱氯性能。总体而言，提高苯酚的脱附率是获得高脱氯效率的关键。

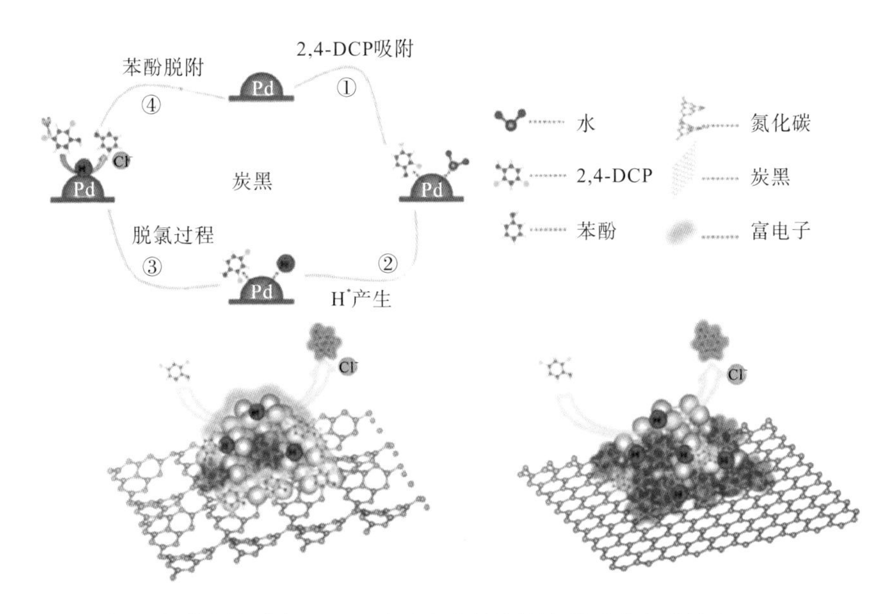

图 4.30　2,4-DCP 在 Pd 催化剂上进行 EHDC 的反应途径及莫特-肖特基异质结在 EHDC 中作用的示意图

7) Pd-PCN 电极重复使用的稳定性

催化剂的耐久性是可持续应用的一个重要参数。根据文献报道，Pd 基催化剂在电催化氢化脱氯反应过程中会遭受颗粒团聚和表面腐蚀的影响[58]。在本研究中，通过对 Pd-PCN 电极进行五次脱氯反应来评估其耐久性，结果如图 4.31(a) 所示。在循环过程中，Pd-PCN 的脱氯性能几乎不变且循环伏安法曲线保持稳定[图 4.31(b)]，表明 Pd-PCN 催化剂具有高活性和高稳定性。用电感耦合等离子体原子发射光谱测试每次反应结束后溶液中 Pd^{2+}的浓度，并未检测到钯离子的存在，表明 Pd 的结构稳定，具体结果见表 4.3。X 射线光电子能谱和密度泛函理论计算表明，Pd-PCN 的高稳定性归因于莫特-肖特基异质结中 Pd 和 PCN 之间较强的金属-载体相互作用，防止了 Pd NPs 在载体上的移动和结块。而且，Pd-PCN 催化剂在极负的电势和无氧碱性溶液中工作时提高了 Pd 的抗氧化和抗腐蚀性，成为耐久性催化剂。

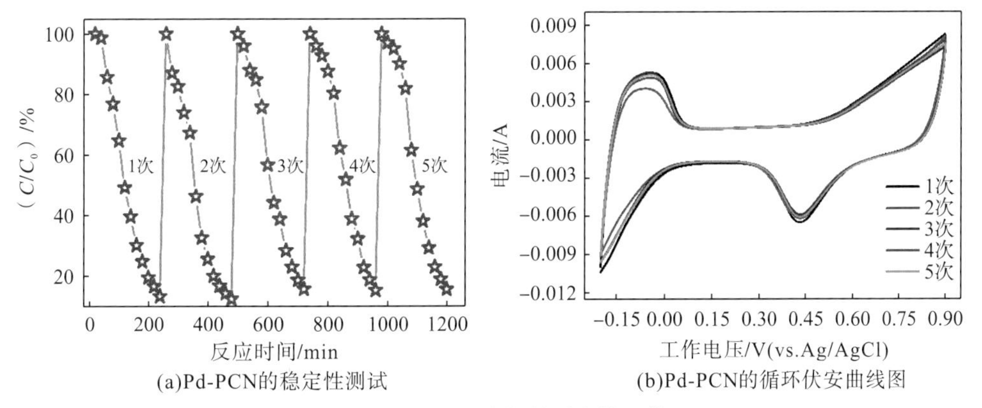

(a)Pd-PCN的稳定性测试　　(b)Pd-PCN的循环伏安曲线图

图 4.31　Pd-PCN 电极的耐久性评价

表 4.3 每次 EHDC 反应结束后溶液中 Pd^{2+}的浓度

循环次数	Pd^{2+}浓度[a]
1 次	低于 ICP 检出限
2 次	低于 ICP 检出限
3 次	低于 ICP 检出限
4 次	低于 ICP 检出限
5 次	低于 ICP 检出限

[a]注：电感耦合等离子体质谱仪(ICP)的检出限是 10 $\mu g \cdot L^{-1}$。

8) 莫特-肖特基效应调控脱氯效能机制

莫特-肖特基异质结的原理是平衡金属和半导体的费米能级，使半导体的电子传递给金属。构建莫特-肖特基异质结，需要金属和半导体载体之间的整流接触，这种接触取决于半导体材料的能带结构。金属的功函数需要处于半导体的价带和导带之间，功函数较高的金属纳米粒子可以产生较高的肖特基势垒，提高金属纳米粒子和半导体接触界面的电荷分离。本实验选择的金属为 Pd，半导体为 n 型 PCN。

图 4.32 描绘了 Pd 和 PCN 形成肖特基异质结对 Pd 电子结构的影响。由于 PCN 的费米能级高于 Pd，当两者接触形成异质结时，为了平衡两者的费米能级并使其达到一致，PCN 表面的电子向 Pd 迁移，在 PCN 上留下正电荷。该正电荷与金属表面的电子形成内在电场，方向由 PCN 指向 Pd。由于半导体内部空间电荷层的厚度达到一定级别(微米级或者亚微米级)，该内在电场就会迫使 PCN 内部能带向下弯曲，形成一个肖特基势垒。所以，当 PCN 和 Pd 形成异质结后，Pd 的电荷密度会增加，电子结构会发生变化。经过前面的脱氯效率对比，证实肖特基异质结的形成可以有效提高 Pd 的脱氯效率和电流效率。

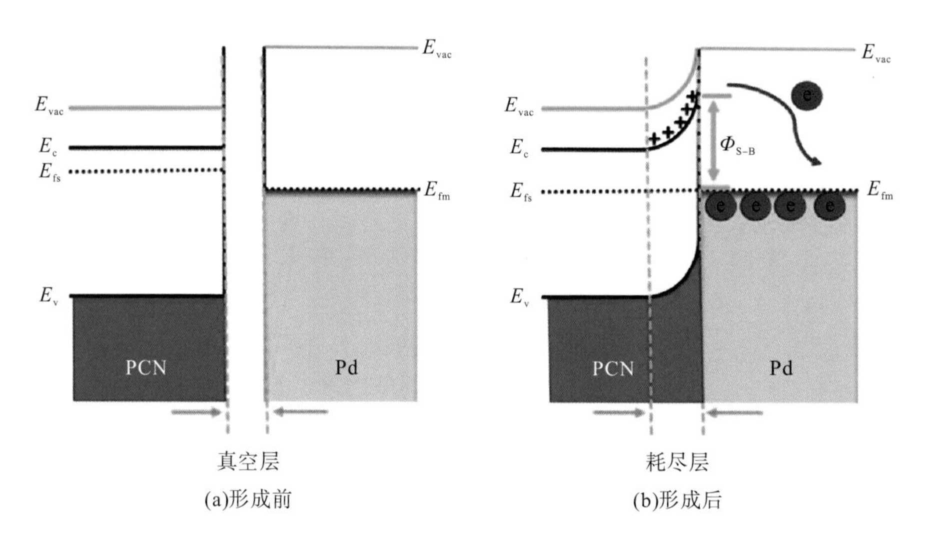

图 4.32 肖特基异质结的形成对 Pd 电子结构的影响

4.2　表面有机小分子配体效应调控钯电子结构

催化剂表面既是反应场所又是电子供受场所，合适的催化材剂在 EHDC 的应用中具有重要意义。目前，研究者们常用贵金属 Ag、Pt、Rh 和 Pd 等作为活性催化剂，其中 Pd 因其较低的产氢过电位、较强的固氢能力及 C—Cl 键活化能力，被认为是电催化脱氯最理想的催化剂[59,60]。然而，Pd 是一种贵金属元素，价格高昂，储量稀缺，且易被脱氯产物毒化，极大限制其在电催化氢化脱氯技术中的应用[61]。因此，提高 Pd 基催化剂的电催化加氢脱氯效率和降低成本，是目前面临的技术瓶颈[10,62]。

目前，已有多种优化 Pd 脱氯催化性能的策略，包括表面晶格应变的调节(与 Cu[63,64]、Ag[65]和 In[66,67]等金属形成合金)、暴露表面晶面的晶体工程[68,69]，以及诱导强金属与载体相互作用(Pd-Au[4,70]、Pd-Ni[13]、Pd-TiO_2[71]、Pd-TiC[23]、Pd-MnO_2[21,72]和 Pd-导电聚合物[73])。上述方法主要是为了富集电子到金属 Pd 上，起到优化 Pd 与氢原子、氯酚有机物以及脱氯产物结合强度的目的[65,66,74]。然而，其中许多方法需要一个复杂和能量密集型的合成过程[4,68]，或者在电子转移效率和活性位点数量之间出现一种竞争的困境[71,75]。因此，我们有必要寻求一种简单有效的方法来解决这些复杂问题。

近年来，金属纳米粒子表面修饰有机配体已成为调节金属表面电子结构的一种重要策略。通过配体与金属(M)表面成键(M-Y，Y=N，O，S 或 P)，配体可输送电子到金属表面，促使其表面电子密度增加，从而优化表面催化反应[76-80]。据 Chen[81]报道，以乙二胺(Ethylenediamine，EDA)涂覆的 Pt 纳米线为催化剂，选择性地将硝基苯转化为 N-羟基苯胺时具有优异的活性，这是由于 EDA 向 Pt 提供电子，使富电子的 N-羟基苯胺易于解吸，并防止其完全氢化。Guo 等[82]利用三苯基膦修饰 Pd 纳米粒子，使富电子 Pd 在醛/酮加氢成醇方面表现出卓越的性能。除了电子效应，在多相催化中，表面配体环境还可表现出另外两种独特的功能：空间效应[83-85]和质子泵效应[86]。空间效应可用于引导反应物和中间体在催化剂表面的选择性吸附，如 Strmcnik 等[87]介绍了氰化物对 Pt 的空间位效应，阻断了其他阴离子(硫酸根离子、磷酸根离子、高氯酸根离子)的吸附，同时为 O_2 的化学吸附提供了充足的活性位点，从而增强了氧还原反应。质子泵效应是指配体利用其携带的官能团(如氨基基团)与氢离子的特定亲和性，增加催化剂周围氢离子的局部浓度[88]。利用这一效应，Xn 等[89]和 Cretu 等[90]分别开发了聚丙烯胺功能化的 Pt 三脚架和苯胺修饰的 Pt 纳米粒子电极，为析氢反应提供了高的电流密度。鉴于配体的多重功能，表面配体修饰策略对提高金属 Pd 的脱氯效率成为可能。

本书提出了一种利用有机配体四乙基氯化铵(tetraethyl ammonium chloride，TEAC)修饰与电还原相结合的新策略制备了 Pd/amine 催化剂。研究表明， 在还原电位的作用下 TEAC 有效转化为胺，所制备的 Pd/amine 复合物在 EHDC 中对 2,4-DCP 展示出较高的降解效率。此外，本书结合实验光谱和 DFT 计算研究了 Pd 催化剂的原子结构以及 Pd 与配体的相互作用；系统考察了有机配体含量和阴极反应电位对 Pd 的脱氯效率和两个碳氯键氢解程度的影响，进一步揭示了潜在的配体增强机制。

4.2.1 Pd/amine 催化剂制备及理化性质表征

1) C-Pd 催化剂制备

C-Pd 催化剂制备：称取 15mg 预处理过的炭黑粉末超声分散于 30mL 去离子水中，然后缓慢滴入 10mL Na_2PdCl_4 溶液(含 16.65mg)，超声 30min 后继续在 400r/min 下搅拌 30min。缓慢滴入 10mL $NaBH_4$ 溶液(含320mg)以还原 Pd^{2+}，搅拌 60min 后抽滤，并使用去离子水和乙醇交替洗涤，随后 60℃干燥得到 C-Pd 催化剂(Pd 的理论负载量为 28%)。

2) Pd/amine 制备与表征

Pd/amine 电极的制备过程示意图如图图 4.33(a)所示。首先，主要分为两步：Pd 纳米颗粒上成功吸附 TEAC。然后将 Pd/TEAC 在−0.75V 下进行多次还原脱烷基反应处理(每次还原持续 10min)。在此过程中，TEAC 转化为有机胺，并稳定吸附于 Pd 表面(Pd/amine)。脱烷基处理后电极电流随反应时间的曲线如图 4.33(b)所示，经过三次还原 Pd/amine 电极成功制备。

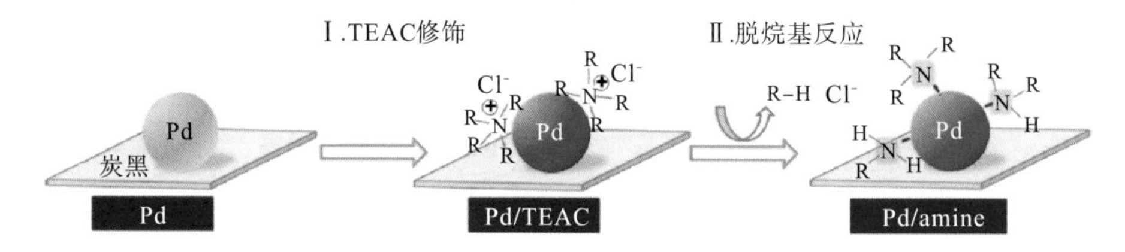

(a)电极表面功能化过程示意图

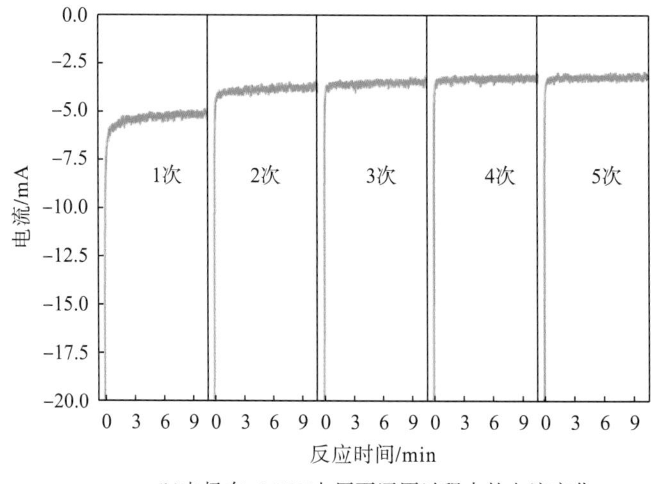

(b)电极在−0.75V电压下还原过程中的电流变化

图 4.33 Pd/amine 电极制备示意图及其在还原过程中的电流变化

图 4.34(a)的 TEM 图像显示 Pd/amine 催化剂中粒径约为 4.5nm 的 Pd 纳米颗粒均匀分布在炭黑上。HR-TEM 显示 Pd 纳米颗粒晶格间距为 0.23nm，与金属 Pd 相的(111)晶面匹配(图 4.34(b))[91]。图 4.34(c)显示了三种催化剂的 XRD 图，位于 39.5°、45.7°和 67.1°的衍射峰，分别与 Pd 的(111)、(200)和(220)晶面相对应(PDF＃46-1043)。然而在 Pd/amine 催化剂中没有观察到衍射峰的偏移，表明配体修饰不改变金属 Pd 相。Pd、Pd/TEAC 和 Pd/amine 的红外光谱如图 4.34(d)所示，Pd/TEAC 和 Pd/amine 在 $1635cm^{-1}$、$3250cm^{-1}$ 和 $3438cm^{-1}$ 存在强烈吸收峰，分别对应于 C—N 键的对称伸缩振动和 N—H 键的对称弯曲振动[92]，表明 Pd 纳米颗粒表面成功修饰了有机物。

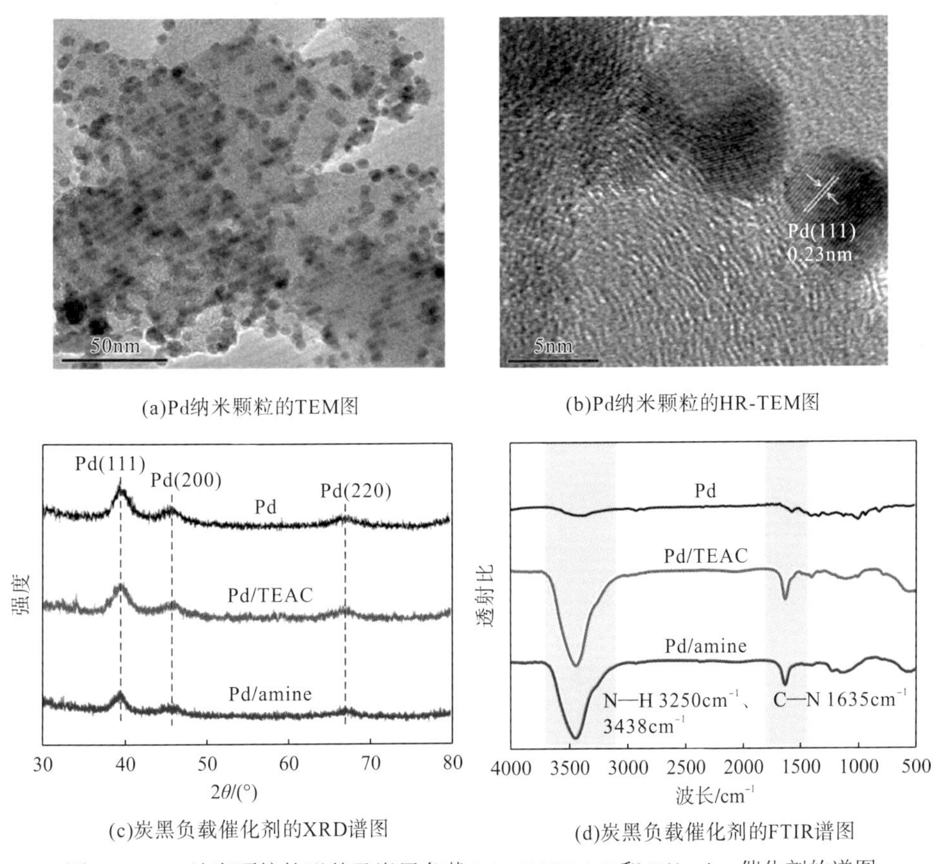

(a)Pd纳米颗粒的TEM图

(b)Pd纳米颗粒的HR-TEM图

(c)炭黑负载催化剂的XRD谱图

(d)炭黑负载催化剂的FTIR谱图

图 4.34 Pd 纳米颗粒的形貌及炭黑负载 Pd、Pd/TEAC 和 Pd/amine 催化剂的谱图

Pd/TEAC 和 Pd/amine 的 N 1s XPS 谱图如图 4.35(a)所示，Pd/TEAC 催化剂中结合能为 402.48eV 的特征峰定义为$*N^{+}$-4R；Pd/amine 催化剂在结合能为 401.38eV、400.27eV、399.50eV 和 398.02eV 的四个特征峰分别归属于 NH_2-R、N-3R、Pd-N 和 NH-2R。N 1s 的 XPS 图谱证实 TEAC 主要转化为三乙胺[93]，部分转化为二乙胺和乙胺(摩尔比为三乙胺∶二乙胺∶乙胺=5.8∶1.2∶1.0)[92,94,95]。此外，通过 399.50eV 的 N 1s X 射线光电子能谱峰可看出在转换过程中形成 N-Pd 键[96,97]。DFT 理论计算进一步验证了三乙胺是脱烷基的主要产物。图 4.35(b)显示，TEAC 转化为三乙胺的吉布斯自由能变化(ΔG)为−0.94eV 表明其自发过程。然而，二乙胺脱烷基的吉布斯自由能变化(ΔG)为 0.61eV 表明其难以

继续脱烷基反应。图 4.25(b)表明，随着 Pd 与 TEAC、三乙胺、二乙胺和乙胺之间的键长分别从 4.27Å、2.53Å、2.01Å 逐渐减小到 1.99Å，N-Pd 键随脱烷基反应逐步形成。

为深入探究有机配体对金属 Pd 电子结构的影响，我们利用 DFT 计算进一步研究了三种胺与 Pd 之间的相互作用。图 4.35(c)呈现了优化后的三种胺配体在 Pd(111)晶面的吸附模型、能量和电荷密度。三种胺都通过 N 原子与 Pd 结合，其结合强度依次为 Pd-三乙胺 (−2.03eV)> Pd-二乙胺(−1.95eV)> Pd-乙胺(−1.71eV)。三乙胺对 Pd 的强附着力有利于 Pd/amine 催化剂在反应过程中保持其稳定的结构和性能。Bader(巴德)电荷分析显示电子呈现出从三种胺向金属 Pd 的转移，转移电子数分别为 0.20、0.18 和 0.13 个电子。此外实验也证实了表面电子密度的增加。如图 4.35(d)所示， Pd、Pd/TEAC 和 Pd/amine 三种催化剂均显示了 Pd^0 和 Pd^{2+} 的 $3d_{5/2}$ 和 $3d_{3/2}$ 自旋轨道特征峰。进一步分析显示，与原始 Pd 相比 Pd/TEAC 和 Pd/amine 催化剂的特征峰出现红移但 Pd/amine 催化剂的红移更强(为 0.27eV)。Pd 3d XPS 谱图分析结果与理论计算相一致。基于以上结果，我们证实 Pd 与有机胺配体形成强的 Pd-N 相互作用，提高了 Pd 的电子密度[4,71]。

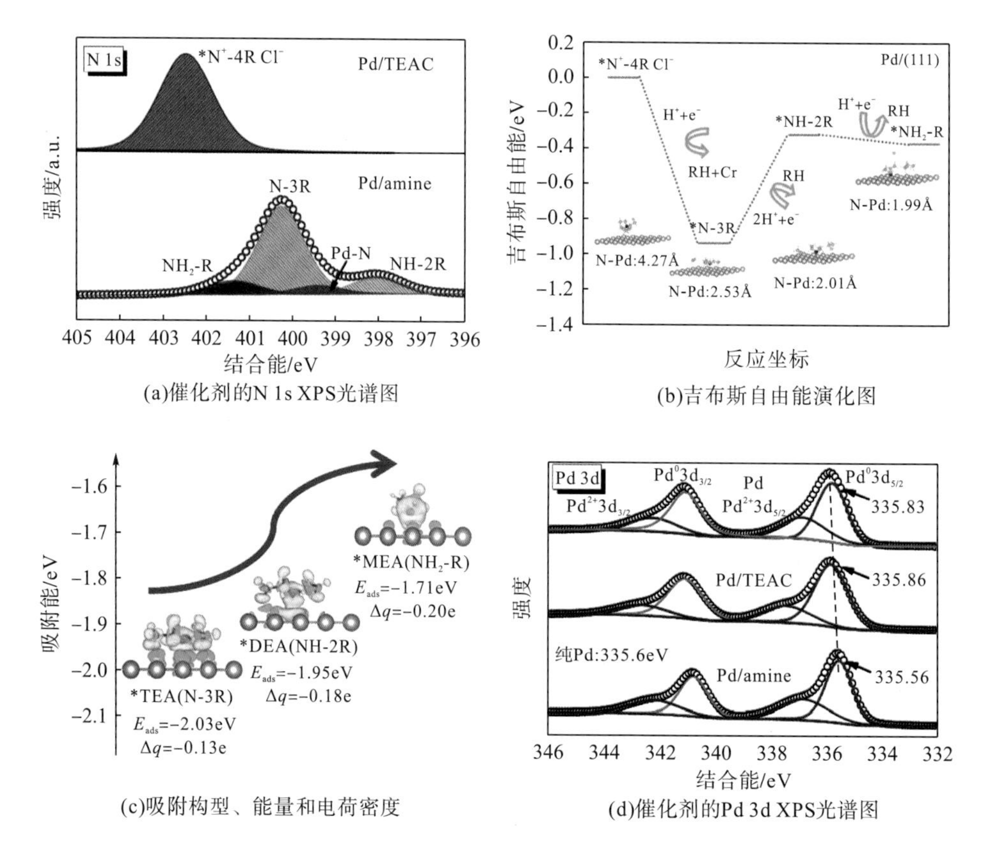

图 4.35 (a) Pd/TEAC 和 Pd/amine 催化剂的 XPS 光谱图，(b)表面 TEAC 脱烷基过程的吉布斯自由能演化(c)在 Pd(111)表面的吸附构型、能量和电荷密度差异及(d) Pd 3d XPS 光谱图

为验证在炭黑和 Pd 共存时 TEAC 更倾向于选择性吸附在 Pd 颗粒上，设计了 TEAC 和三乙胺分别在炭黑和 C-Pd 材料上的吸附实验[98]。吸附实验[图 4.36(a)]显示炭黑对三

乙胺和 TEAC 的平衡吸附量(q_e)为 41.73 和 18.38mg · $g_{c\text{-}pd}^{-1}$；C-Pd 对 TEAC 和三乙胺的 q_e 为 27.01 和 22.61mg · $g_{c\text{-}pd}^{-1}$。TEAC 和 TEA 的吸附行为服从伪二级动力学模型(t 和 q_t 表示吸附时间和每克吸附剂上的吸附物的量)。以上结果表明，三乙胺倾向于吸附在炭黑上，而 TEAC 更倾向吸附于 Pd 纳米颗粒。TEAC 和 Pd 纳米颗粒独特的电荷属性可以解释这种差异，由于 TEAC 是游离成三乙胺$^+$的离子化合物，Pd 在乙醇溶液中带负电荷(Zeta 电位：C-Pd vs. C：−21.5mV vs.−13.2mV)。因此，TEAC 可通过静电吸引作用被 Pd 纳米颗粒稳定，有助于形成强 Pd-配体作用。此外 Pd、Pd/三乙胺和 Pd/amine 三种催化剂的 Pd 3d XPS 谱图显示，与 Pd/amine 相比 Pd/三乙胺(将 Pd 浸置在三乙胺溶液中制备)的 Pd 3d 峰少移动 0.22eV[图 4.36(b)]，证明在 Pd/amine 中形成了更强的 Pd-配体相互作用。

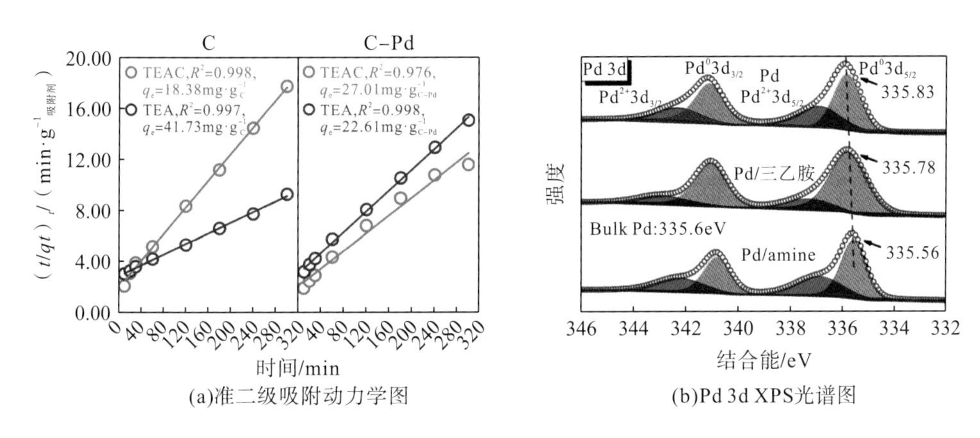

图 4.36　准二级吸附动力学图和 XPS 光谱图

4.2.2　Pd/amine 催化剂脱氯性能评价

本节在工作电压为−0.75V、含 50mg · L^{-1} 2,4-DCP 的 50mmol · L^{-1} N_2 饱和的 Na_2SO_4 溶液中，对 Pd、Pd/amine 和 Pd/三乙胺三种复合催化剂进行电催化脱氯性能评价。由图 4.37(a)可知，所有催化剂都有脱氯活性。Pd/amine、Pd/三乙胺和 Pd 的 C/C_0 分别为 10.7%、29.5%和 43.1%。Pd/amine 表现出最强的脱氯活性。三种复合催化剂的法拉第电流效率[图 4.37(b)]显示，Pd/amine 催化剂的法拉第电流效率始终高于其他两种催化剂，展现出 Pd/amine 在脱氯反应中的优越性能。但三种复合催化剂的法拉第电流效率整体相对较低，这可能是由测试的污染物浓度较低(50mg · L^{-1})导致析氢副反应均超过脱氯反应。

如图 4.37(c)所示三种催化剂的动力学拟合分析表明，在脱氯反应中 2,4-DCP 的衰减均符合准一级反应动力学方程。其中，Pd/amine 的反应速率常数(k_{ap})最大，接近裸 Pd 催化剂的 2.5 倍，表明 Pd/amine 催化剂在此条件下 EHDC 性能最好。由于 Pd 是脱氯反应的主要活性物质，因此对 Pd 进行本征活性评价是必要的。质量活性和本征活性是将催化剂的反应速率常数[见图 4.37(c)]与工作电极上 Pd 的质量和 Pd 的电化学活性表面积(见图 4.38)进行归一化，其分析结果如图 4.37(d)所示。Pd/amine 的质量活性和本征活性分别为 2.32min^{-1} · g_{Pd}^{-1}

和 0.16$min^{-1}\cdot cm_{Pd}^{-2}$，远高于 Pd/三乙胺催化剂（1.32$min^{-1}\cdot g_{Pd}^{-1}$ 和 0.11$min^{-1}\cdot cm_{Pd}^{-2}$）和裸 Pd（0.93$min^{-1}\cdot g_{Pd}^{-1}$ 和 0.11$min^{-1}\cdot cm_{Pd}^{-2}$）。

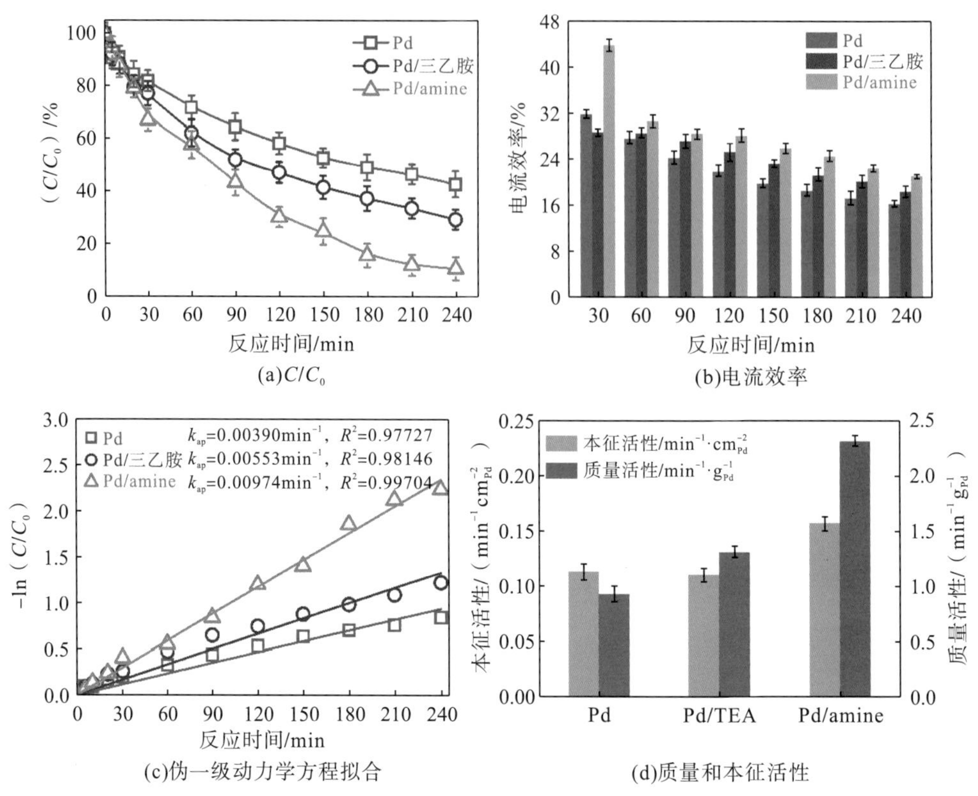

图 4.37 Pd、Pd/三乙胺和 Pd/amine 电极 EHDC 中的性能表征（EHDC 反应条件为：工作电压为-0.75V，2,4-DCP 50mg·L^{-1}，N_2 饱和的 0.05mol·L^{-1} Na_2SO_4 溶液为电解液）

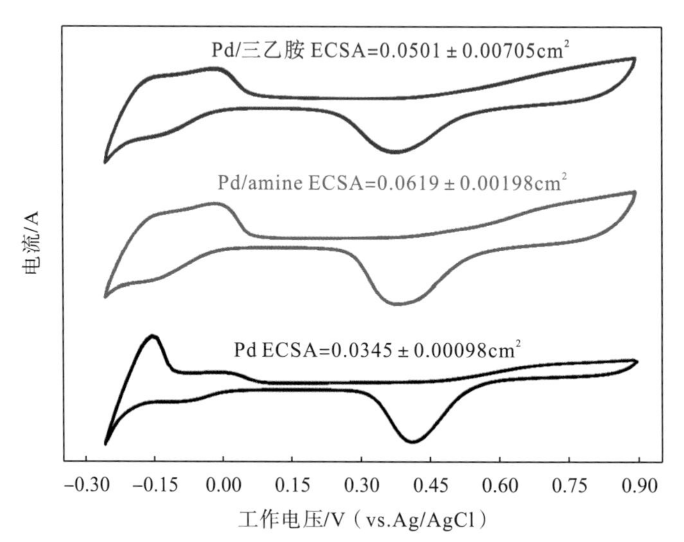

图 4.38 在 0.1mol·L^{-1} $HClO_4$ 溶液中以 10mV·s^{-1} 的扫描速率获得的 Pd、Pd/amine 和 Pd/三乙胺电极的循环伏安法图（CV）

催化剂的稳定性是评价其实际应用的重要指标之一。我们将 Pd/amine 电极进行 5 次循环实验来考察其耐久性和有机配体在 Pd 上的黏附稳定性。如图 4.39(a)所示，在五次循环降解后 Pd/amine 电极始终保持较好的稳定性。此外，五次循环伏安法测试(CV)也未发生明显的变化[如图 4.39(b)]。以上实验证实 Pd/amine 催化剂具有良好的稳定性。通过 XPS 表征技术对每次循环后电极上的胺种类和 N 与 Pd 的原子比分析发现只有微弱的变化，表明胺与 Pd 纳米颗粒的附着力较强[如图 4.39(c)和(d)]。与 DFT 理论计算一致，实验证实胺对 Pd 所呈现的稳定修饰是由胺对 Pd 的强吸附而产生的[图 4.35(c)]。

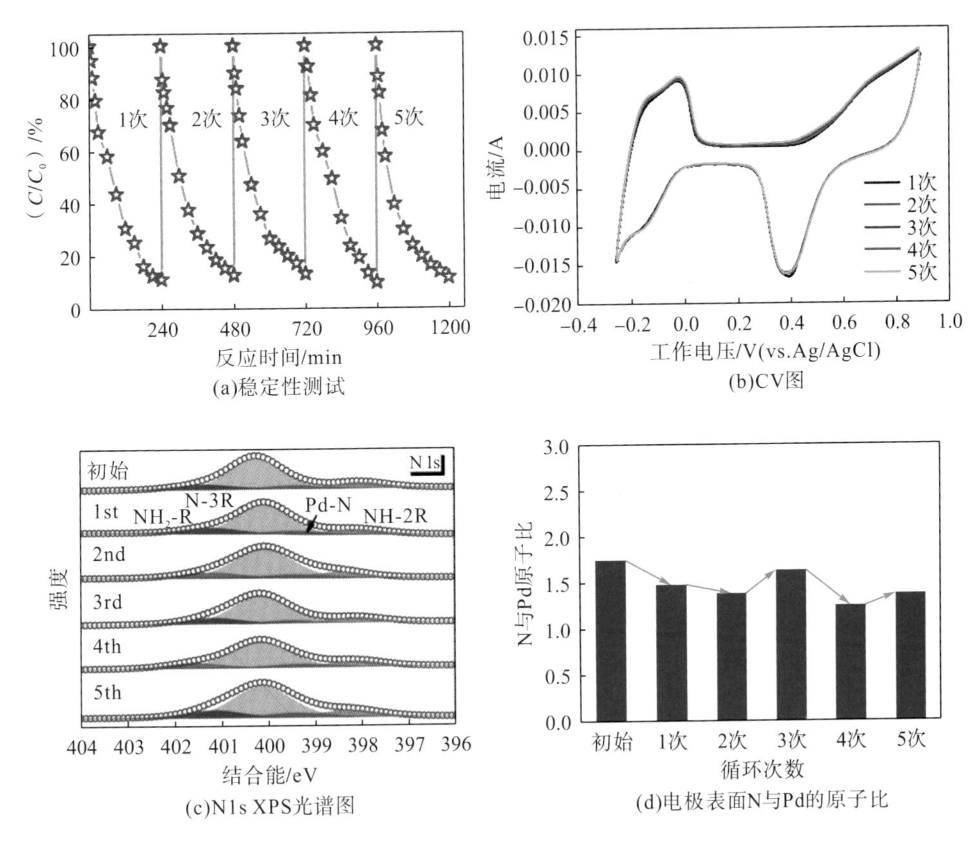

图 4.39　Pd/amine 电极 EHDC 反应的性能及稳定性表征

4.2.3　表面有机小分子配体效应提升脱氯性能机制

脱氯机理表明，Pd 的催化活性与其产生原子态吸附氢、吸附活化 2,4-DCP 及释放 P(主要产物)以更新活性位点的能力密切相关[91,99]。为了探究配体提升脱氯反应性能的原因，采用线性扫描伏安法分析了裸 Pd 和 Pd/amine 催化剂对原子态吸附氢的生成动力学。如图 4.40(a)所示，Pd/amine 催化剂的电流密度始终大于裸 Pd 催化剂。此外根据发生反应的起始电位的变化可知，Pd/amine 比裸 Pd 电极具有更强的产生原子态吸附氢能力。在所有考察的电位下(尽管大部分演变成 H_2)，Pd/amine 均表现出更大的交换电流密度。根据图 4.40(b)中的 DFT 计算显示，与 Pd 相比三种胺具有更强的氢离子亲和力。由此推断，胺配体可能作为氢离子泵，驱动它们从电解质扩散到催化剂表面(即氢离子泵效应[89, 90])，提高其局部浓度，从而产生原子态吸附氢。

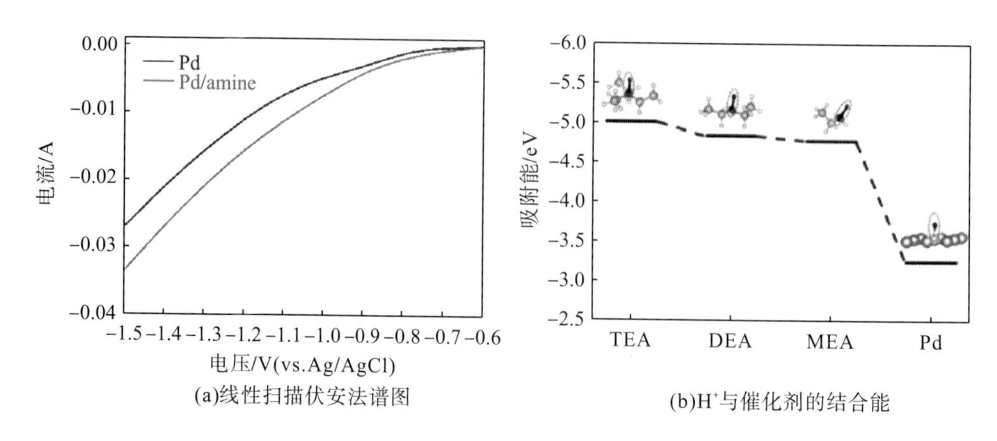

图 4.40 催化剂在饱和的 50mmol · L^{-1} Na_2SO_4溶液中的线性扫描伏安法谱图(扫描速率为 10mV · s^{-1}，扫描范围为−1.5V～−0.6)及 H^+与催化剂的结合能

通过 DFT 计算对 2,4-DCP 在 Pd 和 Pd/amine 上的吸附和活化进行了研究。由图 4.41(a)可知，由于配体协同的空间效应和电子效应使 2,4-DCP 在 Pd(111)/配体界面上的结合强度减弱。此外，与 Pd 相比吸附于 Pd(111)/amine 界面上的 2,4-DCP 的两个碳氯键键长更短。以上结果表明 Pd 对 2,4-DCP 的内在吸附和活化受到表面配体的影响。然而，经过实验数据考察发现这种不利影响只有当 Pd 暴露在过量的胺中(如 1.8mg · cm^{-2} TEAC)才会产生。

基于配体对 Pd 吸附 2,4-DCP 的影响，我们计算了苯酚在裸 Pd 和 Pd/amine 催化剂界面的固有吸附行为。由于 Pd 与苯酚的亲和力(−2.019eV)大于 2,4-DCP(−1.857eV)，我们认为苯酚通过与 2,4-DCP 竞争活性位点或提高活性位点上苯酚与 2,4-DCP 交换的能垒而对脱氯反应产生负面影响[61]。图 4.41(b)显示，胺的存在降低了 Pd 对苯酚的吸附能力。因此，配体修饰后减弱了苯酚与 Pd 的结合能，可有效促进活性位点的释放，进一步提高 2,4-DCP 的吸附率以及整体脱氯效率。我们通过实验进一步验证了有机配体对苯酚的解毒作用。通过在电解液中加入一定量苯酚比较 Pd 和 Pd/amine 电极的脱氯效率。结果如图 4.41(c)所示，在苯酚存在下裸 Pd 电极的脱氯效率降低了 11%；然而，Pd/amine 电极的脱氯效率仅衰减了 3.6%。这证实了胺具有缓解苯酚毒化提升脱氯性能的作用。

基于以上分析，本研究揭示了胺配体具有三种促进作用：①氢离子泵效应；②电子效应；③空间位阻效应[见图 4.41(d)]。氢离子泵效应有效提高活性中心 Pd 表面的氢离子浓度，进而增强了 H^*产生。电子效应和空间位阻效应的协同作用削弱了副产物苯酚与 Pd 的结合能力，有效缓解苯酚对活性位点的毒化作用提高脱氯效率。值得注意的是，电子效应/空间位阻效应对反应物的有效吸附和活化同样产生影响。因此，为了平衡苯酚的解吸和反应物的吸附应该合理调控有机配体的含量。

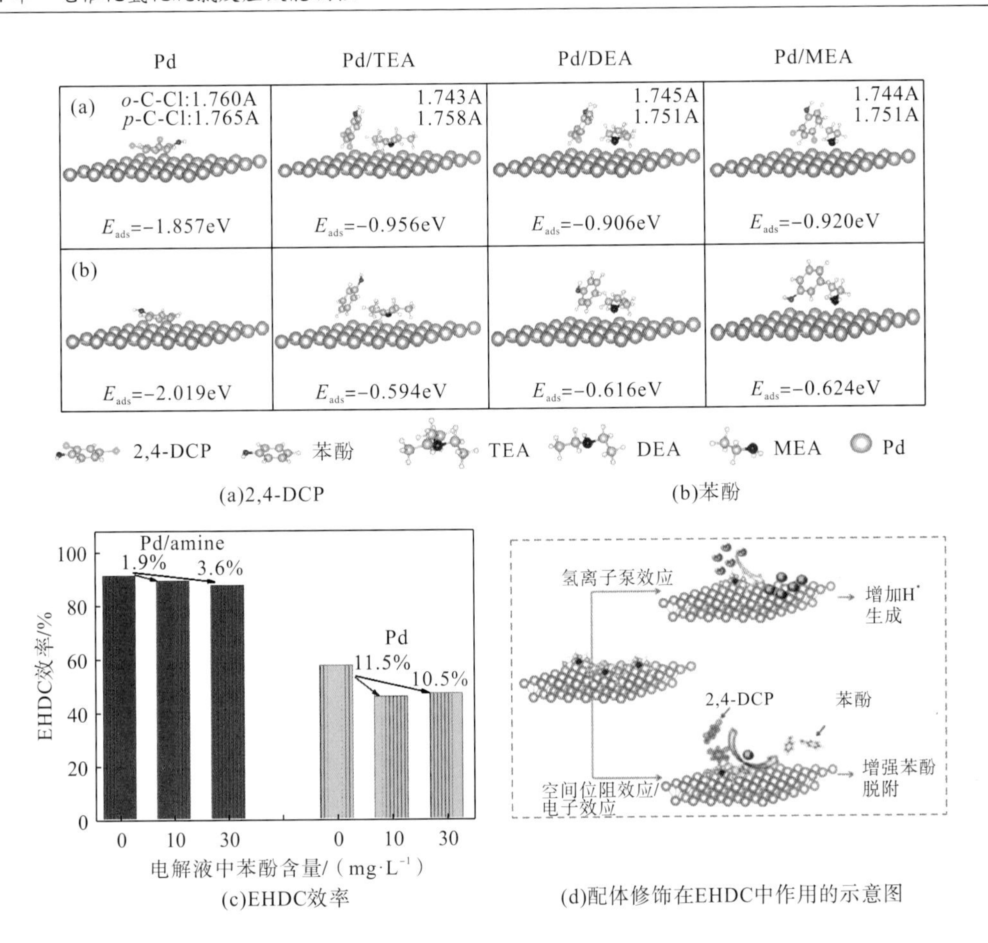

图 4.41　Pd(111)的吸附构型、吸附能和 *o*-*p*-C—Cl 键的优化及电解液引入苯酚后 Pd/amine 和 Pd 的 EHDC 反应效率及配体修饰作用

表 4.4　在几乎相同的条件下，Pd/amine 与已报道的 Pd 基催化剂的 EHDC 性能比较

催化剂	实验条件	污染物	质量活性 /$min^{-1}\cdot g_{Pd}^{-1}$	编号
TiC-Pd/Ni-foam	10mmol・L^{-1} Na_2SO_4；−0.75V；3.96mg Pd；pH 4.0	0.20mmol・L^{-1} 2,4-DCBA	0.71	1
Pd/C	50mmol・L^{-1} Na_2SO_4；−0.75V；4.56mg Pd；pH 7.0	0.31mmol・L^{-1} 2,4-DCP	0.71	2
Pd NWs	50mmol・L^{-1} Na_2SO_4；−0.75V；0.36mg Pd；pH 7.0	0.31mmol・L^{-1} 2,4-DCP	1.70	3
Pd/AC-Ni-foam	10mmol・L^{-1} Na_2SO_4；0.83mA・cm^{-2}；8.00mg Pd；pH 6.0	0.156mmol・L^{-1} 2,4-DCBA	1.51	4
N/G-Pd	50mmol・L^{-1} Na_2SO_4；−0.75V；4.46mg Pd；pH 6.8	0.37mmol・L^{-1} 2,4-DCP	1.09	5
nTiN doped Pd/Ni-foam	10mmol・L^{-1} Na_2SO_4；0.83mA・cm^{-2}；2.64mg Pd；pH 3.85	0.226mmol・L^{-1} 2,4-D	0.64	6
Ni/Pd-foam	50mmol・L^{-1} Na_2SO_4；10.00mA・cm^{-2}；80mg Pd；pH 7.0	0.158mmol・L^{-1} chloronitrobenzene	1.83	7

续表

催化剂	实验条件	污染物	质量活性 /min^{-1} • g_{Pd}^{-1}	编号
Pd/PCN	50mmol • L^{-1} Na_2SO_4；−0.75V；2.80mg Pd；pH 6.6	0.31mmol • L^{-1} 2,4-DCP	2.31	8
Pd/GO/Ti	50mmol • L^{-1} Na_2SO_4；0.63mA • cm^{-2}	0.06mmol • L^{-1} 2,4-DCP	0.05	9
Pd/PCN-08	50mmol • L^{-1} Na_2SO_4；0.50mA • cm^{-2}	0.78mmol • L^{-1} 4-CP	0.06	10
Pd/C	50mmol • L^{-1} Na_2SO_4；−0.75V；5.28mg Pd；pH 6.8	0.31mmol • L^{-1} 2,4-DCP	0.59	11
AgPd 纳米颗粒/C	50mmol • L^{-1} Na_2SO_4；−0.70V；3.26mg Pd；pH 6.6	0.31mmol • L^{-1} 2,4-DCP	2.58	12
Pd/amine	50mmol • L^{-1} Na_2SO_4；−0.75V；0.25mA • cm^{-2}；4.2mg Pd；pH 6.8	0.31mmol • L^{-1} 2,4-DCP	2.32	本书研究

4.3 催化剂表面原子结构调控

电催化技术被广泛认为是一种核心化学转换手段，它能够将各种可再生电力资源(例如太阳能、水力发电和风能等)与能源储存、燃料制造和环境修复紧密相连[100-105]。电催化氢化脱氯技术在降解水中的有机污染物，特别是氯酚方面，展现出了巨大的潜力[106]。氯酚是一种广泛分布的污染物，具有毒性、致癌性和生物富集性，已被美国环保署列为主要污染物，例如 2,4-DCP 和 2-氯酚等[107]。氯酚的化学结构相当稳定，苯环上的 C—Cl 键使其在生物降解和常规化学/物理转化过程中保持稳定[108,109]。电催化氢化脱氯技术作为一种新兴技术，能够生成具有可调化学势的活性氢，并在催化剂表面激活 C—Cl 键，将氯酚在相对温和的条件下转化为苯酚和游离的氯离子，为有效缓解和控制水污染提供了一种简单且经济的方法[110,111]。

电催化氢化脱氯过程的初始步骤是在阴极催化剂表面生成原子态吸附氢，这引发了 C—Cl 键的激活和裂解[112,113]。以往的研究主要基于假设生成原子态吸附氢是脱氯反应的关键步骤，并且因为贵金属 Pd 具有出色的吸附氢生成能力和相对低的过电位存储能力而主要集中在 Pd 基材料上[109,110,114,115]。因此，大量研究致力于通过例如多孔结构、表面缺陷或异质结构控制 Pd 基纳米催化剂的尺寸、形态和结构，以期提高 Pd 的比表面积，促进催化剂表面原子态吸附氢的生成[109,116-118]。然而，通过对 Pd 纳米颗粒催化剂上原子态吸附氢的动力学和电化学行为的深入研究，本课题组发现，只有不到 20%的原子态吸附氢能够用于脱氯反应，而大多数原子态吸附氢则通过析氢反应转化为 H2，这导致了原子态吸附氢的使用效率相对较低[58,111,119]。因此，目前的任务是要确定电催化氢化脱氯过程中的动力学障碍，以便进一步优化和设计出最佳性能的催化剂。单分散的双金属 Pd-M 纳米颗粒(M=Fe、Co、Ni、Cu、Au 和 Ag)代表一类关键催化剂，它们因催化活性通常高于纯 Pd 而受到极大关注。对于一些多相催化反应来说，这种由 Pd 和 M 两种金属构成的双金属纳米颗粒表现出了较高的催化活性，这通常被认为是由于两种金属之间的协同作用所导致的[120,121]。此外，这种双金属 Pd-M 纳米颗粒由于其良好的尺寸和成分均匀性，使其成为研究反应机制的理想工具[122]。实验成功制备了具有可控双金属组分的单分散 AgPd 双金属纳米颗粒，这些颗粒被用作研究脱氯反应的模型催化剂[123,124]。其选择 Ag 作为合金成分，是因为 Ag 可以与 Pd 以任意比例形成合金结构。通过使用这些 AgPd 纳米颗粒，发现 2,4-DCP 在脱氯过程中转化为苯酚的过程与 2,4-DCP 和苯酚在催化剂表面的吸附强度有很大的关联。作为一个多相催化过程，脱氯反应的动力学受到催化剂表面反应物种覆盖范围的影响，具体来说，是受到反应物 2,4-DCP 的吸附强度和苯酚的解吸过程的控制。为了证实这一点，实验对脱氯速率、电流效率和产物选择性进行了深入研究，结果显示，2,4-DCP 的去除率符合 L-H 反应模型，这进一步强调了催化剂表面反应物种吸附的重要性。此外，基于 DFT 的计算结果揭示，双金属的合金化能够调整催化剂表面的能量，使得 2,4-DCP 和苯酚在催化剂表面的吸附达到均衡，从而提升脱氯性能。通过调节双金属的组成，优化了电催化氢化脱氯催化剂的性能，这凸显了设计高性能双金属合金纳米催化剂用于环境修复的策略。

4.3.1　AgPd 催化剂制备及理化性质表征

1) Ag、Pd 和 AgPd 纳米颗粒催化剂的制备及预处理

首先，精确测量乙酰丙酮钯和醋酸银的总量，控制在 0.66mmol。将这两种物质加入四口烧瓶中，然后加入 10mL 的 1-十八烯、4.5mL 的油酸和 0.5mL 的油胺。接着，在 N_2 气氛下将混合液磁力搅拌均匀，保持 5～10min 以去除反应体系中的氧气和水分。然后，将混合体系加热至 60℃并保温 30min，以去除体系中的氧气和水分，同时使前驱体充分溶解。接着，以 7～8℃ • min^{-1} 的升温速率将反应液加热至 180℃并保温 1h。需要注意的是，整个反应过程始终在 N_2 氛围下进行。反应结束后，将溶液冷却至室温，撤掉 N_2 装置，然后用丙酮离心洗涤反应液 2、3 次，将得到的 AgPd NPs 保存在正己烷溶液中备用。通过控制 Ag 和 Pd 前驱体的比例，可以得到不同 Ag/Pd 比例的 AgPd NPs。当所有前驱体都是醋酸银时，可以得到 Ag NPs。

Pd NPs 是根据文献中类似的方法合成的：将 0.10g 的乙酰丙酮钯和 12mL 的油胺加入四口烧瓶中。同样在 N_2 气氛下磁力搅拌混合均匀，并加热到 60℃保温 30min，以排除体系中的氧气和水分。然后，将 0.2g 的吗啉硼烷溶解在 3mL 的油胺中，然后用注射器将其快速注射入反应液中，再以 2～3℃ • min^{-1} 的升温速率将温度升到 90℃，并保持 1h。反应结束后，将溶液冷却至室温，用无水乙醇离心洗涤 2、3 次将 Pd NPs 分离，最终的产品保存在正己烷中备用。

NPs 的负载方法：首先，将 60mg 的炭黑(Vulan XC-72)分散在装有 50mL 正己烷的锥形瓶中，超声处理 15min。然后，取 40mg 含有正己烷的纳米颗粒(Ag NPs、Pd NPs 和 AgPd NPs)，用滴管将其沿着锥形瓶壁缓慢加入炭黑与正己烷的混合液中，再继续超声处理 60min，使纳米颗粒均匀沉积在炭黑载体上(金属负载质量分数约

40%)。然后，将制备好的碳基 NPs(C-Ag、C-Pd 和 C-AgPd)用丙酮或无水乙醇离心分离 3 次，烘干后保存备用。

纳米材料的预处理方法：经过以上步骤制备的纳米材料，表面含有未洗涤干净的油酸和油胺。这些物质包裹在纳米颗粒的表面，使活性位点暴露不完全。因此，需要对纳米材料进行表面预处理，以达到较好的活性位点表面暴露程度。选择醋酸对纳米材料进行处理，具体操作为：将制备好的材料加入 50mL 醋酸中，在 70℃条件下恒温搅拌 12h。冷却至室温后，用无水乙醇离心洗涤 2、3 次，烘干后备用。在醋酸处理过程中，材料表面的油胺通过醋酸分子的配体交换作用被替换下来。洗涤后，残留的醋酸分子在烘干过程中挥发，最终得到表面洁净的纳米材料。

2)C-Ag、C-Pd 和 C-AgPd 电极的理化性质表征

AgPd 纳米颗粒(NPs)的制备是通过在 1-十八烯、油酸和油胺的混合溶液中，对乙酰丙酮钯和醋酸银进行还原，形成有机胶体溶液[125]。油酸的作用是减小 Pd^{2+}和 Ag^{+}之间的氧化还原电势差($\varphi_{Pd^{2+}/Pd^{0}}=0.951$，$\varphi_{Ag^{+}/Ag^{0}}=0.7996$)，使得在相近的温度下，它们能被油胺还原，从而形成合金结构。合成出的纳米颗粒被沉积在碳载体上，然后用醋酸清洗以去除油酸和油胺，从而得到碳载 NPs 负载型催化剂。图 4.42 展示了不同比例的碳载 AgPd NPs 的透射电镜图，可以看出 AgPd NPs 在碳载体上分布均匀，颗粒尺寸大约为 2.6nm。图 4.43 是 C-Pd 和 C-Ag 的透射电镜图，可以看出单分散的 Pd NPs 形状均匀，但尺寸稍大(3.2nm)；而单分散的 Ag NPs 则显示出更广的尺寸分布(2～12nm)。通过 NPs 的透射电镜图，我们可以推断，Pd 和 Ag 的合金化是形成较小尺寸的单分散 NPs 的关键步骤。

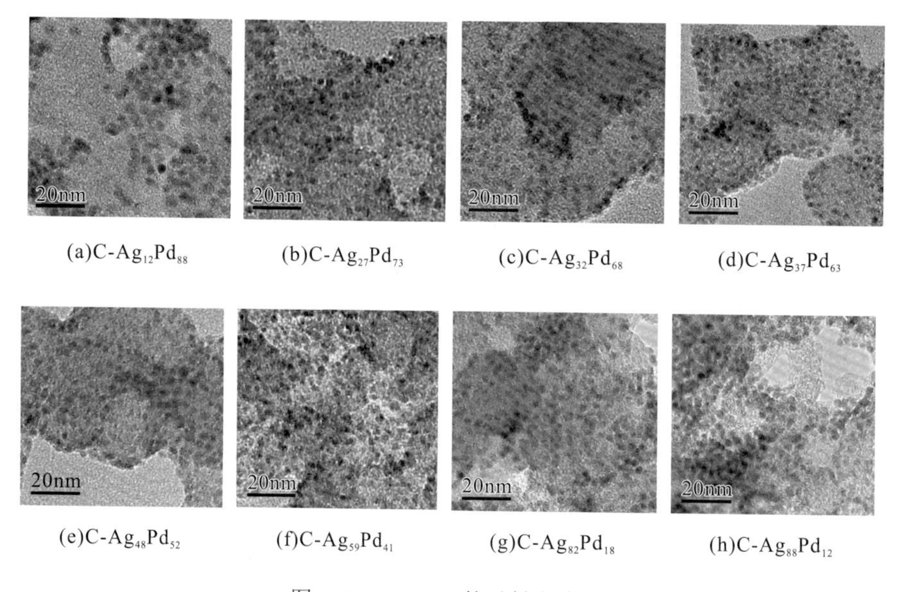

(a)$C\text{-}Ag_{12}Pd_{88}$　(b)$C\text{-}Ag_{27}Pd_{73}$　(c)$C\text{-}Ag_{32}Pd_{68}$　(d)$C\text{-}Ag_{37}Pd_{63}$

(e)$C\text{-}Ag_{48}Pd_{52}$　(f)$C\text{-}Ag_{59}Pd_{41}$　(g)$C\text{-}Ag_{82}Pd_{18}$　(h)$C\text{-}Ag_{88}Pd_{12}$

图 4.42　C-AgPd 的透射电镜图

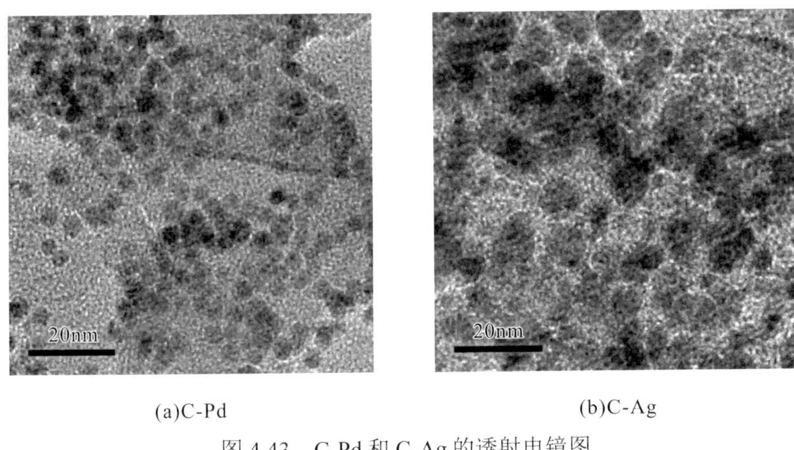

(a)C-Pd　　(b)C-Ag

图 4.43　C-Pd 和 C-Ag 的透射电镜图

图 4.44(a)展示了碳材料上均匀分布的 $Ag_{48}Pd_{52}$ 纳米颗粒。从图 4.44(b)中可以看出，在未经醋酸处理的 C-AgPd 的红外光谱图上，$2922cm^{-1}$ 和 $2855cm^{-1}$ 处的吸收峰非常明显。这两处吸收峰分别代表了催化剂表面残留的油胺和油酸的碳氢键的对称和非对称伸缩振动带。然而，在经过醋酸处理后的 C-AgPd 的光谱图上，这两个吸收峰的强度显著减弱。通过醋酸处理前后 C-AgPd 的傅里叶变换红外光谱图的比较，可以确认两种表面活性剂已被成功去除(长碳链包覆的油酸和油胺)。这一研究对于提高反应物从水溶液到 C-NPs 催化剂表面的传质过程具有重要意义。

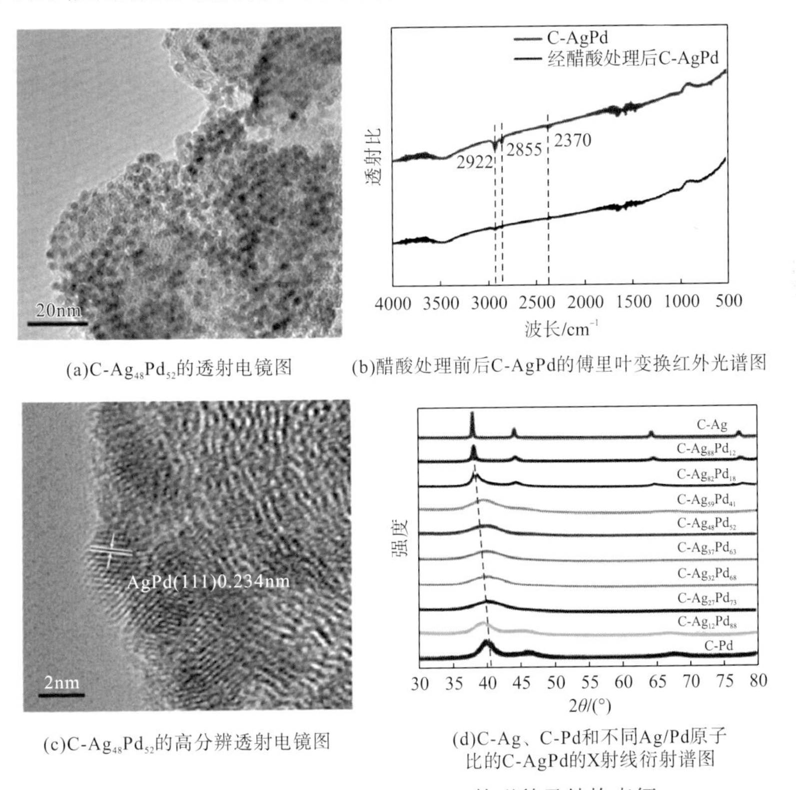

(a)$C-Ag_{48}Pd_{52}$的透射电镜图　　(b)醋酸处理前后C-AgPd的傅里叶变换红外光谱图

(c)$C-Ag_{48}Pd_{52}$的高分辨透射电镜图　　(d)C-Ag、C-Pd和不同Ag/Pd原子比的C-AgPd的X射线衍射谱图

图 4.44　C-Ag、C-Pd 和 C-Ag/Pd 的形貌及结构表征

图 4.44(c)展示出 AgPd 的(111)晶格间距介于 Pd(0.23nm)和 Ag(0.24nm)之间，大概是 0.234nm。图 4.44(d)揭示了 C-Ag、C-Pd 以及不同 Ag/Pd 原子比的 C-AgPd 的 X 射线衍射图谱。在 C-Ag 的图谱中，38.0°、44.2°、64.5°和 77.4°处的四个明显的衍射峰，分别对应于面心立方 Ag(PDF#04-0783)的(111)、(200)、(220)和(311)典型晶面的平面衍射峰。对于 C-AgPd 样本，Pd 含量的增加使得这四个衍射峰变得更宽且弱化，只有在 Ag 含量低于 59%的 C-AgPd 样本中，(111)晶面衍射峰才能清晰地被看到。此外，所有 C-AgPd 样本的(111)衍射峰都位于 C-Ag 和 C-Pd 的(111)衍射峰之间，这进一步证明了合成的 AgPd NPs 具有合金结构，并且 Ag 的加入导致了 Pd 晶格的膨胀。

电极液通过将催化剂与所需的溶剂按照特定比例混合得到。接着，在已经处理过的碳纸上(工作电极的有效面积为 2cm×2cm)均匀涂抹电极液，使用小型塑料滴管完成这个过程，最终形成 C-NPs 工作电极。通过电感耦合等离子体原子发射光谱确定每个工作电极上的金属负载量(Ag 和 Pd)为 0.045mmol。通过循环伏安法测量得到两种金属氧化物的还原电势，进一步计算循环伏安法图谱中 Pd 和 Ag 的还原峰的积分得到具体的电化学活性表面积[116,126,127]。如图 4.45，通过计算工作电极(C-NPs)的电化学活性表面积(SA，cm^2)可以排除由于颗粒尺寸差异引起的影响，揭示出不同 Ag/Pd 原子比例催化剂的实际脱氯效率的差异，其计算方法为

$$SA = \frac{Q}{4.05C \cdot m^{-2}} \tag{4-1}$$

式中，Q 表示 PdO 还原所需要的电荷总量，$4.05C \cdot m^{-2}$ 代表还原单层 PdO 所需的电荷。

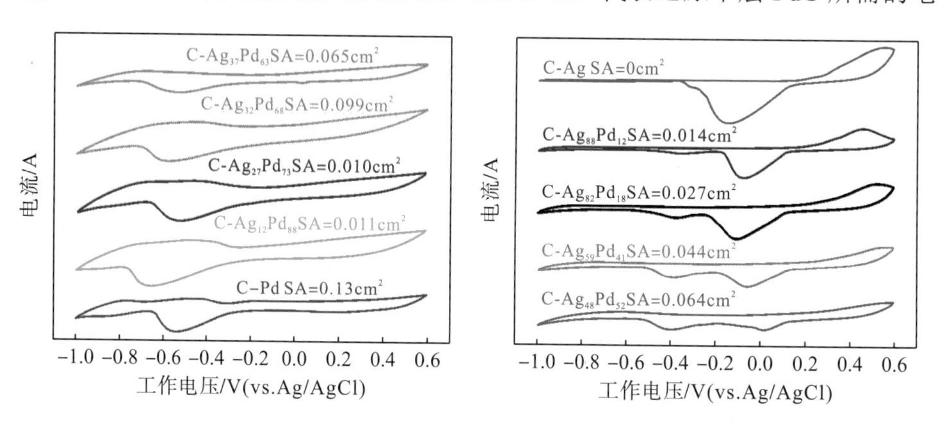

图 4.45　不同比例的 C-AgPd 催化剂的 CV 测试曲线

(扫描速度：$10mV \cdot s^{-1}$，电解液：$0.1mol \cdot L^{-1}$ 的 KOH 溶液)

4.3.2　C-Ag、C-Pd 和 C-AgPd 电极的电催化脱氯反应分析

1)工作电极脱氯效果分析

采用恒定电位电解法在−0.70V 电压条件下，对 C-Ag、C-Pd 和不同 Ag/Pd 摩尔比的 C-AgPd 在含有 2,4-DCP($50mg \cdot L^{-1}$)的 N_2 饱和 Na_2SO_4($50mmol \cdot L^{-1}$)电解液中进行了电催化脱氯性能的评估。为了消除溶解氧对电解过程的干扰，在电解过程中持续向阴极电解

槽通入 N_2。改变 Ag/Pd 的摩尔比以研究 Ag 在整个脱氯过程中的效果(保证每个工作电极上总金属负载量相同的条件下)。如图 4.46(a)所示为电催化脱氯效率(C/C_0)，结果表明所有含 Pd 的工作电极均能有效降低溶液中 2,4-DCP 的浓度，而只有 Ag 的电极没有活性，揭示了该条件下，Pd 而非 Ag 是活性物质。图 4.46(b)展示了火山型的脱氯效率与纳米颗粒中 Ag 含量的关系曲线，其中催化剂 C-$Ag_{32}Pd_{68}$ 位于火山顶部，表明在 AgPd 比为 32/68 时表观活性效率最高。

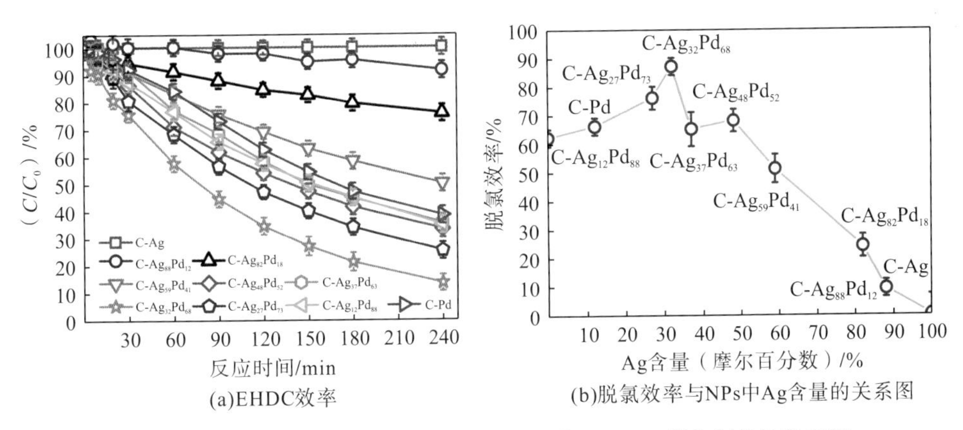

图 4.46　C-Ag、C-Pd 和不同 Ag/Pd 摩尔比的 C-AgPd 催化剂的性能表征

考虑到 Pd 是工作电极上唯一的活性物质和成本决定因素，进一步对 Pd 的本征活性进行了研究，以确定最优的解决方案。将催化剂的表观反应速率标准化到每个工作电极上 Pd 的质量以对每一个 Ag/Pd 比例的催化剂都进行了 Pd 质量活性的评估。其质量活性分析结果如图 4.47 所示，随着 Ag 含量的变化，Pd 质量活性呈现出一个与脱氧效率相似的火山型趋势。与表观活性相似的是当 Ag 的摩尔百分数为 32%时，Pd 的本征质量活性达到顶峰。这一浓度下催化剂的质量活性($2.58min^{-1}\cdot g_{Pd}^{-1}$)可以达到最高 C-Pd 催化剂($0.87min^{-1}\cdot g_{Pd}^{-1}$)的 3 倍。这表明 Pd 和 Ag 的双金属合金过程可以同时提升脱氯性能和降低成本，具有一定的经济效益。

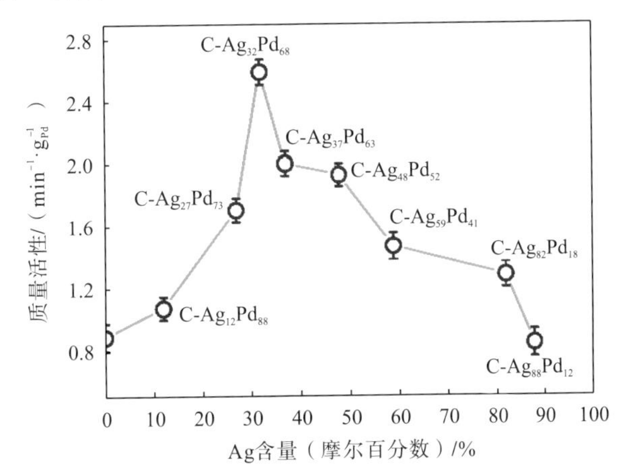

图 4.47　催化剂 NPs 中 Ag 的含量对催化剂质量活性的影响趋势曲线

2) 产氢能力与电流效率的关系

为深入理解 Ag 如何提升脱氯性能，对催化剂产生原子态吸附氢的能力进行了实验研究。在脱氯反应过程中，原子态吸附氢扮演着重要的还原剂角色。因此，在不含 2,4-DCP 的电解液中，对 C-Ag、C-Pd 和 C-$Ag_{32}Pd_{68}$ 催化剂进行了析氢线性扫描伏安法极化曲线的测试，结果展示在图 4.48(a)中。C-Pd 和 C-$Ag_{32}Pd_{68}$ 都能生成原子态吸附氢，通过比较其电流密度和起始电位的变化，发现 C-$Ag_{32}Pd_{68}$ 在生成原子态吸附氢方面的起始电位比 C-Pd 更早，且其电流密度更高，这说明双金属催化剂有助于在纳米颗粒表面生成原子态吸附氢。Pd 与原子态吸附氢的结合强度增加可能是 C-$Ag_{32}Pd_{68}$ 上原子态吸附氢生成能力提升的原因，而这一强度主要与 Pd 的 d 带中心有关[128,129]。密度泛函理论计算结果见图 4.53，Ag 的加入可以提高 Pd 的 d 带中心位置，通过增强 Pd 与原子态吸附氢的结合强度促进生成原子态吸附氢[130,131]。

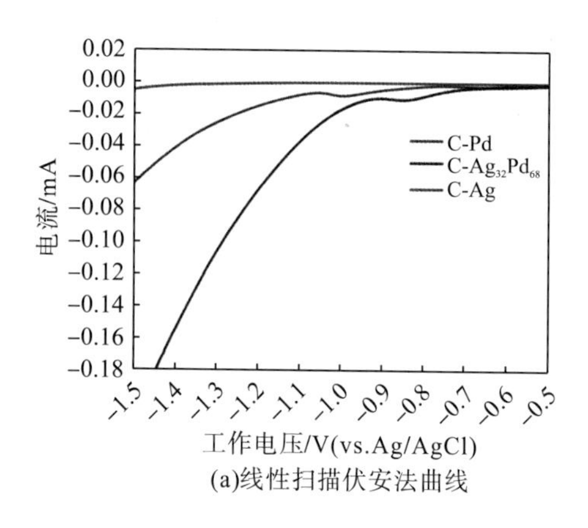

(a)线性扫描伏安法曲线

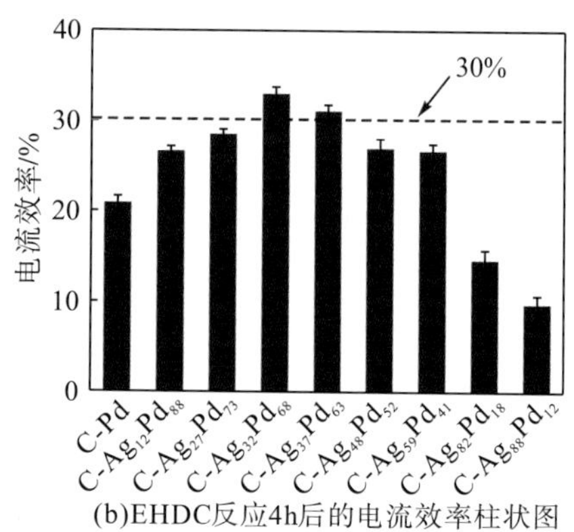

(b)EHDC反应4h后的电流效率柱状图

图 4.48　C-Ag、C-Pd 和 C-$Ag_{32}Pd_{68}$ 催化剂的线性扫描伏安法曲线和电流效率柱状图

通过电流效率分析用于脱氯反应而非析氢反应的原子态吸附氢的比例[图 4.48(b)]，在 EHDC 反应进行 4h 后，总电流效率随着 Ag 含量的变化呈现出类似火山型的变化趋势，其中峰值为 C-$Ag_{32}Pd_{68}$。然而，其电流效率也相对较低(低于 40%)[113]。这表明在脱氯过程中，生成的原子态吸附氢的数量远大于脱氯反应所消耗的数量，生成原子态吸附氢不是脱氯反应的速率决定步骤。

3) 电催化脱氯过程动力学拟合

从实验结果来看，在 C-NPs 催化剂引导的脱氯过程中，原子态吸附氢扮演着重要的活性物种角色，双金属有助于其生成，但这并非反应的核心步骤。此外，随着催化剂中 Ag 含量的提升，观察到反应过程中产生了更多的中间产物。因此，推测可能决定脱氯反应速率的关键环节是 2,4-DCP 在催化剂表面的有效吸附。为了证实这一推测，通过描绘 $-\ln(C/C_0)$ 与反应时间的关系图并拟合伪一级动力学模型对 C-Pd 和 C-AgPd 催化剂进行了脱氯动力学研究。结果见图 4.49，所有催化剂的一级动力学拟合曲线都表现出线性分布。这意味着 2,4-DCP 浓度是决定脱氯反应速率的唯一变量[132]，即反应速率主要受工作电极表面的污染物(2,4-DCP)浓度影响。从图 4.49 中可以看出，C-$Ag_{32}Pd_{68}$ 催化剂的拟合曲线斜率最大，这意味着其反应速度最快。

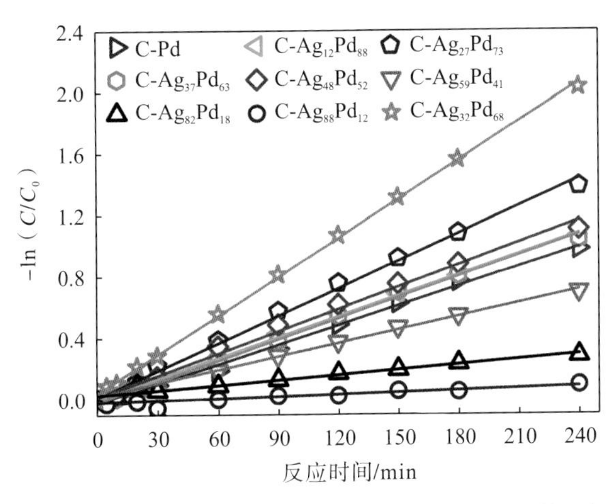

图 4.49　在 C-Pd 和 C-AgPd 催化剂上，EHDC 反应与反应时间的伪一级动力学拟合曲线

通过图 4.50(a)总结各种催化剂的反应速率常数，结合这些反应速率常数和图 4.45 中 C-NPs 工作电极的电化学活性表面积，对催化剂的本征活性进行分析，结果见图 4.50(b)。电化学活性表面积可以表征脱氯过程中实际活性位点催化的脱氯反应速度，揭示整个催化过程中 Ag 对 Pd 的影响。在图 4.50(b)中，$Ag_{32}Pd_{68}$ 的本征活性最高，为 $0.084min^{-1} \cdot cm_{Pd}^{-2}$，而 C-AgPd 催化剂整体的本征活性与 Ag 含量之间再次呈现出火山型。综上，催化剂 C-NPs 的表观活性、质量活性以及本征活性均呈现出火山型，这也证明在脱氯反应中，引入适量的 Ag 可以有效改善 Pd 的催化性能。

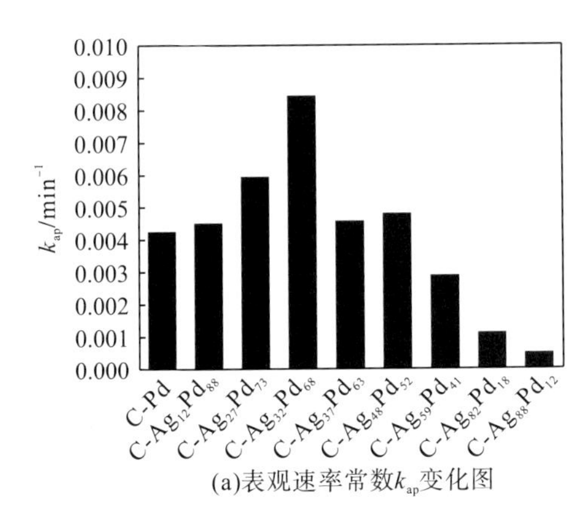

(a)表观速率常数k_{ap}变化图

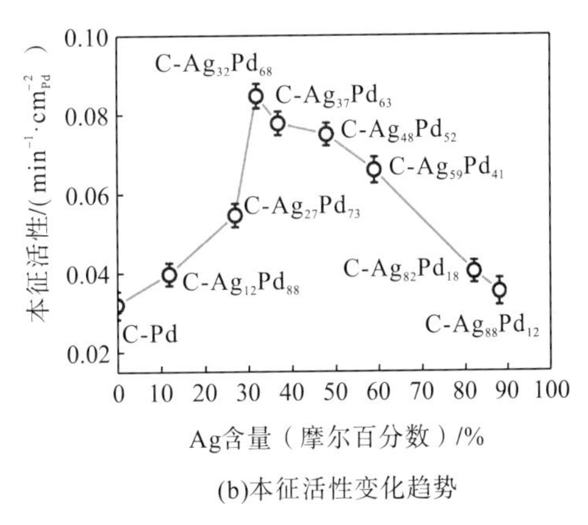

(b)本征活性变化趋势

图 4.50　与 Ag 含量相关的表观速率常数 k_{ap} 的变化图及 C-AgPd 催化剂的本征活性变化趋势

为了深化对 2,4-DCP 浓度在催化过程中对脱氯反应影响的理解，对 C-Pd 和 C-$Ag_{32}Pd_{68}$ 工作电极的脱氯性能不同 2,4-DCP 浓度[从较低($20mg \cdot L^{-1}$)到较高($80mg \cdot L^{-1}$)

的范围内]进行了实验。通过该实验获取了不同浓度下脱氯反应的起始速率后，通过阐述吸附动力学的 Langmuir-Hinshelwood 模型进行动力学模拟以探索其吸附过程。如图 4.51 中的插图所示，不论是 C-Pd 还是 C-$Ag_{32}Pd_{68}$，其 $1/r_0$ 和 $1/C_0$ 之间线性关系的 L-H 模型 R^2 均大于或等于 0.98。根据模型反应物通过化学吸附的方式附着在催化剂表面，然后催化反应是通过表面上吸附的分子或原子之间的互动进行的机理，结合伪一级动力学方程和 L-H 吸附动力学的模拟结果，可以推断，脱氯反应速率的快慢主要由催化剂表面 2,4-DCP 的覆盖程度决定[133,134]。

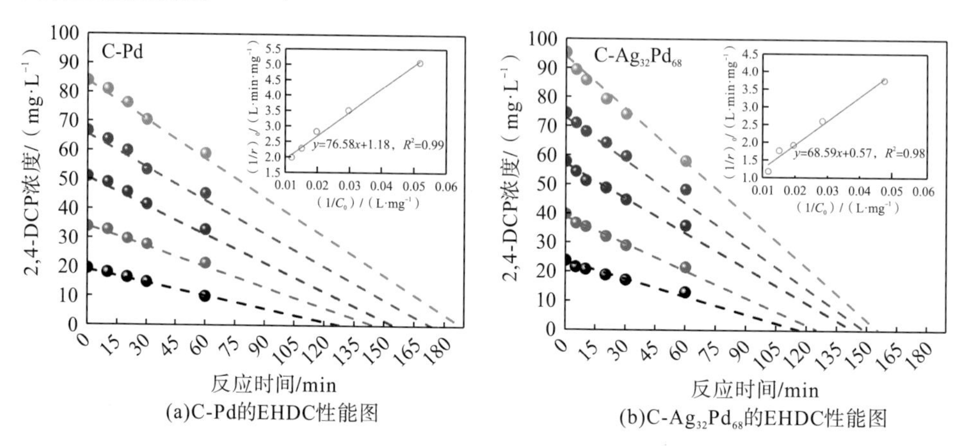

(a)C-Pd的EHDC性能图　(b)C-$Ag_{32}Pd_{68}$的EHDC性能图

图 4.51　C-Pd 及 C-$Ag_{32}Pd_{68}$ 催化剂在不同初始 2,4-DCP 浓度条件下的 EHDC 性能

（图中插图为 EHDC 测试数据的 L-H 模型拟合）

4) DFT 模拟计算

综上，控制脱氯反应速度的关键步骤是 2,4-DCP 的有效吸附。而这一步骤主要受两个过程的影响：一是催化剂表面对 2,4-DCP 的固有吸附；二是产物苯酚的解吸过程。DFT 计算可以将原胞中的 Pd 原子替换为 Ag 原子，建立不同 Ag/Pd 比的模型(如图 4.52 所示)，并明确评估催化剂对 2,4-DCP 和苯酚的吸附能(E_{ads})，确定 EHDC 反应过程的关键步骤。

晶格常数 $A=b=c$(Å)	3.887(Pd)	3.927(1Ag)	3.971(2Ag)	4.021(3Ag)	4.060(4Ag)
单元格					
(111) 晶面侧视图					
(111) 晶面俯视图					

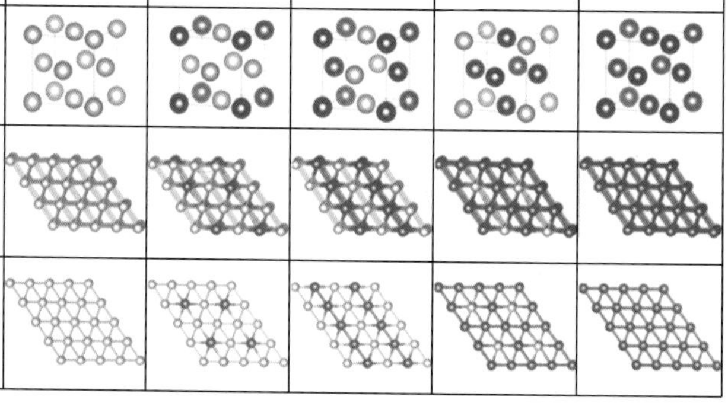

图 4.52　分别用 0、1、2、3 和 4 个 Ag 原子取代 Pd 原胞中的原子的密度泛函理论计算模型，每个计算原胞的晶格参数及每个模型(111)晶面的侧视图和俯视图

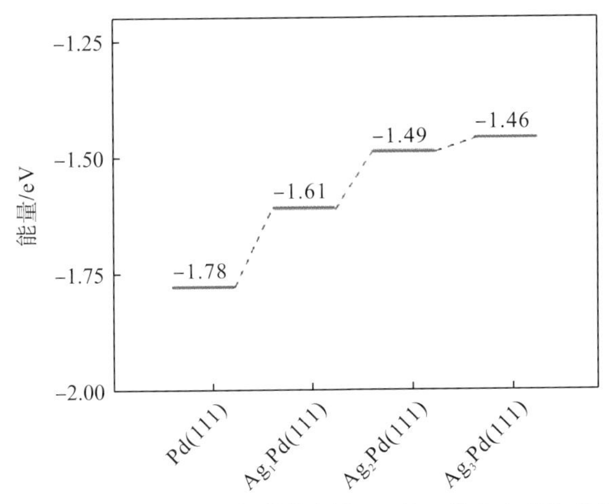

图 4.53　不同 Ag 含量的催化剂中 Pd 的 d 带中心变化趋势

如图 4.52 所示，通过密度泛函理论计算和 X 射线衍射表征结果[见图 4.44(d)]均发现 Ag 的取代可以扩大双金属催化材料的晶格常数，计算结果表明晶格常数随 Ag 原子数量的增加由 3.887Å(Pd)增加到了 4.060Å(4Ag)。双金属催化材料的晶格常数变化直接影响材料的 d 带中心，由计算结果可见 d 带中心从−1.78eV 上升到−1.46eV(图 4.53)。催化剂的 d 带中心直接反映对反应物吸附强度，通常 d 带中心下降会降低对反应物的吸附，反之则增强吸附。如图 4.54 所示为用于密度泛函理论计算的污染物分子苯酚和 2,4-DCP 的结构模型。2,4-DCP 在 Pd(111)晶面存在多种吸附构型，每一种吸附方式对吸附能大小存在不同的影响，吸附能的绝对值越大越稳定，图 4.55 对所有可能的吸附构型进行了总结，结果表明催化剂表面对污染物分子 2,4-DCP 模型吸附更倾向于以苯环平行于晶面的方式吸附。因此，均采用苯环平行于晶面的构型对 2,4-DCP 和苯酚分子在催化剂表面的吸附能计算。

图 4.56 展示了 Pd(111)和 Ag(111)表面 2,4-DCP 的稳定吸附构型。图 4.57 是 AgPd(111)晶面上吸附 2,4-DCP 的优化过程，如图 4.58 所示，在 2,4-DCP 的基础上对苯酚在 AgPd(111)晶面上的吸附进行优化。

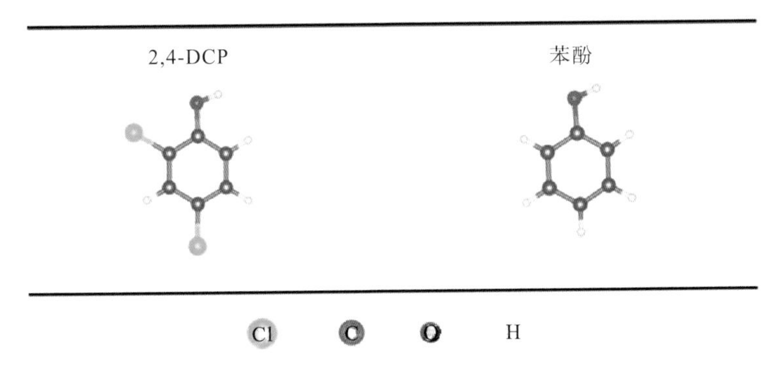

图 4.54　模型污染物分子(2,4-DCP 和苯酚)的结构图

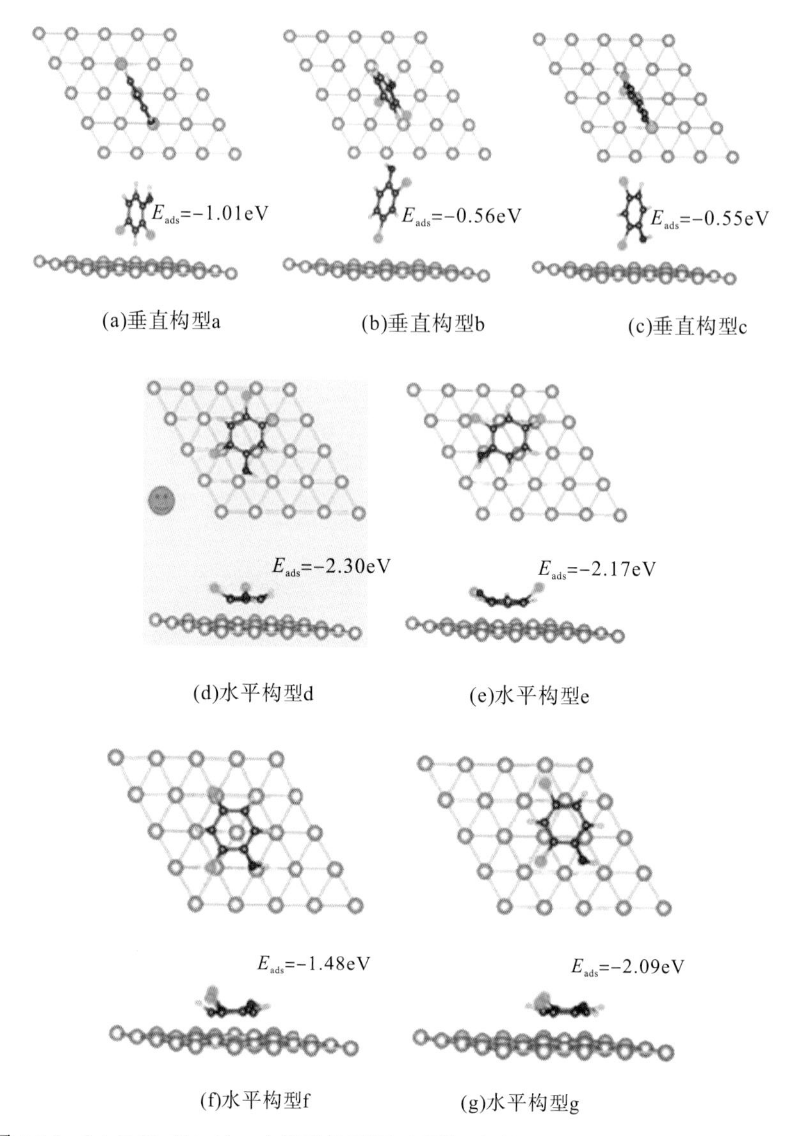

图 4.55 2,4-DCP 在 Pd(111) 晶面的不同吸附构型[其中(d)是最稳定的吸附构型]

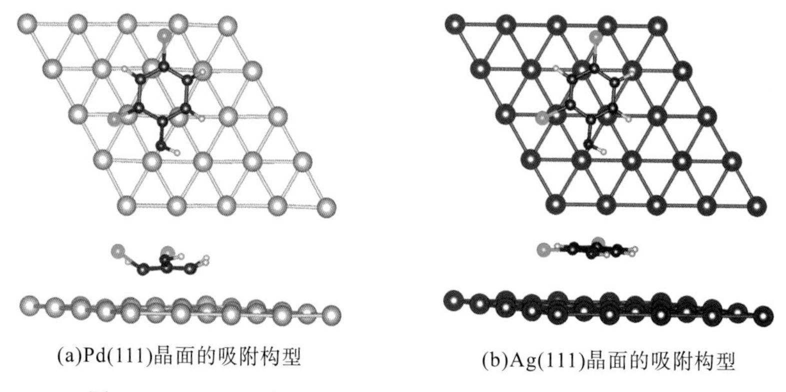

图 4.56 2,4-DCP 在 Pd(111) 晶面和 Ag(111) 晶面的吸附构型

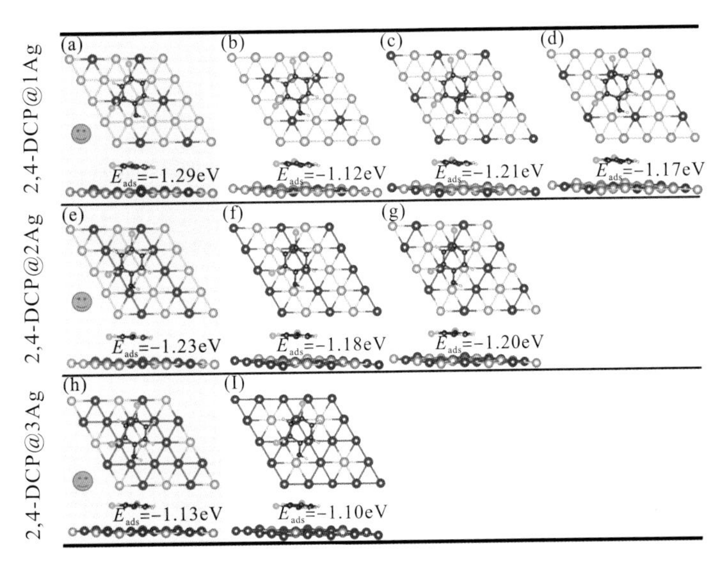

图 4.57　在不同的 Ag/Pd 原子比条件下，AgPd(111)晶面上的 2,4-DCP 的吸附构型
[(a)、(e)、(h)分别是相同原子比条件下最稳定的吸附构型]

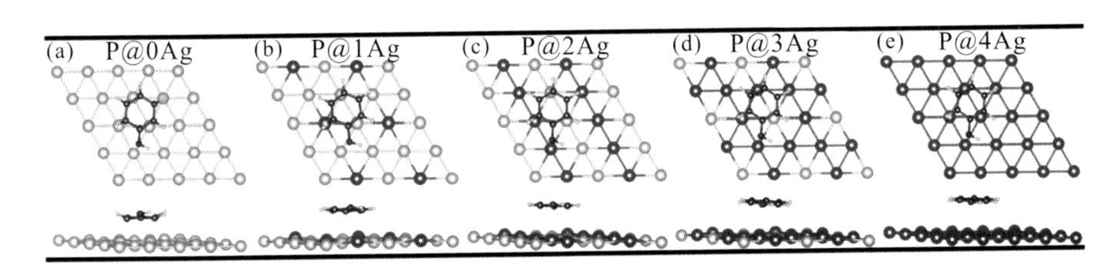

图 4.58　在不同的 Ag/Pd 原子比条件下，AgPd(111)晶面上苯酚的最佳吸附构型

图 4.59 总结了 DFT 计算 2,4-DCP 和苯酚在不同 Ag 原子取代的催化剂模型上的吸附能。在 Pd(111)上观察到对苯酚的吸附能(−2.01eV)强于 2,4-DCP(−1.87eV)，表明 2,4-DCP 在 Pd 表面的吸附会受到苯酚的抑制。当用不同数目 Ag 原子取代 Pd 原子时，催化剂对 2,4-DCP 的吸附能分别为−1.29eV(1 个 Ag)、−1.23eV(2 个 Ag)、−1.13eV(3 个 Ag)、−0.93eV(4 个 Ag)；对苯酚的吸附能分别为−1.22eV、−1.09eV、−0.94eV、−0.74eV。显然，Pd 与 Ag 的合金化可以有效地削弱催化剂对 2,4-DCP 和苯酚的亲和力，这可能与苯环平行吸附在至少 4 个金属原子之上的吸附构型有关。此外，有 Ag 原子存在的催化剂对 2,4-DCP 的吸附能均大于苯酚，说明加入 Ag 原子后，催化剂对苯酚的吸附能变化程度比对 2,4-DCP 的吸附能更大。实验结果与密度泛函理论计算结果共同证明，将适量 Ag 与 Pd 合金化(如 $Ag_{32}Pd_{68}$)可以有效促进 Pd 对苯酚的脱附，缓解苯酚与 2，4-DCP 的竞争吸附作用，促进脱氯反应的进行。

值得注意的是，DFT 计算结果(见图 4.59)显示，随着 Ag 的掺杂 Pd 的 d 带中心是上升的，这可能会增强催化剂与 2,4-DCP 和苯酚分子的结合强度[135]，但吸附能的计算结果却与此相反。由上文对吸附构型(见图 4.56)的计算可知，苯环与催化剂模型表面的 4 个原子形成了平行吸附的构型，催化剂表面的 Ag 原子对 2,4-DCP 和苯酚的吸附弱于 Pd 原子。因此，Ag 的掺杂导致催化剂整体对 2,4-DCP 和苯酚的吸附强度减弱，即 Ag 含量与催化剂对污染物分子的吸附强度呈反比。但是当 Ag 含量过量时，对 2,4-DCP 和苯酚的吸附的减弱导致脱氯程度不彻底，并产生过多的中间产物邻氯苯酚和对氯苯酚。因此，结合脱氯性能实验和 DFT 计算，可以合理推断出过强的苯酚吸附会导致活性位点被占据，从而降低 2,4-DCP 的脱氯效率，因此苯酚的脱附是影响脱氯性能和 2,4-DCP 在催化剂表面覆盖程度的重要因素。

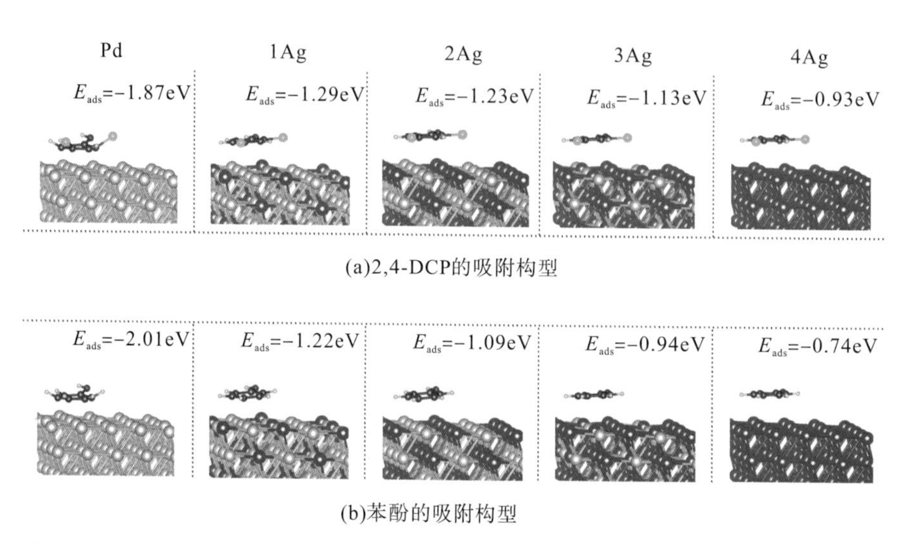

(a)2,4-DCP的吸附构型

(b)苯酚的吸附构型

图 4.59 不同 Ag/Pd 原子比的催化剂对 2,4-DCP 和苯酚的吸附构型侧视图

(灰色代表 Pd 原子，紫色代表 Ag 原子)

通过适量 Ag 与 Pd 的合金化(例如 $Ag_{27}Pd_{73}$ 和 $Ag_{32}Pd_{68}$)可以有效缓解苯酚在 Pd 表面的过强吸附导致的催化剂中毒问题，显著促进脱氯效率。然而，催化剂表面过多的 Ag 原子会阻碍 C—Cl 键在 AgPd 催化剂表面的激活与断裂，从而降低脱氯效率并产生邻氯苯酚和对氯苯酚。

5) 苯酚对脱氯效果的影响

为进一步验证苯酚脱附的关键作用，将一定量的苯酚预先加入阴极电解槽后，分别在 C-$Ag_{32}Pd_{68}$ 和 C-Pd 工作电极上进行 2,4-DCP 脱氯性能测试。实验结果如图 4.60(a)所示，C-$Ag_{32}Pd_{68}$ 工作电极[见图 4.60(b)]在苯酚的添加浓度达到 30mg·L^{-1} 时，其脱氯效率的变化可忽略不计；相比之下，当工作电极为 C-Pd 时，仅添加 10mg·L^{-1} 的苯酚就可以观测到脱氯性能被显著抑制(脱氯效率由 58%降低到 38%)。苯酚的浓度实验进一步证实 Ag 能有效消除催化剂对苯酚的中毒问题，并提高双金属催化剂的脱氯效率。

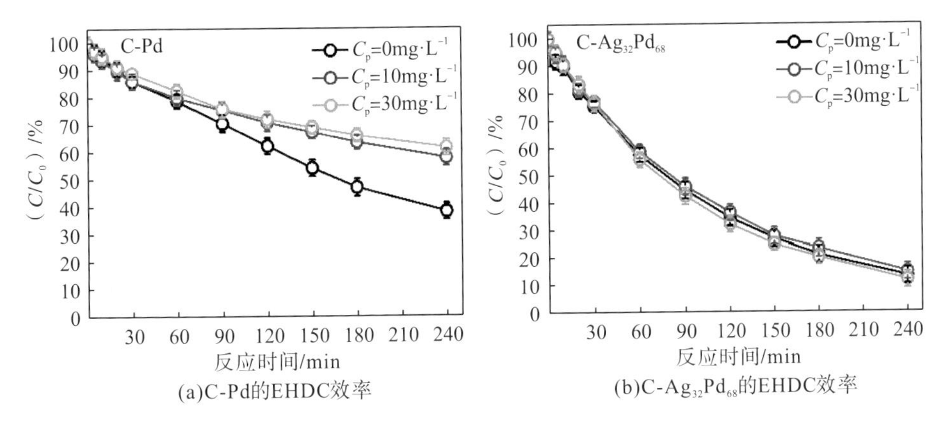

(a)C-Pd的EHDC效率　(b)C-$Ag_{32}Pd_{68}$的EHDC效率

图 4.60　C-Pd 和 C-$Ag_{32}Pd_{68}$ 在 N_2 饱和的 50mmol · L^{-1} 的 Na_2SO_4 溶液（含有 50mg · L^{-1} 的 2,4-DCP）中，EHDC 效率的变化趋势曲线（工作电压为-0.70V，电解液中加入不同浓度的苯酚，并调整溶液的 pH 均为 6.6 左右）

4.3.3　AgPd 催化剂提升脱氯性能机制

结合上述实验及密度泛函理论计算研究，电催化脱氯在双金属 AgPd 纳米颗粒上的反应机理如图 4.61 所示，详细的脱氯反应方程见表 4.5。如图 4.61(a)所示，在 C-AgPd 工作电极上，脱氯反应由 2,4-DCP 和 H_2O 分子在纳米颗粒表面吸附而引发，然后 C—Cl 键的活化和原子态吸附氢生成，再是碳氯键的断裂和加氢过程，最后是苯酚的脱附。在这个过程中，Ag 发挥了两个重要的作用：①Ag 的加入引发晶格膨胀使 Pd 的 d 带中心向上移动，增强了对原子态吸附氢的吸附；②Ag 的存在削弱了苯酚(主要脱氯产物)对纳米颗粒的整体吸附，有利于苯酚从催化剂表面脱附。苯酚从纳米颗粒表面的脱附可使催化活性位点再生，这是保持催化剂表面高效脱氯必不可少的环节。然而，如图 4.61(b)所示，根据分析可知，过高的 Ag 原子含量会阻碍 2,4-DCP 在催化剂表面的吸附，这对脱氯反应是不利的。因此，必须控制 Ag 原子含量在合适的范围内。

表 4.5　Pd 基催化剂的电催化脱氯反应方程式

阴极反应	阳极反应
$RCl+Pd \longrightarrow Pd—RCl$	
$Pd+H_2O \longrightarrow Pd—H_2O$	
$Pd—H_2O+e^- \longrightarrow Pd—H^*+OH^-$	$2H_2O \longrightarrow O_2+4e^-+4H^+$
$Pd—H^*+Pd—RCl+e^- \longrightarrow Pd—R+Cl^-$	
$Pd—R \longrightarrow Pd+R$	

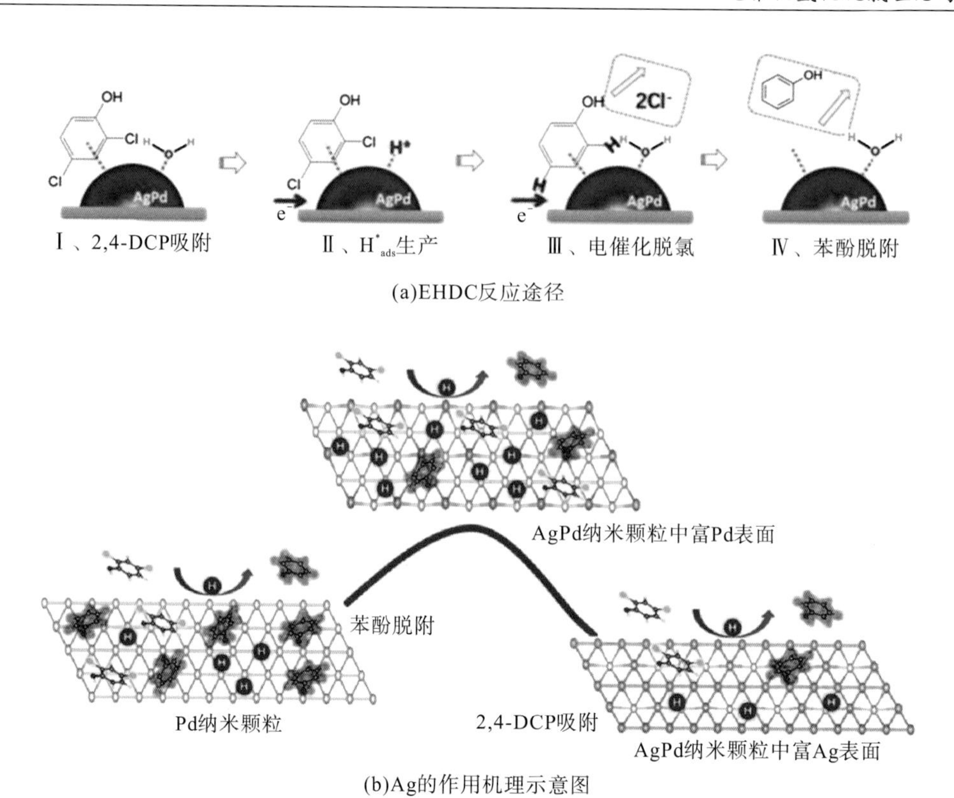

(a)EHDC反应途径

(b)Ag的作用机理示意图

图 4.61 在 AgPd 双金属纳米颗粒上 2,4-DCP 的 EHDC 反应途径及 Ag 的作用机理示意图

4.4 三维多孔结构强化扩散传质

相比于化学法和生物法脱氯，电催化氢化脱氯技术因其高效、绿色、反应条件温和及二次污染风险低等优势，正成为一种新兴的脱氯技术，备受研究学者青睐[136,137]。在电催化氢化脱氯反应中，通过在阴极原位电解水生成大量活性 H^*物种，攻击和裂解碳卤键，最终将卤代有机物转化为非卤化物以及卤原子[138,139]。贵金属 Pd 因其较低的析氢过电位以及对 H^*具有优异的储氢能力，是目前以间接还原机理为主的脱氯技术中最常用的催化剂[139,140]。然而，鉴于 Pd 地球储量稀少，价格高昂，且 Pd 在脱氯反应中存在利用率较低的问题，因此在 Pd 基催化剂中引入合适的助催化剂对 Pd 基催化剂进行改性，以提高其利用率，降低 Pd 使用量。

锰氧化物因具有成本低、环境友好、自然界中储量丰富，且电学性能优异，在超级电容器领域具有广泛的应用前景[140,141]。事实上，尽管已有文献报道 Pd/MnO_2 催化剂在氧化还原反应、甲醇电氧化反应等领域中的应用[142,143]，但该催化剂在电催化氢化脱氯领域鲜有研究报道。本节拟设计制备一种高效的 Pd/MnO_2-Ni 泡沫电极，用于还原 2,4-DCP 的电催化氢化脱氯反应。物理表征证明，Pd/MnO_2-Ni 泡沫电极中 MnO_2 为具有较大表面积的纳米薄片阵列，Pd 纳米颗粒的尺寸较小且均一，能够均匀分散在 MnO_2 薄片上。以 Pd/Ni 泡沫电极为对比，以 Pd/MnO_2-Ni 泡沫电极为目标催化剂，研究其对水体中 2,4-DCP 的电催化氢化脱氯性能，同时将其与文献中已报道的电极性能进行对比。重点研究引入 MnO_2 改性后的 Pd/Ni 泡沫电极能否提高电极的催化活性和电流效率。结合液相色谱和气相色谱-质谱联用仪表征，分析脱氯反应的产物以及反应路径，同时通过 MTT 法评估脱氯反应后各产物的生物毒性，搭建连续流装置测试电极在实际应用情况下的脱氯活性、选择性和稳定性。采用循环伏安法、线性扫描伏安法等原位电化学表征手段，考察各电极上实时产生 H^* 的情况，结合 XPS、H_2-TPR（temperatare programmed redaction，程序升温还原）观察电极表面氢溢流效应。最后分析引入 MnO_2 对电极活性提升的机理以及 Pd/MnO_2-Ni 泡沫电极在电催化脱氯反应中的反应机理。

4.4.1 Pd/MnO_2-Ni 泡沫电极的制备及理化性质表征

Pd/Ni 泡沫电极的制备：将泡沫镍电极充分浸入均匀分散钯离子的水溶液中，施加一定的电压，通过电化学还原法使 Pd NPs 均匀生长在泡沫镍表面。

Pd/MnO_2-Ni 泡沫电极的制备：如图 4.62 所示，首先，通过水热反应在泡沫镍骨架上生长 MnO_2 纳米片阵列；其次，将制备的 MnO_2-Ni 泡沫电极进行电还原反应，在还原性电流的作用下，部分四价锰离子被还原为低价态锰离子，并在 MnO_2 纳米薄片上形成氧空位[144,145]；最后将上述 MnO_2-Ni 泡沫电极迅速浸入含钯离子的水溶液中，在氧空位上多余的电子的作用下，捕获钯离子，并将其还原为金属 Pd，从而在 MnO_2 纳米片上均匀生成 Pd NPs。上述方法是在泡沫镍骨架上直接生长 MnO_2 阵列，并在其表面原位沉积 Pd NPs，有利于强化 Pd、MnO_2 和泡沫镍三者之间的电子相互作用，形成牢固的附着力，有效避免电催化脱氯反应中可能存在的催化剂的脱落问题，加速电催化反应中的电子转移速率。

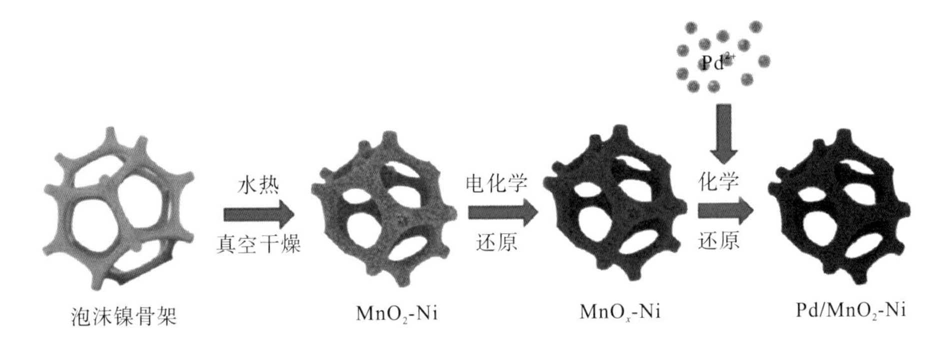

图 4.62 Pd/MnO_2-Ni 泡沫电极的制备示意图

首先，通过调整水热法制备 MnO_2-Ni 泡沫电极时 $KMnO_4$ 的用量（分别添加 1.2mmol、1.5mmol、3.0mmol），研究不同 $KMnO_4$ 添加量对 Pd/MnO_2-Ni 泡沫电极中 MnO_2 纳米阵列的形貌和尺寸的影响。为排除其他影响，在完全相同的条件下制备三种不同 $KMnO_4$ 添加量的电极。如图 4.63 所示，用 SEM 测试对所制备的电极进行形貌表征。可以看出随着 $KMnO_4$ 添加量的改变，泡沫镍的骨架上出现了由锰氧化物纳米片构成的小球，且小球的数量呈先减少后增加的趋势。同时，锰氧化物纳米片的厚度也随着 $KMnO_4$ 添加量的增加而增加。综合考虑以上结果，后续实验中 $KMnO_4$ 的用量皆为 1.5mmol。

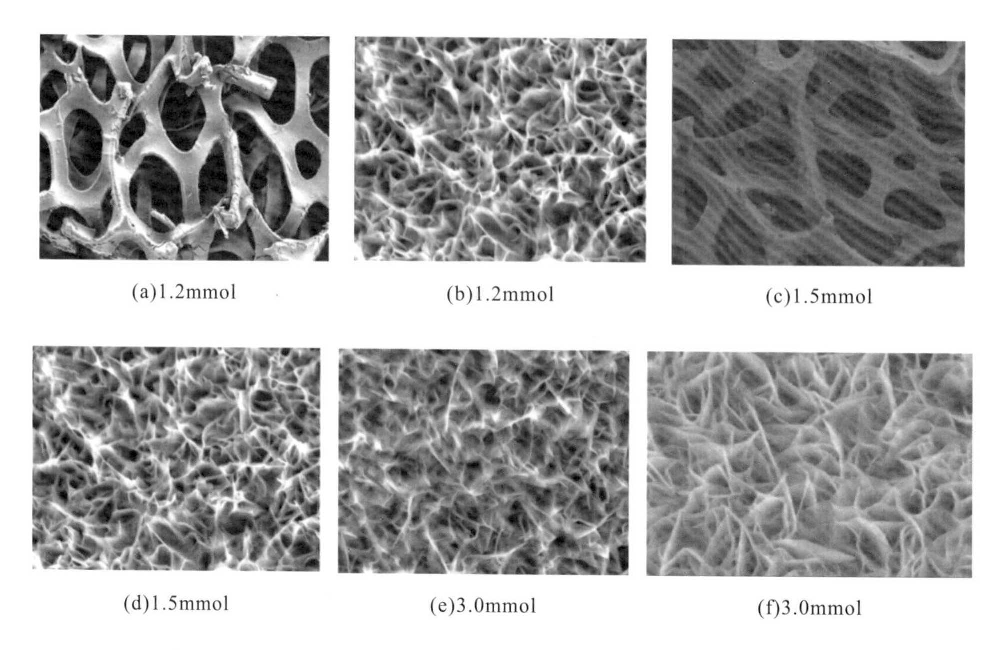

(a)1.2mmol (b)1.2mmol (c)1.5mmol

(d)1.5mmol (e)3.0mmol (f)3.0mmol

图 4.63 不同 $KMnO_4$ 添加量制备的 MnO_2-Ni 泡沫电极的 SEM 图

图 4.64 是通过 SEM 对未经处理的泡沫镍电极、生长 MnO_2 纳米阵列后的 MnO_2-Ni 泡沫电极以及 Pd/MnO_2-Ni 泡沫电极进行表征。如图 4.64(a)所示，未经处理的泡沫镍电极具有自支撑三维多孔结构，其骨架表面洁净、光滑。在其表面生长 MnO_2 纳米阵列后，骨架表面的粗糙度明显增加。如图 4.64(b)所示，MnO_2-Ni 纳米薄片具有交错的波浪形丝状结构，同时也是具有较大表面积的分层多孔结构。Pd/MnO_2-Ni 泡沫电极的 SEM 图如图 4.64(c)所示，生长 Pd NPs 后 Pd/MnO_2-Ni 泡沫电极的表面更加均匀致密，具有多孔结构，MnO_2 纳米薄片的厚度和粗糙度均增加。进一步放大观察 Pd/MnO_2-Ni 泡沫电极[图 4.64(d)]发现，小尺寸的 Pd NPs 均匀分散在 MnO_2 纳米片上，同时具有 MnO_2 纳米阵列的多孔结构。通过元素扫描谱图[图 4.64(e)]以及能谱图[图 4.64(f)]发现，Pd/MnO_2-Ni 泡沫电极的结构明显分层，表明 Pd 均匀沉积在 MnO_2 纳米片的表面。图 4.64(e)为 Ni、Mn、O 和 Pd 的元素映射情况，从中可看出，MnO_2 纳米阵列覆盖了大部分的泡沫镍骨架，Pd NPs 主要生长在 MnO_2 纳米片上，少量的 Pd NPs 直接生长在泡沫镍骨架上。图 4.64(f)也证实 Ni、Mn、O 和 Pd 元素的存在。直接在 Ni 泡沫上沉积 Pd NPs，形成的 Pd/Ni 泡沫电极的 SEM 图如图 4.64(g)所示。研究发现，将 Pd 直接沉积在泡沫镍骨架上会形成尺寸不规则且易团聚的 Pd 微粒，其平均尺寸为 2～4μm。

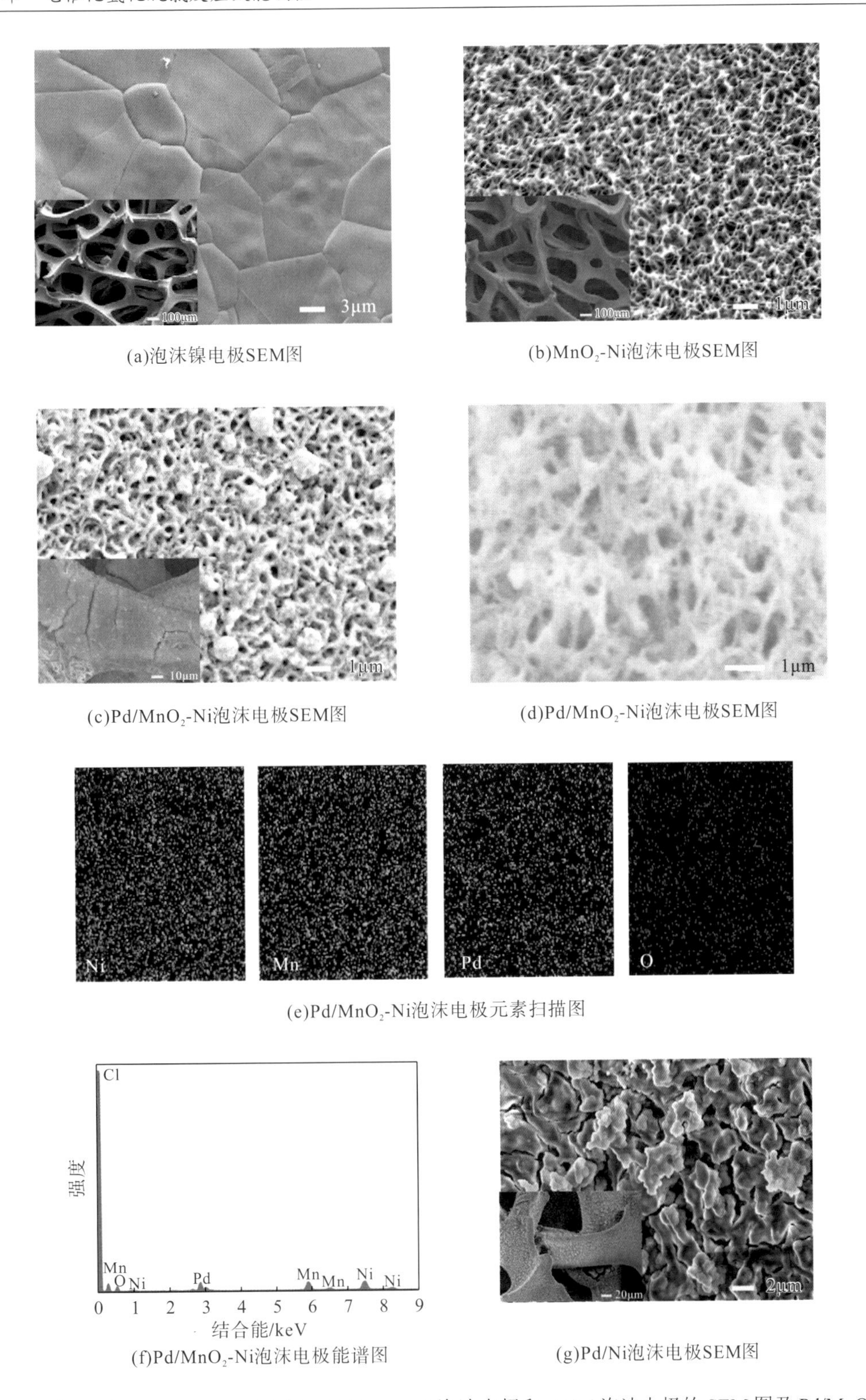

图4.64 泡沫镍、MnO_2-Ni泡沫电极、Pd/MnO_2-Ni泡沫电极和Pd/Ni泡沫电极的SEM图及Pd/MnO_2-Ni泡沫电极的元素扫描谱图和能谱图

在超声辅助下，将 Pd/MnO_2-Ni 泡沫电极剥离后获得 Pd/MnO_2 复合材料进行 TEM 表征。如图 4.65(a)所示，Pd NPs 是平均粒径约为 3.5 nm 的球形颗粒，并均匀分布在 MnO_2 纳米片上。由图 4.65(b)发现，Pd NPs 的晶格条纹清晰，晶格间距约为 0.23nm，对应于金属 Pd 的(111)晶面。

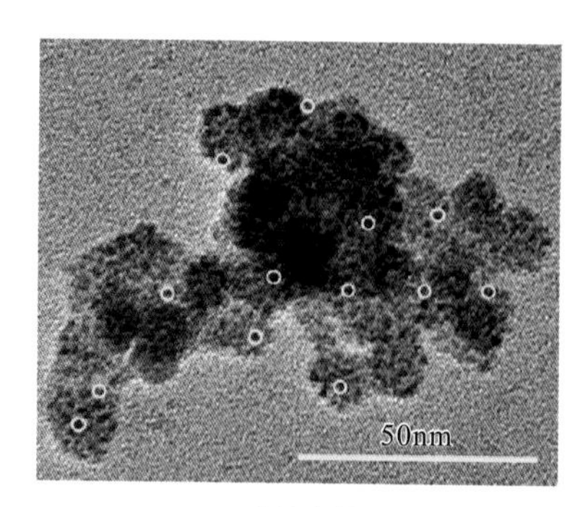

(a)透射电镜图

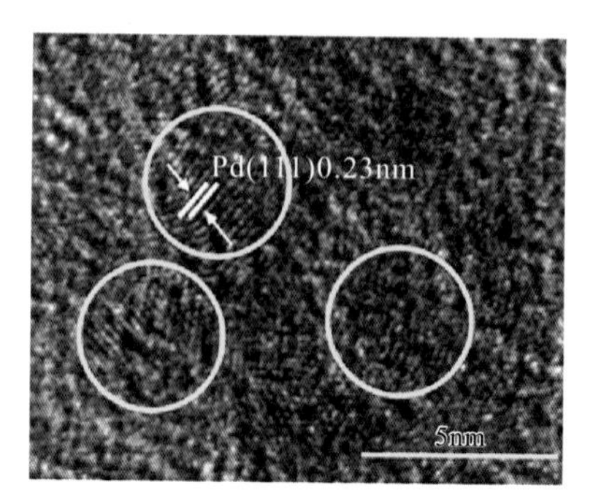

(b)高分辨透射电镜图

图 4.65 Pd/MnO_2-Ni 泡沫电极剥离得到的 Pd NPs 的透射电镜图及高分辨透射电镜图

通过 ICP 测试得出 Pd/MnO_2-Ni 泡沫电极和 Pd/Ni 泡沫电极上 Pd 的实际负载量分别为 3.70mg($0.205mg \cdot cm^{-2}$)和 9.72mg($1.08mg \cdot cm^{-2}$)，上述结果也表明本实验方法能够有效改善 Pd 纳米颗粒在电极上的分散，从而提高其质量活性，最终提高 Pd 的利用率。

PS 常用于分析材料表面的元素组成、含量及价态等信息，本研究拟通过 XPS 来分析 Pd/MnO_2-Ni 泡沫电极表面的元素组成及化学性质。电催化氢化脱氯反应在−0.85V 电位下进行，由于长时间在负电位下运行，电极表面原子的电子状态会受到影响。因此，对电催化反应前后的 Pd/MnO_2-Ni 泡沫电极上 MN 2p 轨道和 Pd 3d 轨道的 XPS 数据进行分析。

反应前、后的 Pd/MnO_2-Ni 泡沫电极的 XPS 谱图如图 4.66 所示。图 4.66(a)显示了 Pd/MnO_2-Ni 泡沫电极的 Mn 2p 轨道，其在 642.15eV 和 653.60eV 处共出现了两个结合峰，分别对应 MnO_2 中 Mn^{4+} 2p 轨道分裂的 $2p_{3/2}$ 和 $2p_{1/2}$ 峰[146]。642.15eV 和 653.60eV 处的两个结合峰在反应前、后均存在，且结合能基本未发生偏移。同时，脱氯反应后的 XPS 谱图中并未出现其他价态的 Mn 特征峰，表明 Mn 元素的化合价在反应过程中可能会在+4 价及更低的化合价间存在波动，但 MnO_2 相整体趋于稳定。通过对 Pd 的 3d 轨道分峰拟合后发现，反应前后的 Pd/MnO_2-Ni 电极均存在两对特征峰[图 4.66(b)]，其主要特征峰位于 335.37eV 和 340.68eV 处，分别对应 0 价金属钯的 Pd^0 $3d_{5/2}$ 与 Pd^0 $3d_{3/2}$，而 337.05eV 和 342.41eV 处的特征峰则对应+2 价钯离子的 $3d_{5/2}$ 与 $3d_{3/2}$ 特征峰[52]。然而针对反应前电极中存在 Pd^{2+} 的问题，可能是生成氧空位的过程中对 Pd^{2+} 的还原能力不足、形成的 Pd NPs 尺寸过小且合成过程中未添加稳定剂等原因，导致催化剂电极在干燥过程中，表面暴露在空气中的少许 Pd NPs 被氧化所致。Pd/MnO_2-Ni 电极中的 Pd 元素以 Pd^0 和 Pd^{2+} 两种形式共存，但根据 Pd^0 和 Pd^{2+} 在 Na_2SO_4 溶液中的氧化还原电位分析，在−0.85V 还原电位下，+2 价钯离子会在负电流作用下完全还原为 0 价态的金属钯[147]。因此，电极中存在的+2 价钯离子可能是由电极表面的 Pd NPs 接触空气被氧化所致。此外，XPS 的测试深度为 10nm 左右，随着测试深度的增加，响应值却急剧减小，因此我们推测在电催化氢化脱氯反应中 0 价态的金属钯仍然是活性位点。

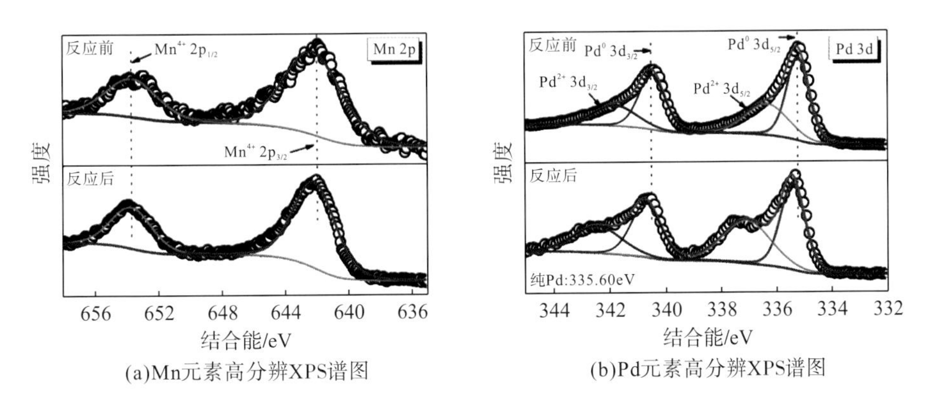

图 4.66　反应前后 Pd/MnO_2-Ni 泡沫电极 Mn 2p 和 Pd 3d 的高分辨 XPS 谱图

另一方面，引入 MnO_2 前、后 Pd 元素的电子结构分析结果如图 4.67 所示。与 Pd/Ni 泡沫电极相比，Pd/MnO_2-Ni 泡沫电极中 Pd $3d_{5/2}$ 和 Pd $3d_{3/2}$ 的特征峰均向低结合能方向负移 0.45eV，说明 MnO_2 的引入能够使电子向 Pd 传递，表明 Pd 与 MnO_2 间存在强相互作用。

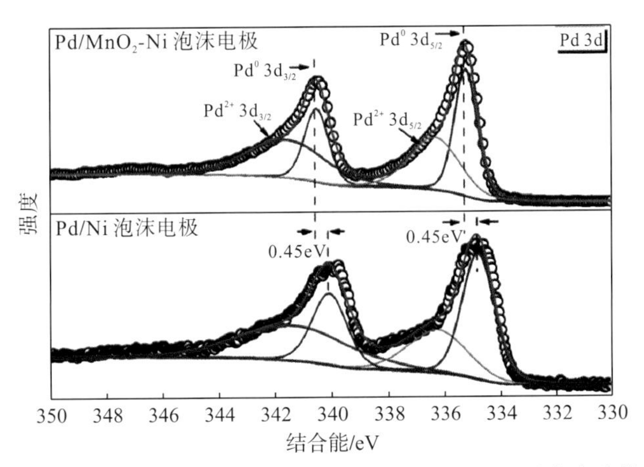

图 4.67　Pd/MnO_2-Ni 泡沫电极和 Pd/Ni 泡沫电极中 Pd 3d 轨道的高分辨 XPS 谱图

4.4.2　Pd/MnO_2-Ni 泡沫电极脱氯性能评价

1）不同电极脱氯性能对比

在确定电极的基本形貌尺寸和结构信息后，使用恒电位法对其进行电催化氢化脱氯实验，进而评估其性能。图 4.68 是 Ni 泡沫电极、Pd/Ni 泡沫电极、MnO_2-Ni 泡沫电极、Pd/MnO_2-Ni 泡沫电极等 4 种电极，在基础条件（温度=25℃，初始 pH=6.8，恒电位=−0.85V，$[2,4\text{-DCP}]_0$=50mg·L^{-1}，$[Na_2SO_4]$=50mmol·L^{-1}，反应时间=240min）下的脱氯性能数据。从 2,4-DCP 的浓度随时间变化趋势发现，经过 240min 的恒电位还原后，Ni 泡沫电极、MnO_2-Ni 泡沫电极对 2,4-DCP 的去除率仅为 2%和 6%，而 Pd/Ni 泡沫电极、Pd/MnO_2-Ni 泡沫电极则表现出较高的去除率，上述结果表明 Pd 是脱氯反应唯一的活性位点。研究发现，当脱氯反应进行至 150min 时，Pd/MnO_2-Ni 泡沫电极对 2,4-DCP 的脱氯效率达到 100%，而在相同条件下，Pd/Ni 泡沫电极的脱氯效率仅有 63%，这表明引入 MnO_2 纳米薄片阵列的引入不仅能减少 Pd 的负载量，还能显著提升催化剂电催化氢化脱氯性能。

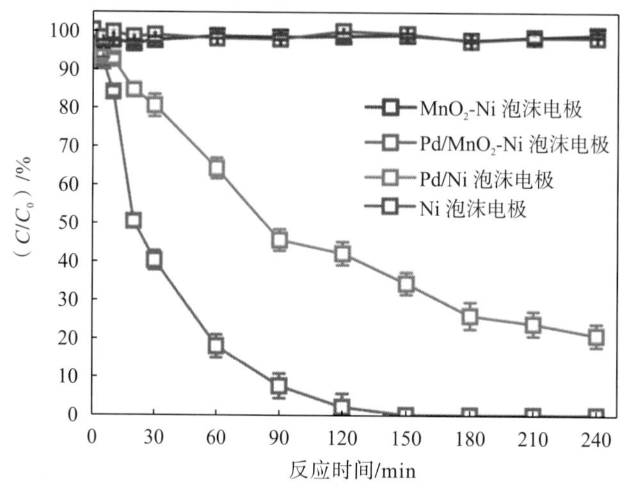

图 4.68 Ni 泡沫电极、Pd/Ni 泡沫电极、MnO_2-Ni 泡沫电极、Pd/MnO_2-Ni 泡沫电极对 2,4-DCP 的去除率

图 4.68 仅给出了电解液中 2,4-DCP 的浓度随反应时间增加的变化规律。为排除 2,4-DCP 的吸附行为对电催化过程可能造成的干扰，本书进行了静态吸附实验。在不通电的情况下，将 Pd/MnO_2-Ni 泡沫电极和 Pd/Ni 泡沫电极浸入与脱氯反应条件相同的电解液中(条件包括温度、污染物浓度、溶液 pH 等相同的电解液中)。如图 4.69 所示，在 240 min 的吸附周期内，经 Pd/MnO_2-Ni 泡沫电极和 Pd/Ni 泡沫电极吸附 2,4-DCP 后的溶液中 2,4-DCP 的浓度均未出现明显变化。因此，本方法制备的 Pd/MnO_2-Ni 泡沫电极在无电流的情况下对 2,4-DCP 基本不存在吸附。而在施加电流后，电极与 2,4-DCP 的吸附行为可通过理论公式进行推算。其中，2,4-DCP 的 pK_a=7.8，根据 pH=pK_a+lg([A^-]/[HA])，电解液初始 pH=6.8，则溶液中 2,4-DCP 电解后约为总 2,4-DCP 的 10%。随着脱氯反应进行至 30min 时，电解液的 pH 急剧增加至 11.8 左右，此时电解液中 95%以上的 2,4-DCP 均以电离状态存在。此时，位于阴极上的 Pd/MnO_2-Ni 泡沫电极与 2,4-DCP 酸根离子间存在静电斥力，致使 2,4-DCP 的吸附能力会远远低于未通电情况下。因此，脱氯性能的提升可归功于 2,4-DCP 的快速去除而非电极表面的吸附。

通常，电催化氢化脱氯反应的动力学方程符合伪一级动力学方程。通过对 Pd/Ni 泡沫电极、Pd/MnO_2-Ni 泡沫电极的脱氯数据进行动力学拟合发现，Pd/Ni 泡沫电极和 Pd/MnO_2-Ni 泡沫电极上发生的脱氯反应均符合伪一级动力学方程(图 4.70)。同时，Pd/MnO_2-Ni 泡沫电极上的表观速率常数($0.883min^{-1}\cdot mmol_{Pd}^{-1}$)约是 Pd/Ni 泡沫电极表观速率常数($0.081min^{-1} \cdot mmol_{Pd}^{-1}$)的 10 倍。如表 4.6 所示，通过与已有的文献报道的催化剂进行对比，可以看到，在相近的工作环境中，Pd/MnO_2-Ni 泡沫电极表现出优于其他文献所报道的催化剂的性能。

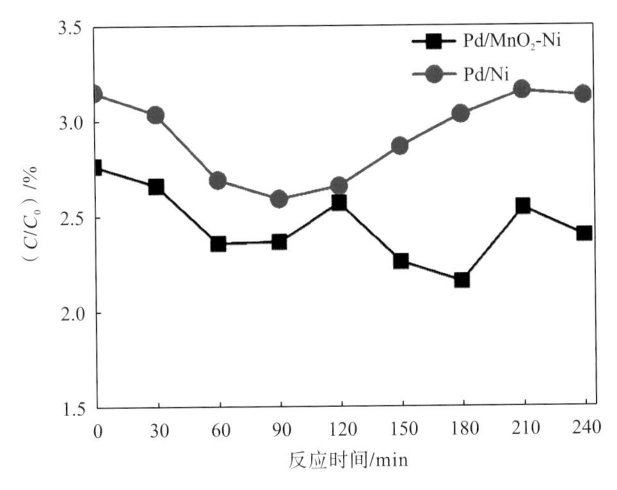

图 4.69　Pd/MnO_2-Ni 泡沫电极、Pd/Ni 泡沫电极对 2,4-DCP 的静态吸附

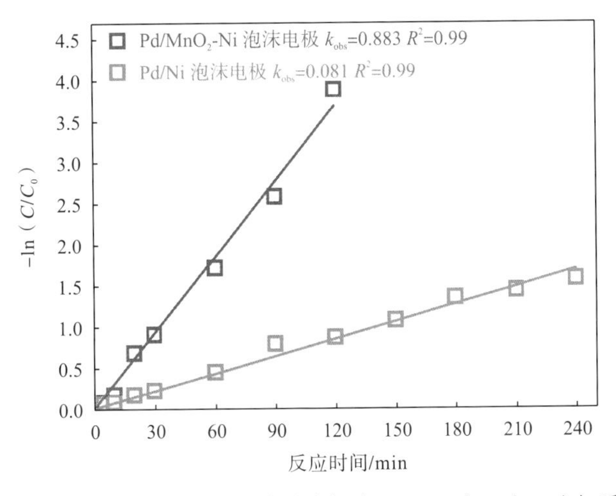

图 4.70　Pd/Ni 泡沫电极、Pd/MnO_2-Ni 泡沫电极在−0.85V 时−ln(C/C_0)与反应时间的关系

表 4.6　Pd/MnO_2-Ni 泡沫电极与已知文献中催化剂质量活性比较

编号	电极	污染物	实验条件	质量活性 /$min^{-1} \cdot mmol_{Pd}^{-1}$	参考文献
1	Pd NWs	2,4-dichlorophenol ($0.31mmol \cdot L^{-1}$)	−0.95V；$50mmol \cdot L^{-1}$ Na_2SO_4；298.15K；pH=7	0.541	[116]
2	Ni/Pd-foam	*p*-chloronitrobenzene ($0.16mmol \cdot L^{-1}$)	$10mA \cdot cm^{-2}$；$50mmol \cdot L^{-1}$ Na_2SO_4；298.15K；pH=7	0.097	[148]
3	TiC-Pd/Ni-foam	2,4-dichlorobenzoic acid ($0.20mmol \cdot L^{-1}$)	−0.80V；$10mmol \cdot L^{-1}$ Na_2SO_4；289.3K；pH=4.0	0.16	[23]
4	nTiN doped Pd /Ni-foam	2,4-dichlorophenoxyacetic acid ($0.23mmol \cdot L^{-1}$)	$1.67mA \cdot cm^{-2}$；$10mmol \cdot L^{-1}$ Na_2SO_4；298.15K；pH=7	0.791	[46]

续表

编号	电极	污染物	实验条件	质量活性 /min^{-1} • $mmol_{Pd}^{-1}$	参考文献
5	Pd/MnO_2/Ni-foam	2,4-dichlorobenzoic acid (0.2mmol • L^{-1})	1.67mA • cm^{-2}；10mmol • L^{-1} Na_2SO_4；303.15K；pH=4	0.301	[21]
6	Pd/C	2,4-dichlorophenol (0.31mmol • L^{-1})	−0.85V；50mmol • L^{-1} Na_2SO_4；298.15K；pH=7.0	0.16	[110]
7	Pd/$PPY_{(PTS)}$/Ni-foam	2,4-dichlorophenols (0.5mmol • L^{-1})	1.67mA • cm^{-2}；50mmol • L^{-1} Na_2SO_4；313.15K；pH=7	0.201	[149]
8	Pd/Ni-foam	2-chlorobiphenyl (0.05mmol • L^{-1})	1 mA • cm^{-2}；500mmol • L^{-1} NaOH；293K；pH=7	0.499	[150]
9	Pd/MWCNTs	2,4-dichlorobenzoic acid (0.17mmol • L^{-1})	1.67mA • cm^{-2}；10mmol • L^{-1} Na_2SO_4；303.15K；pH=7	0.221	[151]
10	Pd/TiN	2,4-dichlorophenol (0.31mmol • L^{-1})	−0.80V；50mmol • L^{-1} Na_2SO_4；298.15K；pH=6.8	0.506	[152]
11	NiPd/SDBS-C	2,4-dichlorophenol (0.62mmol • L^{-1})	3.75mA • cm^{-2}；50mmol • L^{-1} Na_2SO_4；298.15K；pH=7	0.340	[153]
12	Pd/MnO_2-Ni-foam	2,4-dichlorophenol (0.31mmol • L^{-1})	−0.85V 50mmol • L^{-1} Na_2SO_4；298.15K；pH=6.8	0.883	本书研究

2) Pd/MnO_2-Ni 泡沫电极的稳定性评价

催化剂优劣除考虑催化活性外，还应考虑其他影响因素。电极的可重复使用能力就是评价电极稳定性的重要指标。通过对同一电极进行重复的 5 次脱氯反应(在间歇式反应中，每次脱氯反应完成时需更换电解液和污染物，保证每次反应条件相同)，来评价 Pd/MnO_2-Ni 泡沫电极的耐久性。结果如图 4.71 所示，在经过 5 次循环反应后，Pd/MnO_2-Ni 泡沫电极依然保持着优异的脱氯性能(其脱氯活性始终保持在 95%±2%)，且 Pd/MnO_2-Ni 泡沫电极的电流效率基本未发生改变，仍保持在 20%以上。

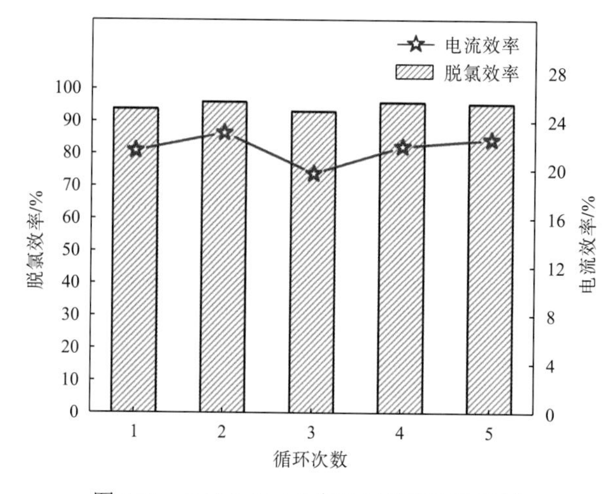

图 4.71 Pd/MnO_2-Ni 泡沫电极稳定性测试

如表 4.7 所示，对上述每次循环反应后的电解液进行 ICP 检测，在电解液中均未发现镍、锰、钯元素的存在，表明 Pd/MnO_2-Ni 泡沫电极具有优异的化学稳定性和耐久性。Pd/MnO_2-Ni 泡沫电极优异的稳定性可归功于电极处在具有抗腐蚀性的工作环境下(−0.85V 电位下，电催化氢化脱氯反应的电解液为碱性，且电极各组分之间具有强相互作用(镍、二氧化锰和钯之间)。通过 SEM 对反应后的电极进行观察(如图 4.72 所示)，稳定性测试后的电极的结构出现部分坍塌，其中负载 Pd 的 MnO_2 纳米薄片变厚，可能是由电极上的钯催化剂在反复脱氯反应后重新排布或团聚导致的[3]。

表 4.7　EHDC 反应中溶液浸出 Ni、Mn、Pd 元素浓度

循环次数	溶液中 Pd、Ni 和 Mn 的浓度
1	低于 ICP 检出限
2	低于 ICP 检出限
3	低于 ICP 检出限
4	低于 ICP 检出限
5	低于 ICP 检出限

注：Pd、Ni、Mn 的 ICP 检出限分别为 $10\mu g \cdot L^{-1}$、$3\mu g \cdot L^{-1}$ 和 $2\mu g \cdot L^{-1}$。

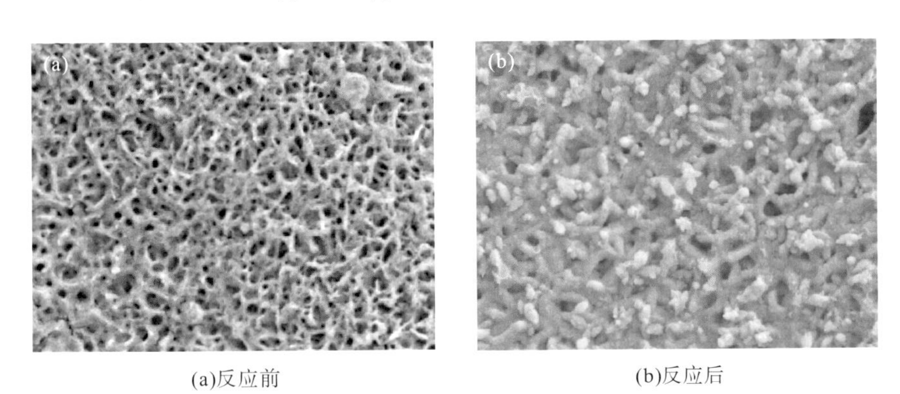

(a)反应前　　(b)反应后

图 4.72　Pd/MnO_2-Ni 泡沫电极 EHDC 反应前后 SEM 图

3) 电极电流效率的研究

众所周知，析氢反应是阴极上不可避免的副反应，该反应会与电催化氢化脱氯反应竞争活性 H^*物种，同时消耗大量电子，对 EHDC 反应产生负作用。在电催化氢化脱氯反应中，电流效率通常用于反映电催化氢化脱氯反应与析氢反应的竞争关系，电流效率的大小用于表示催化剂表面活性 H^*物种的数量占比。如图 4.73 所示，Pd/MnO_2-Ni 泡沫电极和 Pd/Ni 泡沫电极在电催化氢化脱氯反应中，电流效率均呈现先增大后减小的火山型曲线，并在 60min 左右处达到最大峰值。由于催化剂表面 H^*物种的生成量随脱氯反应的进行而增大，同时电解液中 2,4-DCP 污染物浓度较高时，与 H^*碰撞反应的概率会增加，从而导致电流效率升高。当电流效率达到峰值后逐渐下降则有两个方面的原因：首先，随着脱氯反应的进行，电解液中 2,4-DCP 的浓度在急剧下降；其次，电离后的 2,4-DCP

表面带负电，与阴极存在排斥作用[36]，故此引起催化剂表面污染物覆盖量的急剧下降，从而导致电流效率下降。

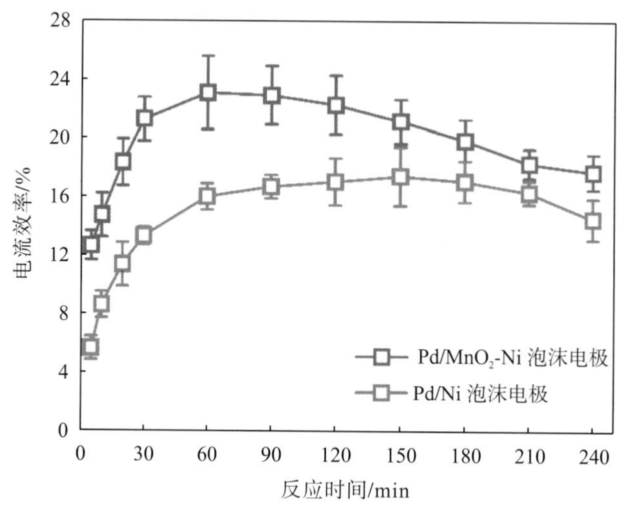

图 4.73 Pd/Ni 泡沫电极、Pd/MnO_2-Ni 泡沫电极电流效率对比

从图 4.73 中可知，Pd/MnO_2-Ni 泡沫电极在整个脱氯反应过程中的电流效率均明显大于 Pd/Ni 泡沫电极，这表明在 Pd/MnO_2-Ni 泡沫电极上具有更多的反应活性位点使 2,4-DCP 与 H^*发生加氢脱氯反应。尽管 Pd/MnO_2-Ni 泡沫电极能够提供更多参加反应的活性位点使其电流效率高于 Pd/Ni 泡沫电极，但两种电极的峰值电流效率依旧不高。以上结果表明，在反应过程中电极所产生的 H^*物种对于电催化氢化脱氯反应来说过量的，只有少部分的吸附 H^*被电催化氢化脱氯反应利用，大部分原子态吸附 H^*则通过析氢副反应产生了 H_2。此外，两种电极上的电流效率较低，可能是由于反应中 2,4-DCP 的浓度较低，使其在催化剂表面的覆盖率较低，因此降低了活性 H^*物种与 2,4-DCP 碰撞发生反应的概率。

4.4.3 Pd/MnO_2-Ni 泡沫电极提升脱氯性能机理

1) MnO_2 的引入增加了 EHDC 活性位点

根据以上分析，Pd/MnO_2-Ni 泡沫电极具有优异的脱氯性能首先可归因于在三维多孔泡沫镍骨架上生长 MnO_2 纳米片，使电极具有更大的比表面积，促进 Pd NPs 在 MnO_2 薄片表面的均匀分布，同时有效降低了 Pd NPs 的尺寸。其次，三维多孔的泡沫结构在脱氯反应过程中有利于溶液中反应物和产物的快速传输，促进活性位点的更新，增强反应物与活性位点的接触，从而提升了脱氯效率。图 4.74(a) 中对比了商用 Pd/C 电极、Pd/Ni 泡沫电极以及 Pd/MnO_2-Ni 泡沫电极的循环伏安法曲线。由图可知，商用 Pd/C 电极、Pd/Ni 泡沫电极以及 Pd/MnO_2-Ni 泡沫电极中循环伏安法曲线所对应的面积关系为：Pd/C<Pd/Ni 泡沫电极<Pd/MnO_2-Ni 泡沫电极，表明各电极所对应的电容变化关系为 Pd/C<Pd/Ni 泡沫

电极<Pd/MnO_2-Ni 泡沫电极，显然各电极上的电化学活性比表面积逐渐增加，其中 Pd/MnO_2-Ni 泡沫电极具有最大的电化学活性比表面积。通过对比 Pd/MnO_2-Ni 泡沫电极与 Pd/Ni 泡沫电极在脱氯反应中工作电流的大小(归一到单位质量 Pd)发现，如图 4.74(b)所示，在整个脱氯反应过程中，Pd/MnO_2-Ni 泡沫电极的工作电流均大于 Pd/Ni 泡沫电极的工作电流。以上结果表明，Pd/MnO_2-Ni 泡沫电极上暴露的 Pd NPs 活性位点更多，且 Pd 分散性更佳，在大量活性位点的协同作用下，Pd/MnO_2-Ni 泡沫电极上有更多的 H^*参与脱氯反应。

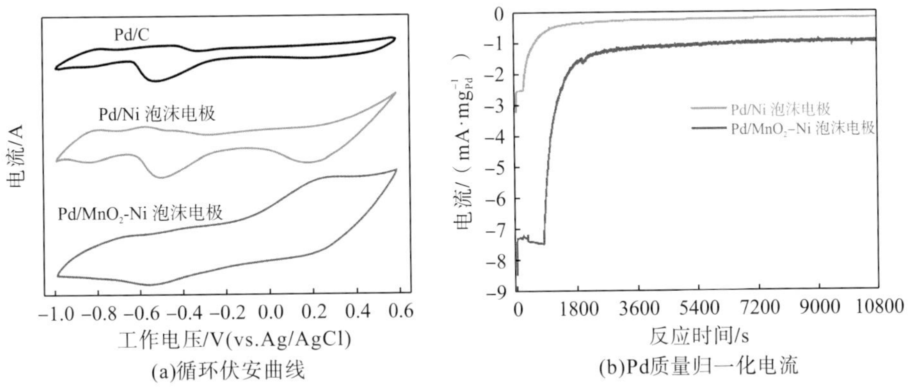

图 4.74　Pd-C、Pd-Ni 泡沫和 Pd/MnO_2-Ni 泡沫电极的循环伏安法曲线及 Pd-Ni 泡沫和 Pd/MnO_2-Ni 泡沫电极上 EHDC 反应的 Pd 质量归一化电流

2) MnO_2 提升电极产氢性能

通常，在析氢反应中，吸附在阴极上的水分子得到电子后解离产生原子态 H^*，H^*随后吸附在电极表面，最后通过福尔默-海洛夫斯基(Volmer-Heyrovsky)路径或者福尔默-塔费尔(Volmer-Tafel)路径从 H^*转化为 H_2。

$$H_2O + e^- \longleftrightarrow H^* + OH^- \text{(Volmer)} \tag{4-2}$$

$$H_2O + H^* + e^- \longleftrightarrow H_{2(g)} + OH^- \text{(Volmer-Heyrovsky)} \tag{4-3}$$

$$2H^* \longleftrightarrow H_{2(g)} \text{(Volmer-Tafel)} \tag{4-4}$$

研究发现，铂族金属在脱氯反应中通常表现出优异的脱氯活性，主要是由于铂族金属最外层电子的 d 轨道为空轨道，有利于吸附阴极表面产生的 H^*；其次，铂族金属对其表面的 H^*具有适中的吸附强度，既不会因其吸附作用太弱，使 H^*相互耦合生成 H_2 溢出，也不会因为吸附强度太大，使脱氯反应中 H^*难以与氯代有机物发生脱氯反应。然而，最近研究成果发现，铂族金属在 Volmer 步骤中电解水的活性低于锰氧化物或者掺杂锰氧化物的活性[154,155]，所以推测 MnO_2 的引入可提升电极的析氢性能，增加 H^*的生成量，从而提升脱氯效率。为证明该推测，本处对比了 MnO_2-Ni 泡沫电极、Pd/Ni 泡沫电极、Pd/MnO_2-Ni 泡沫电极在−0.2～−1.6V 的负向线性伏安扫描曲线。如图 4.75 所示，MnO_2 的引入使电极的析氢过电位由−0.87V(Pd/Ni 泡沫电极)增加到−0.43V(Pd/MnO_2-Ni 泡沫电极)，表明 MnO_2 的引入使电极更易生成 H^*，增强了析氢活性。

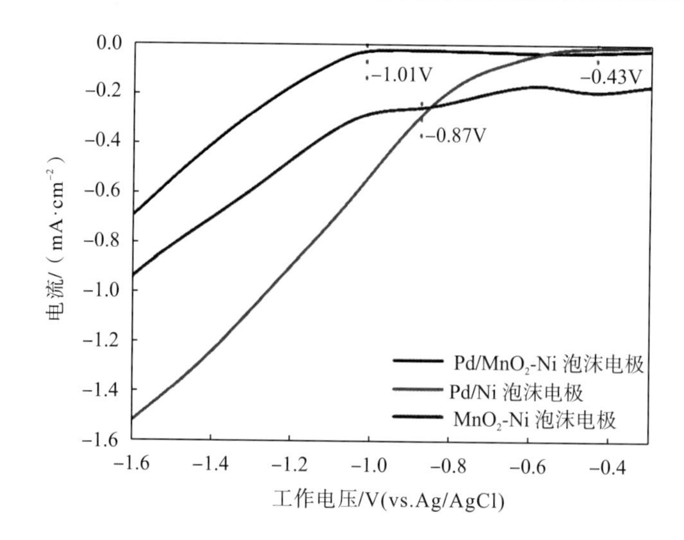

图 4.75 Pd/MnO_2-Ni、Pd/Ni、MnO_2-Ni 泡沫电极的线性伏安法曲线

3)氢溢流作用提升 H^*利用率

研究发现，具有多种混合价态的金属氧化物作为催化剂载体时，在加氢催化反应中往往能够捕获金属 Pd 表面产生的 H^*，并且有助于将 Pd 表面存在的过量 H^*扩散至整个催化剂表面(即氢溢流现象)。因此，后续发生的加氢反应不再局限于 Pd 表面，而是扩展到整个催化剂表面[156-158]。在引入这类金属氧化物作为载体后，发生了明显的氢溢流效应，使脱氯反应的活性位点不只是局限于 Pd NPs 表面，大大提升了 Pd 表面生成的 H^*参与脱氯反应的效率，而不是相互耦合产生 H_2 消耗 H^*。氢溢流效应的产生将有效提升催化剂的脱氯效率和电流效率。

由于 Mn 具有多种化合价，各价态(0，+2，+3，+4，+6 和+7)之间能够通过得到或者失去电子实现相互转化。所以，我们推测 Pd/MnO_2-Ni 泡沫电极上 MnO_2 纳米阵列与氢溢流现象存在一定关系，MnO_2 是将 H^*从 Pd 表面转移到 2,4-DCP 的介质，从而使脱氯反应不局限于 Pd NPs 表面。为证明上述假设，首先对 MnO_2-Ni 泡沫电极及 Pd/MnO_2-Ni 泡沫电极进行 H_2-TPR 分析。如图 4.76(a)所示，MnO_2-Ni 泡沫电极的 H_2-TPR 谱图中显示，在 285.29℃和 514.58℃处出现两个还原峰，分别对应 MnO_2 被还原成 Mn_3O_4，以及进一步被还原为 MnO 的过程[159,160]。而 Pd/MnO_2-Ni 泡沫电极的 H_2-TPR 谱显示，在加入 Pd NPs 之后负移了约 82℃，仅在 203℃出现一个明显的还原峰，说明 MnO_2 能够容纳更多的 H^*。同时，由于发生氢溢流现象，电极表面的氧化物会被 H^*所还原，因此推测脱氯反应发生后，电极表面上的羟基含量增加，为此对比了脱氯反应前、后 Pd/MnO_2-Ni 泡沫电极上的 O 1s XPS 谱图。图 4.76(b)的结果显示，脱氯反应后电极中 Mn—O—Mn(529.85eV)与 Mn—OH(531.86eV)的摩尔比为 0.77，而反应前的 Pd/MnO_2-Ni 泡沫电极中 Mn—O—Mn(529.85eV)与 Mn—OH(531.86eV)的摩尔比为 0.88，上述结果表明电极参与脱氯反应后部分氧化物被还原为氢氧化物[161]。以上结果较好地证明了在 Pd NPs 表面生成的 H^*能够迁移至 MnO_2 表面参与 2,4-DCP 发生的脱氯反应。

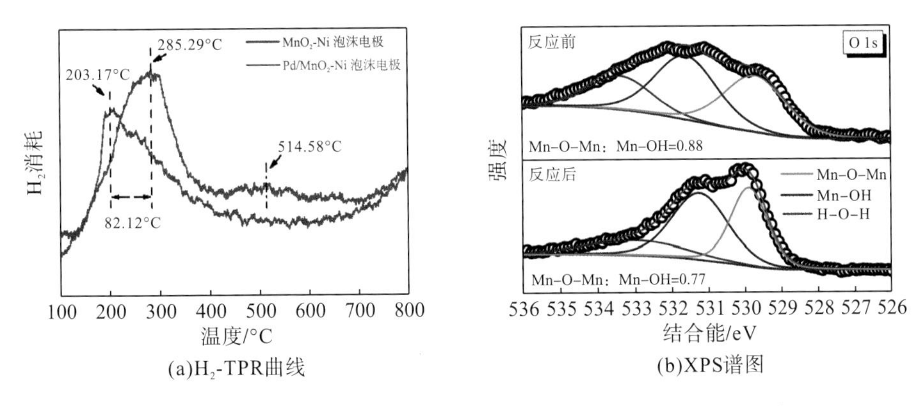

图 4.76　MnO_2-Ni 泡沫电极、Pd/MnO_2-Ni 泡沫电极的 H_2-TPR 曲线及 EHDC 反应前后 Pd/MnO_2-Ni 泡沫电极的高分辨 O 1s XPS 谱图

根据上述研究，引入经过 MnO_2 修饰的 Pd/Ni 泡沫电极上的脱氯反应机理如图 4.77 所示。首先，2,4-DCP 分子和水分子优先吸附在 Pd NPs 表面，并被 Pd 活化生成 H^*；然后，经由 MnO_2 溢流至整个催化剂表面，并与 2,4-DCP 发生加氢脱氯反应形成苯酚；最后，产物苯酚从活性位点及电极表面脱附。一方面，将 Pd NPs 沉积在 MnO_2 纳米薄片阵列上，有效减小了 Pd NPs 的尺寸，改善了 Pd NPs 在电极表面上的分散程度，从而提升 Pd NPs 中 Pd 原子的暴露程度，有效提升脱氯活性 Pd 的质量活性。另一方面，MnO_2 能够很好地 Pd 表面连续产生的 H^*，并将这些 H^*分散至整个电极表面，使整个电极都参与脱氯反应。因此，将脱氯反应的场所扩展到 Pd NPs 以外的区域，降低 Pd 表面吸附 H^*生成 H_2 的概率，从而提升脱氯性能[如图 4.77(b)所示]。在以上两种因素的协同作用下，Pd/MnO_2-Ni 泡沫电极上的脱氯反应性能得到了极大提升。

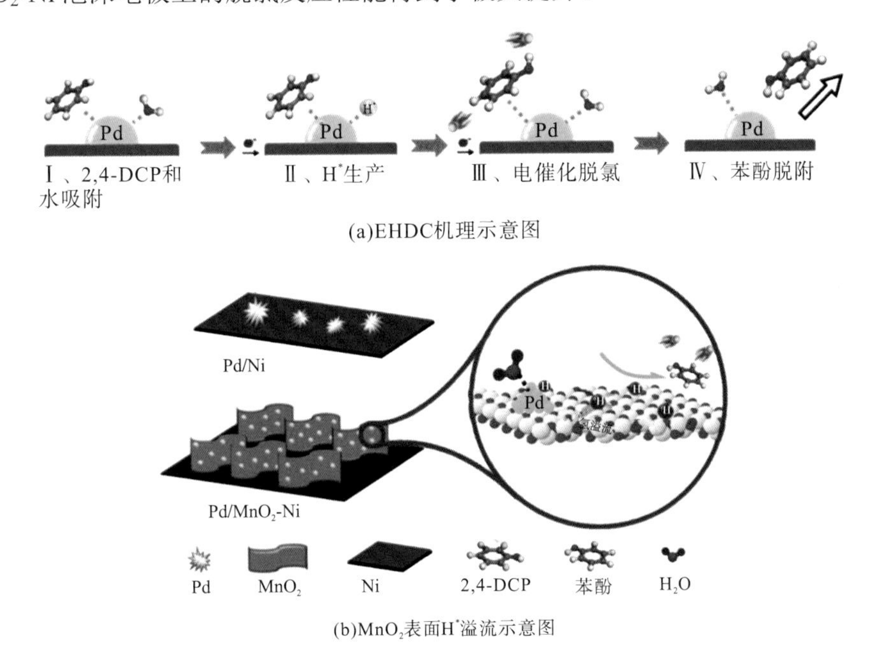

图 4.77　Pd 基催化剂上的 EHDC 机理示意图及 MnO_2 在 H^*溢流中的关键作用

4.4.4 连续流状态下 Pd/MnO_2-Ni 泡沫电极脱氯性能评价

在前期研究中，当使用序批次反应器对电极脱氯性能进行评估，结果显示 Pd/MnO_2-Ni 泡沫电极展现出优异且稳定的脱氯效率及电流效率。为了进一步测试电极在实际应用中的性能，设计了如图 4.78 所示的连续流反应器以评估该电极在实际应用中的可行性。

在进行连续流测试前，通过蠕动泵持续不断地向阴极室通入含有一定浓度的 2,4-DCP（$50mg \cdot L^{-1}$）及 N_2 饱和的硫酸钠溶液，同时向阳极室通入 N_2 饱和的硫酸钠溶液，其中，阴阳两极池中溶液均与间歇式反应中的阴阳两极池中溶液相同。为了评估电极在连续流反应器中的脱氯性能，每隔一定时间收集阴极池出水口的溶液进行测量。为了更为直观地评估溶液流量在连续流反应中的影响，我们对泵速与流量之间的关系进行了拟合，结果如图 4.79 所示。

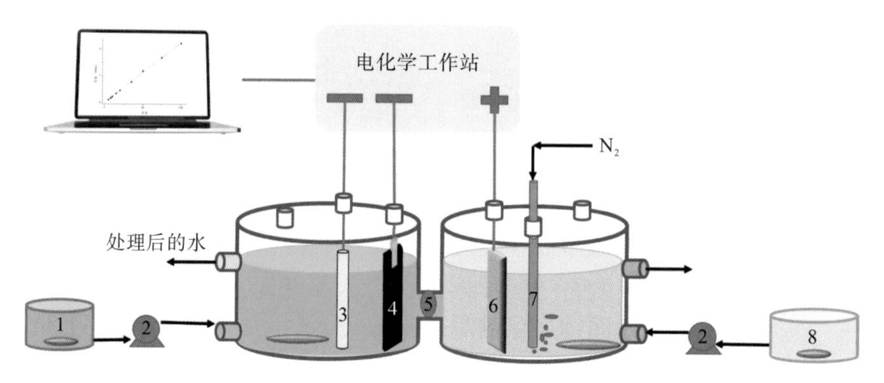

图 4.78 EHDC 连续流反应器示意图

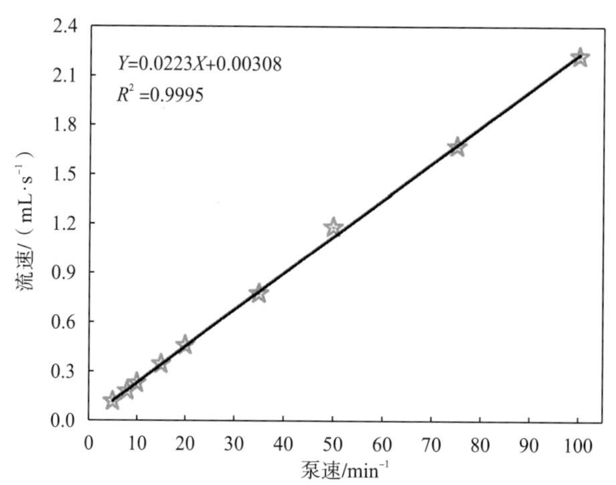

图 4.79 泵速与流量之间的关系

图 4.80 展示了在连续流反应中水力停留时间及工作电压对 Pd/MnO_2-Ni 泡沫电极脱氯性能的影响。如图 4.80(a) 所示，在连续流体系中，水力停留时间长短不会影响 Pd/MnO_2-Ni 泡沫电极对 2,4-DCP 的脱氯性能，但整体的脱氯效果低于间歇式反应。在连续流反应中，Pd/MnO_2-Ni 泡沫电极在前 120min 内的脱氯效率较高；当反应时间超过 120min 后，脱氯效率出现下降，但仍能稳定在一定水平。从结果中发现，水力停留时间对连续流反应中脱氯效率的影响较大，随着水力停留时间由 66.6min 下降至 10.5min，其脱氯效率由 97.8%下降为 71.4%。随着水力停留时间的减少，单位时间内进入反应体系中的 2,4-DCP 量逐渐增加，即单位时间内去除 2,4-DCP 的量随水力停留时间的减少而增加[图 4.80(b)]。这可能是因为当水力停留时间较短时，通过及时补充电极表面被消耗的 2,4-DCP，使电极表面的 2,4-DCP 始终维持在较高浓度。连续流反应中工作电压对脱氯性能的影响如图 4.80(c) 所示，可以看到 Pd/MnO2-Ni 泡沫电极在适当的水力停留时间下(23.8min)，在各工作电压下均表现出较优异的脱氯效果。图 4.80(d) 表明，连续流反应中脱氯效率与工作电压之间存在类似火山型的变化趋势，在工作电压为−0.80V 时具有最高的脱氯效率(75.3%)，这与间歇式反应中得到的结果一致。

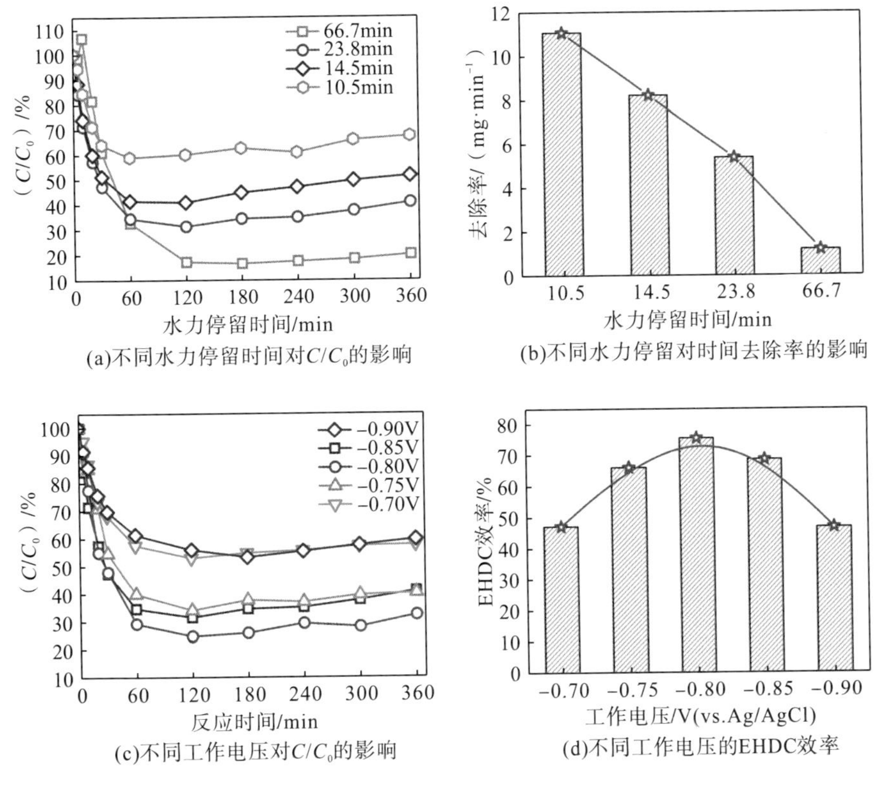

(a)不同水力停留时间对C/C_0的影响

(b)不同水力停留对时间去除率的影响

(c)不同工作电压对C/C_0的影响

(d)不同工作电压的EHDC效率

图 4.80　水力停留时间及工作电压对连续流装置中 Pd/MnO_2-Ni 泡沫电极 EHDC 性能的影响

参 考 文 献

[1] Arellano-Gonzáleza M A, González I, Texier A C. Mineralization of 2-chlorophenol by sequential electrochemical reductive dechlorination and biological processes[J]. Journal of Hazardous Materials, 2016, 314: 181-187.

[2] Song X Z, Shi Q, Wang H, et al. Preparation of Pd-Fe/graphene catalysts by photocatalytic reduction with enhanced electrochemical oxidation-reduction properties for chlorophenols[J]. Applied Catalysis B Environmental, 2017, 203: 442-451.

[3] Xie W, Yuan S, Mao X, et al. Electrocatalytic activity of Pd-loaded Ti/TiO_2 nanotubes cathode for TCE reduction in groundwater[J]. Water Research, 2013, 47(11): 3573-3582.

[4] Liu R, Chen H M, Famg L P, et al. Au@Pd bimetallic nanocatalyst for carbon-halogen bond cleavage: An old story with new insight into how the activity of Pd is influenced by Au[J]. Environmental Science & Technology, 2018, 52(7): 4244-4255.

[5] He F, Li Z, Shi S, et al. Dechlorination of excess trichloroethene by bimetallic and sulfidated nanoscale zero-valent iron[J]. Environmental Science and Technology, 2018, 52(15): 8627-8637.

[6] Mu Y, Jia F, Ai Z, et al. Iron oxide shell mediated environmental remediation properties of nano zero-valent iron[J]. Environmental Science: Nano, 2017, 4: 27-45.

[7] Tian J, Duan X, Yang Y, et al. Cobalt silicate hydroxide nanosheets in hierarchical hollow architecture with maximized cobalt active site for catalytic oxidation[J]. Chemical Engineering Journal, 2019, 359: 79-87.

[8] Shao P, Tian J, Yang F, et al. Identification and regulation of active sites on nanodiamonds: Establishing a highly efficient catalytic system for oxidation of organic contaminants[J]. Advanced Functional Materials, 2018, 28(13): 1870081.

[9] Mao X, Ciblak A, Baek K, et al. Optimization of electrocatalytic dechlorination of trichloroethylene in reducing electrolytes. Water Research, 2012, 46(6): 1847-1857.

[10] Chaplin B P, Reinhard M, Schneider W F, et al. Critical review of Pd-based catalytic treatment of priority contaminants in water[J]. Environmental Science & Technology, 2012, 46(7): 3655-3670.

[11] Sun Z, Wei X, Han Y, et al. Complete dechlorination of 2, 4-dichlorophenol in aqueous solution on palladium/polymeric pyrrole-cetyl trimethyl ammonium bromide/foam-nickel composite electrode[J]. Journal of Hazardous Materials, 2013, 244-245: 287-294.

[12] Jiang C H, Yu H B, Lu Y, et al. Preparation of spike-like palladium nanoparticle electrode and its dechlorination properties[J]. Thin Solid Films, 2018, 664: 27-32.

[13] Yang L M, Chen Z L, Cui D, et al. Ultrafine palladium nanoparticles supported on 3D self-supported Ni foam for cathodic dechlorination of florfenicol[J]. Chemical Engineering Journal, 2019, 359: 894-901.

[14] Wu Y, Gan L, Zhang S, et al. Enhanced electrocatalytic dechlorination of para-chloronitrobenzene based on Ni/Pd foam electrode[J]. The Chemical Engineering Journal, 2017, 316: 146-153.

[15] Schmidt K R, Gaza S, Voropaev A, et al. Aerobic biodegradation of trichloroethene without auxiliary substrates[J]. Water Research, 2014, 59: 112-118.

[16] Tiehm A, Schmidt K R. Sequential anaerobic/aerobic biodegradation of chloroethenes-aspects of field application[J]. Current Opinion in BioTechnology, 2011, 22(3): 415-421.

[17] Ramanand K, Balba M T, Duffy J. Reductive dehalogenation of chlorinated benzenes and toluenes under methanogenic

conditions[J]. Applied & Environmental Microbiology, 1993, 59(10): 3266.

[18] Middeldorp P, Wolf J D, Zehnder A, et al. Enrichment and properties of a 1, 2, 4-trichlorobenzene-dechlorinating methanogenic microbial consortium[J]. Applied & Environmental Microbiology, 1997, 63(4): 1225.

[19] Adrian L, Szewzyk U, Görisch H. Bacterial growth based on reductive dechlorination of trichlorobenzenes[J]. Biodegradation, 2000, 11(1): 73-81.

[20] 王姝, 杨波, 张婷婷, 等. 钯/泡沫镍对水体中 4-氯酚的氢解脱氯研究[J]. 中国环境科学, 2009, 29(10): 1065-1069.

[21] Luo Z M, Zhou J S, Sun M, et al. MnO_2 enhances electrocatalytic hydrodechlorination by Pd/Ni foam electrodes and reduces Pd needs-ScienceDirect[J]. Chemical Engineering Journal, 2018, 352: 549-557.

[22] Luo Z M, Xu J, Zhou J S, et al. Insight into atomic H^* generation, H_2 evolution, and cathode potential of MnO_2 induced Pd/Ni foam cathode for electrocatalytic hydrodechlorination[J]. Chemical Engineering Journal, 2019, 374: 211-220.

[23] Lou Z M, Li Y Z, Zhou J S, et al. TiC doped palladium/nickel foam cathode for electrocatalytic hydrodechlorination of 2, 4-DCBA: Enhanced electrical conductivity and reactive activity[J]. Journal of Hazardous Materials, 2019, 362: 148-159.

[24] Hou J, Sun Y, Wu Y, et al. Promoting active sites in core-shell nanowire array as mott-schottky electrocatalysts for efficient and stable overall water splitting[J]. Advanced Functional Materials, 2018, 28(4): 1704447.

[25] Liu H, Liu X Y, Yang W W, et al. Photocatalytic dehydrogenation of formic acid promoted by a superior PdAg@g-C_3N_4 Mott-Schottky heterojunction[J]. Journal of Materials Chemistry A, 2019, 7(5): 2022-2026.

[26] Cai Y Y, Li X H, Zhang Y N, et al. Highly efficient dehydrogenation of formic acid over a palladium-nanoparticle-based Mott-Schottky photocatalyst[J]. Angewandte Chemie, 2013, 52(45): 11822-11825.

[27] Zhuang Z C, Li Y, Li Z L. MoB/g-C_3N_4 interface materials as a schottky catalyst to boost hydrogen Evolution[J]. Angewandte Chemie International Edition, 2018, 130(2): 505-509.

[28] Li X H, Antonietti M. Metal nanoparticles at mesoporous N-doped carbons and carbon nitrides: functional Mott-Schottky heterojunctions for catalysis[J]. Chemical Society Reviews, 2013, 42(4): 6593-6604.

[29] Liu, Yuan, Guo, et al. Approaching the schottky-mott limit in van der waals metal-semiconductor junctions[J]. Nature, 2018, 557: 696-700.

[30] Wang H, Lu Z, Xu S, et al. Electrochemical tuning of vertically aligned MoS_2 nanofilms and its application in improving hydrogen evolution reaction[J]. Proceedings of the National Academy of Sciences of the United States of America, 2013, 110(49): 19701-19706.

[31] Xie J, Zhang J, Li S, et al. Controllable disorder engineering in oxygen-incorporated MoS_2 Ultrathin nanosheets for efficient hydrogen evolution[J]. Journal of the American Chemical Society, 2013, 136(47): 17881-17888.

[32] Wan C, Regmi Y N, Leonard B M. Multiple phases of molybdenum carbide as electrocatalysts for the hydrogen evolution reaction[J]. Angewandte Chemie International Edition, 2014, 53(25): 6407-6410.

[33] Jakob M, Levanon H, Kamat P V. Charge distribution between UV-irradiated TiO_2 and gold nanoparticles: Determination of shift in the fermi level[J]. Nano Letters, 2003, 3(3): 353-358.

[34] Fu J, Yu J, Jiang C, et al. g - C_3N_4 - based heterostructured photocatalysts[J]. Advanced Energy Materials, 2018, 8(3): 1701503.

[35] Yuan G, Keane M A. Aqueous-phase hydrodechlorination of 2, 4-dichlorophenol over Pd/Al_2O_3: Reaction under controlled pH[J]. Industrial & Engineering Chemistry Research, 2007, 46(3): 705-715.

[36] Song S, Fu W Y, Wang P, et al. Electrocatalytic hydrodechlorination of 2, 4-dichlorophenol over palladium nanoparticles: The critical role of hydroxyl group deprotonation[J]. Applied Catalysis A: General, 2019, 583: 117146.

[37] Yuan G, Keane M A. Liquid phase hydrodechlorination of chlorophenols over Pd/C and Pd/Al_2O_3: a consideration of HCl/catalyst interactions and solution pH effects[J]. Applied Catalysis B Environmental, 2004, 52(4): 301-314.

[38] Fang Y L, Heck K N, Alvarez P, et al. Kinetics analysis of palladium/gold nanoparticles as colloidal hydrodechlorination catalysts[J]. Acs Catalysis, 2011, 1(2): 128-138.

[39] Munoz M, Kaspereit M, Etzold B. Deducing kinetic constants for the hydrodechlorination of 4-chlorophenol using high adsorption capacity catalysts[J]. Chemical Engineering Journal, 2016, 285: 228-235.

[40] Munoz M, Zhang G R, Etzold B. Exploring the role of the catalytic support sorption capacity on the hydrodechlorination kinetics by the use of carbide-derived carbons[J]. Applied Catalysis B Environmental, 2017, 203: 591-598.

[41] Nieto-Sandoval J, Ortiz D, Munoz M, et al. On the deactivation and regeneration of Pd/Al_2O_3 catalyst for aqueous-phase hydrodechlorination of diluted chlorpromazine solution[J]. Catalysis Today, 2020, 356: 255-259.

[42] Yuan G, Keane M A. Catalyst deactivation during the liquid phase hydrodechlorination of 2, 4-dichlorophenol over supported Pd: influence of the support[J]. Catalysis Today, 2003, 88(1-2): 27-36.

[43] Diaz E, Mohedano A F, Casas J A, et al. Analysis of the deactivation of Pd, Pt and Rh on activated carbon catalysts in the hydrodechlorination of the MCPA herbicide[J]. Applied Catalysis B: Environmental, 2016, 181: 429-435.

[44] Zhao Z, Fang Y L, Alvarez P J, et al. Degrading perchloroethene at ambient conditions using Pd and Pd-on-Au reduction catalysts[J]. Applied Catalysis B: Environmental, 2013, 140-141: 468-477.

[45] Cárdenas-Lizana F, Hao Y, Crespo-Quesada M, et al. Selective gas phase hydrogenation of p-chloronitrobenzene over Pd catalysts: Role of the support[J]. ACS Catalysis, 2013, 3(6): 1386-1396.

[46] Sun C, Luo Z M, Liu Y, et al. Influence of environmental factors on the electrocatalytic dechlorination of 2, 4-dichlorophenoxyacetic acid on nTiN doped Pd/Ni foam electrode[J]. Chemical Engineering Journal, 2015, 281: 183-191.

[47] Liu Y, Liu L, Shan J, et al. Electrodeposition of palladium and reduced graphene oxide nanocomposites on foam-nickel electrode for electrocatalytic hydrodechlorination of 4-chlorophenol[J]. Journal of Hazardous Materials, 2015, 290: 1-8.

[48] Hui S, Zhang K X, Bing Z, et al. Activating cobalt nanoparticles via the mott-schottky effect in nitrogen-rich carbon shells for base-free aerobic oxidation of alcohols to esters[J]. Journal of the American Chemical Society, 2017, 139(2): 811-818.

[49] Li C, Liu Y, Zhuo Z, et al. Local charge distribution engineered by schottky heterojunctions toward urea electrolysis[J]. Advanced Energy Materials, 2018, 8(27): 1801775.

[50] Li X, Pan Y, Yi H, et al. Mott-schottky effect leads to alkyne semihydrogenation over Pd-Nanocube@N-doped carbon[J]. ACS Catalysis, 2019, 9(5): 4632-4641.

[51] Xu X, Luo J, Li L, et al. Unprecedented catalytic performance in amine syntheses via Pd/g-C_3N_4 catalyst-assisted transfer hydrogenation[J]. Green Chemistry, 2018, 20(9): 2038-2046.

[52] Bhowmik T, Kundu MK, Barman S. Palladium nanoparticle-graphitic carbon nitride porous synergistic catalyst for hydrogen evolution/oxidation reactions over a broad range of pH and correlation of its catalytic activity with measured hydrogen Binding Energy[J]. ACS Catalysis, 2016, 6(3): 1929-1941.

[53] Sun X, Wei D, Liu W, et al. Formation of novel disinfection by-products chlorinated benzoquinone, phenyl benzoquinones and polycyclic aromatic hydrocarbons during chlorination treatment on UV filter 2, 4-dihydroxybenzophenone in swimming pool water[J]. Journal of Hazardous Materials, 2019, 367: 725-733.

[54] Liu T, Luo J M, Meng X Y, et al. Electrocatalytic dechlorination of halogenated antibiotics via synergistic effect of chlorine-cobalt bond and atomic H[J]. Journal of Hazardous Materials, 2018, 358: 294-301.

[55] Omar S, Palomar J, Gómez-Sainero L M, et al. Density functional theory analysis of dichloromethane and hydrogen interaction with Pd clusters: First step to simulate catalytic hydrodechlorination[J]. Journal of Physical Chemistry C, 2011, 115(29): 14180-14192.

[56] Álvarez-Montero M A, Martin-Martinez M, Gómez-Sainero L M, et al. Kinetic study of the hydrodechlorination of chloromethanes with activated-carbon-supported metallic catalysts[J]. Industrial & Engineering Chemistry Research, 2015, 54(7): 389-396.

[57] 马冬梅. 光催化-微生物降解直接耦合燃料电池降解 4-氯酚和产电特性研究[D]. 长春: 吉林大学, 2017.

[58] Wu Y, Gan L, Zhang S, et al. Carbon-nanotube-doped Pd-Ni bimetallic three-dimensional electrode for electrocatalytic hydrodechlorination of 4-chlorophenol: Enhanced activity and stability[J]. Journal of Hazardous Materials, 2018, 356: 17.

[59] Gan G, Li X, Wang L, et al. Identification of catalytic Active Sites in Nitrogen-Doped Carbon for Electrocatalytic dechlorination of 1, 2-Dichloroethane[J]. ACS Catalysis, 2019, 9(12): 10931-10939.

[60] Gan G, Li X, Wang L, et al. Active sites in single-atom Fe-Nx-C nanosheets for selective electrocatalytic dechlorination of 1, 2-dichloroethane to ethylene[J]. ACS Nano, 2020, 14(8): 9929-9937.

[61] Fu W, Shu S, Li J, et al. Identifying the rate-determining step of the electrocatalytic hydrodechlorination reaction on palladium nanoparticles[J]. Nanoscale, 2019, 11(34): 15892-15899.

[62] Hu F, Leng L, Zhang M, et al. Direct synthesis of atomically dispersed palladium atoms supported on graphitic carbon nitride for efficient selective hydrogenation reactions[J]. ACS Applied Materials & Interfaces, 2020, 12(48): 54146-54154.

[63] Yin Z, Pang H, Guo X, et al. CuPd Nanoparticles as a robust catalyst for electrochemical allylic alkylation[J]. Angewandte Chemie International Edition, 2020, 59(37): 15933-15936.

[64] Jun, Zhang, Qinghua, et al. Synchronous reduction-oxidation process for efficient removal of trichloroacetic acid: H* initiates dechlorination and ·OH is responsible for removal efficiency[J]. Environmental science & Technology, 2019, 53(24): 14586-14594.

[65] Peng Y, Cui M, Zhang Z, et al. Bimetallic composition-promoted electrocatalytic hydrodechlorination reaction on silver-palladium alloy nanoparticles[J]. ACS Catalysis, 2019, 9(12): 10803-10811.

[66] Zhou Y, Zhang G, Ji Q, et al. Enhanced stabilization and effective utilization of atomic hydrogen on Pd-In nanoparticles in a flow-through electrode[J]. Environmental Science and Technology, 2019, 53(19): 11383-11390.

[67] Ji H L, Kattel S, Jiang Z, et al. Tuning the activity and selectivity of electroreduction of CO_2 to synthesis gas using bimetallic catalysts[J]. Nature Communications, 2019, 10(1): 3724.

[68] Liu, Rui, Zhao, et al. Defect sites in ultrathin Pd nanowires facilitate the highly efficient electrocatalytic hydrodechlorination of pollutants by H^{*}_{ads}[J]. Environmental Science & Technology, 2018, 52(17): 9992-10002.

[69] Jiang G, Li X, Shen Y, et al. Mechanistic insight into the electrocatalytic hydrodechlorination reaction on palladium by a facet effect study[J]. Journal of Catalysis, 2020, 391: 414-423.

[70] Pretzer L A, Song H J, Fang Y L, et al. Hydrodechlorination catalysis of Pd-on-Au nanoparticles varies with particle size[J]. Journal of Catalysis, 2013, 298: 206-217.

[71] Kw A, Song S A, Min C A, et al. Pd-TiO_2 Schottky heterojunction catalyst boost the electrocatalytic hydrodechlorination reaction[J]. Chemical Engineering Journal, 2020, 381: 122673.

[72] Li J, Peng Y Y, Zhang W D, et al. Hierarchical Pd/MnO_2 nanosheet array supported on Ni foam: An advanced electrode for electrocatalytic hydrodechlorination reaction[J]. Applied Surface Science, 2020, 509: 145369.

[73] Li J, Wang H, Qi Z Y, et al. Kinetics and mechanisms of electrocatalytic hydrodechlorination of diclofenac on Pd-Ni/PPy-rGO/Ni electrodes[J]. Applied Catalysis B: Environmental, 2020, 268: 118696.

[74] Wang J, Kattel S, Hawxhurst C J, et al. Enhancing activity and reducing cost for electrochemical reduction of CO_2 by supporting palladium on metal carbides[J]. Angewandte Chemie International Edition, 2019, 58(19): 6271-6275.

[75] Sun C, Baig S A, Lou Z, et al. Electrocatalytic dechlorination of 2, 4-dichlorophenoxyacetic acid using nanosized titanium nitride doped palladium/nickel foam electrodes in aqueous solutions[J]. Applied Catalysis B: Environmental, 2014, 158-159: 38-47.

[76] Liu J, Fu J J, Zhou Y, et al. Controlled synthesis of EDTA-modified porous hollow copper microspheres for high-efficiency conversion of CO_2 to multicarbon products[J]. Nano Letters, 2020, 20(7): 4823-4828.

[77] Chu C, Huang D, Zhu Q, et al. Electronic tuning of metal nanoparticles for highly efficient photocatalytic hydrogen peroxide production[J]. Applied Catalysis, 2019, 9(1): 626-631.

[78] Fu G, Jiang X, Tao L, et al. Polyallylamine functionalized palladium icosahedra: one-pot water-based synthesis and their superior electrocatalytic activity and ethanol tolerant ability in alkaline media[J]. Langmuir the Acs Journal of Surfaces & Colloid, 2013, 29(13): 4413-4420.

[79] Sheng Y, Wang X, Xing Z, et al. Highly active and chemoselective reduction of halogenated nitroarenes catalysed by ordered mesoporous carbon supported platinum nanoparticles[J]. ACS Sustainable Chemistry & Engineering, 2019, 7(9): 8908-8916.

[80] An P, Wei L, Li H, et al. Enhancing CO_2 reduction by suppressing hydrogen evolution with polytetrafluoroethylene protected copper nanoneedles[J]. Journal of Materials Chemistry A, 2020, 8(31): 15936-15941.

[81] Chen G, Xu C, Huang X, et al. Interfacial electronic effects control the reaction selectivity of platinum catalysts[J]. Nature Materials, 2016, 15: 564-569.

[82] Guo M, He L, Ren Y, et al. Improving catalytic hydrogenation performance of Pd nanoparticles by electronic modulation using phosphine ligands[J]. ACS Catalysis, 2018, 8(7): 6476-6485.

[83] Wu B, Huang H, Yang J, et al. Selective hydrogenation of α, β-unsaturated aldehydes catalyzed by amine-capped platinum-cobalt nanocrystals[J]. Angewandte Chemie International Edition, 2012, 51(14): 3440-3443.

[84] Delikaya Z, Zeyat M, Lentz D, et al. Organic additives to improve catalyst performance for high - temperature polymer electrolyte membrane fuel cells[J]. ChemElectroChem, 2019, 6(15): 3892-3900.

[85] Yamazaki S I, Asahi M, Ioroi T. Promotion of oxygen reduction on a porphyrazine-modified Pt catalyst surface[J]. Electrochimica Acta, 2019, 297: 725-734.

[86] Xu G R, Bai J, Jiang J X, et al. Polyethyleneimine functionalized platinum superstructures: enhancing hydrogen evolution performance by morphological and interfacial control[J]. Chemical Science, 2017, 8(12): 8411-8418.

[87] Strmcnik D, Escudero-Escribano M, Kodama K, et al. Enhanced electrocatalysis of the oxygen reduction reaction based on patterning of platinum surfaces with cyanide[J]. Nature Chemistry, 2010, 2(10): 880-885.

[88] Li J, Liu H X, Gou W, et al. Ethylene-glycol ligand environment facilitates highly efficient hydrogen evolution of Pt/CoP through proton concentration and hydrogen spillover[J]. Energy & Environmental Science, 2019, 12(7): 2298-2304.

[89] Xu G R, Bai J, Yao L, et al. Polyallylamine-functionalized platinum tripods: enhancement of hydrogen evolution reaction by proton carriers[J]. Acs Catalysis, 2016, 7(1): 452-458.

[90] Cretu R, Kellenberger A, Vaszilcsin N. Enhancement of hydrogen evolution reaction on platinum cathode by proton carriers[J]. International Journal of Hydrogen Energy, 2013, 38(27): 11685-11694.

[91] Jiang G, Lan M, Zhang Z, et al. Identification of active hydrogen species on palladium nanoparticles for an enhanced

electrocatalytic hydrodechlorination of 2, 4-dichlorophenol in Water[J]. Environmental Science and Technology, 2017, 51(13): 7599-7605.

[92] Wang K, Li Q, Liu B, et al. Sulfur-doped g-C_3N_4 with enhanced photocatalytic CO_2-reduction performance[J]. Applied Catalysis B: Environmental, 2015, 176-177: 44-52. .

[93] Wang X, Xiang Q, Cao W, et al. Fabrication of magnetic nanoparticles armed with quaternarized N-halamine polymers as recyclable antibacterial agents[J]. Journal of Biomaterials Science Polymer Edition, 2016, 27(18): 1909-1925.

[94] Che H, Liu C, Che G, et al. Facile construction of porous intramolecular g-C_3N_4-based donor-acceptor conjugated copolymers as highly efficient photocatalysts for superior H_2 evolution[J]. Nano Energy, 2020, 67: 104273.

[95] Yu J, Wang J, Zhang J, et al. Characterization and photoactivity of TiO_2 sols prepared with triethylamine[J]. Materials Letters, 2007, 61(28): 4984-4988.

[96] Bulushev D A, Zacharska M, Shlyakhova E V, et al. Single isolated P_d^{2+} cations supported on N-doped carbon as active sites for hydrogen production from formic acid decomposition[J]. ACS Catalysis, 2016, 6(2): 681-691.

[97] Arrigo R, Schuster M E, Abate S, et al. Dynamics of palladium on nanocarbon in the direct synthesis of H_2O_2[J]. ChemSusChem, 2014, 7(1): 179-194.

[98] Lv X, Zhang Y, Fu W, et al. Zero-valent iron nanoparticles embedded into reduced graphene oxide-alginate beads for efficient chromium (Ⅵ) removal[J]. Journal of Colloid and Interface Science, 2017, 506: 633-643.

[99] Yang B, Gang Y, Huang J. Electrocatalytic hydrodechlorination of 2, 4, 5-trichlorobiphenyl on a palladium-modified nickel foam cathode[J]. Environmental Science & Technology, 2007, 41(21): 7503-7508.

[100] Gomez E, Kattel S, Yan B, et al. Combining CO_2 reduction with propane oxidative dehydrogenation over bimetallic catalysts[J]. Nature Communications, 2018, 9: 1398.

[101] Yang X, Nash J, Anibal J, et al. Mechanistic insights into electrochemical nitrogen reduction reaction on vanadium nitride nanoparticles[J]. Journal of the American Chemical Society, 2018, 140(41): 13387-13391.

[102] Duan H, Li D, Tang Y, et al. High-performance Rh_2P electrocatalyst for efficient water splitting[J]. Journal of the American Chemical Society, 2017, 139(15): 5494-5502.

[103] Michele M, Paolo F, Maurizio P. The rise of hydrogen peroxide as the main product by metal - free catalysis in oxygen reductions[J]. Advanced Materials, 2019, 31(13): 1802920.

[104] Cioncoloni G, Roger I, Wheatley P S, et al. Proton-coupled electron transfer enhances the electrocatalytic reduction of nitrite to NO in a bioinspired copper complex[J]. ACS Catalysis, 2018, 8(6): 5070-5084.

[105] Nie X, Jiang X, Wang H, et al. Mechanistic understanding of alloy effect and water promotion for Pd-Cu bimetallic catalysts in CO_2 hydrogenation to methanol[J]. ACS Catalysis, 2018, 8(6): 4873-4892.

[106] Ran M A, Chao H A, Xu Z, et al. Dechlorination of triclosan by enhanced atomic hydrogen-mediated electrochemical reduction: Kinetics, mechanism, and toxicity assessment[J]. Applied Catalysis B: Environmental, 2019, 241: 120-129.

[107] Peng A, Gao J, Chen Z, et al. Interactions of gaseous 2-chlorophenol with Fe^{3+}-saturated montmorillonite and their toxicity to human lung cells[J]. Environmental Science & Technology, 2018, 52(9): 5208-5217.

[108] He F, Li Z, Shi S, et al. Dechlorination of excess trichloroethene by bimetallic and sulfidated nanoscale zero-valent iron[J]. Environmental Science & Technology, 2018, 52(15): 8627-8637.

[109] Ding X F, Yao Z Q, Xu Y H, et al. Aqueous-phase hydrodechlorination of 4-chlorophenol on palladium nanocrystals: Identifying the catalytic sites and unraveling the reaction mechanism[J]. Journal of Catalysis, 2018, 368: 336-344.

[110] Jiang G, Lan M, Zhang Z, et al. Identification of active hydrogen species on palladium nanoparticles for an enhanced electrocatalytic hydrodechlorination of 2, 4-dichlorophenol in water[J]. Environmental Science & Technology, 2017, 51(13): 7599-7605.

[111] Jiang G, Wang K, Li J, et al. Electrocatalytic hydrodechlorination of 2, 4-dichlorophenol over palladium nanoparticles and its pH-mediated tug-of-war with hydrogen evolution[J]. Chemical Engineering Journal, 2018, 348: 26-34.

[112] Zhou J, Lou Z, Yang K, et al. Electrocatalytic dechlorination of 2, 4-dichlorobenzoic acid using different carbon-supported palladium moveable catalysts: Adsorption and dechlorination activity[J]. Applied Catalysis B: Environmental, 2019, 244: 215-224.

[113] He Z Q, Tong Y W, Ni S L, et al. Electrochemically reductive dechlorination of 3, 6-dichloropicolinic acid on a palladium/nitrogen-doped carbon/nickel foam electrode[J]. Electrochimica Acta, 2018, 292: 685-696.

[114] Chen A, Ostrom C. Palladium-based nanomaterials: synthesis and electrochemical applications[J]. Chemical Reviews, 2015, 115(21): 11999-12044.

[115] Whittaker T, Kumar K B S, Peterson C, et al. H_2 oxidation over supported Au nanoparticle catalysts: evidence for heterolytic H_2 activation at the metal-support interface[J]. Journal of the American Chemical Society, 2018, 140(48): 16469-16487.

[116] Liu R, Zhao H, Zhao X, et al. Defect sites in ultrathin Pd nanowires facilitate the highly efficient electrocatalytic hydrodechlorination of pollutants by H_{ads}^*[J]. Environmental Science & Technology, 2018, 52(17): 9992-10002.

[117] Lou Z, Zhou J, Sun M, et al. MnO_2 enhances electrocatalytic hydrodechlorination by Pd/Ni foam electrodes and reduces Pd needs[J]. Chemical Engineering Journal, 2018, 352: 549-557.

[118] Ro I, Resasco J, Christopher P. Approaches for understanding and controlling interfacial effects in oxide-supported metal catalysts[J]. ACS Catalysis, 2018, 8(8): 7368-7387.

[119] Wang J, Cui C Y, Xin Y J, et al. High-performance electrocatalytic hydrodechlorination of pentachlorophenol by amorphous Ru-loaded polypyrrole/foam nickel electrode[J]. Electrochimica Acta, 2019, 296: 874-881.

[120] Gao F, Zhang Y, Song P, et al. Self-template construction of Sub-24 nm Pd-Ag hollow nanodendrites as highly efficient electrocatalysts for ethylene glycol oxidation[J]. Journal of Power Sources, 2019, 418: 186-192.

[121] Zhang Y, Gao F, Song P, et al. Glycine-assisted fabrication of N-Doped graphene-supported uniform multipetal PtAg nanoflowers for enhanced ethanol and ethylene glycol oxidation[J]. ACS Sustainable Chemistry & Engineering, 2019, 7(3): 3176-3184.

[122] Gao F, Zhang Y, Song P, et al. Precursor-mediated size tuning of monodisperse PtRh nanocubes as efficient electrocatalysts for ethylene glycol oxidation[J]. Journal of Materials Chemistry A, 2019, 7(13): 7891-7896.

[123] Ball M R, Rivera-Dones K R, Stangland E, et al. Hydrodechlorination of 1, 2-dichloroethane on supported AgPd catalysts[J]. Journal of Catalysis, 2019, 370: 241-250.

[124] Rong H, Cai S, Niu Z, et al. Composition-dependent catalytic activity of bimetallic nanocrystals: AgPd-catalyzed hydrodechlorination of 4-chlorophenol[J]. ACS Catalysis, 2013, 3(7): 1560-1563.

[125] Zhang S, Metinö, Su D, et al. Monodisperse AgPd alloy nanoparticles and their superior catalysis for the dehydrogenation of formic acid[J]. Angewandte Chemie International Edition, 2013, 52(3): 3681-3684.

[126] Nutt M O, Hughes J B, Wong M S. Designing Pd-on-Au bimetallic nanoparticle catalysts for trichloroethene hydrodechlorination[J]. Environmental Science & Technology, 2005, 39(5): 1346-1353.

[127] Ren Y, Fan G, Wang C. Aqueous hydrodechlorination of 4-chlorophenol over an Rh/reduced graphene oxide synthesized by a

facile one-pot solvothermal process under mild conditions[J]. Journal of Hazardous Materials, 2014, 274: 32-40.

[128] Gao R, Pan L, Wang H, et al. Ultradispersed nickel phosphide on phosphorus-doped carbon with tailored d-Band center for efficient and chemoselective hydrogenation of nitroarenes[J]. ACS Catalysis, 2018, 8(9): 8420-8429.

[129] Yang Y, Xu H, Cao D, et al. Hydrogen production via efficient formic acid decomposition: engineering the surface structure of Pd-based alloy catalysts by design[J]. ACS Catalysis, 2019, 9(1): 781-790.

[130] You B, Tang M T, Tsai C, et al. Enhancing electrocatalytic water splitting by strain engineering[J]. Advanced Materials, 2019, 31(17): 1807001.

[131] Stamenkovic V R, Mun B S, Arenz M, et al. Trends in electrocatalysis on extended and nanoscale Pt-bimetallic alloy surfaces[J]. Nature Materials, 2007, 6: 241-247.

[132] Ai J, Yin W, B. Hansen H C. Fast dechlorination of chlorinated ethylenes by green rust in the presence of bone char[J]. Environmental Science & Technology Letters, 2019, 6(3): 191-196.

[133] Liu C, Zhang A Y, Pei D N, et al. Efficient electrochemical reduction of nitrobenzene by defect-engineered TiO_2-x single crystals[J]. Environmental Science & Technology, 2016, 50(10): 5234-5242.

[134] Grimme S. Semiempirical GGA-type density functional constructed with a long-range dispersion correction[J]. Journal of Computational Chemistry, 2006, 27(15): 1787-1799.

[135] Jiang B, Zhang X G, Jiang K, et al. Boosting formate production in electrocatalytic CO_2 reduction over wide potential window on Pd surfaces[J]. Journal of the American Chemical Society, 2018, 140(8): 2880-2889.

[136] Liu R, Chen H M, Fang L P, et al. Au@Pd bimetallic nanocatalyst for carbon-halogen bond cleavage: An old story with new insight into how the activity of Pd is influenced by Au[J]. Environmental Science & Technology, 2018, 52(7): 4244-4255.

[137] Heck K N, Garcia-Segura S, Westerhoff P, et al. Catalytic converters for water treatment[J]. Accounts of Chemical Research, 2019, 52(4): 906-915.

[138] Liu Y, Yan Z, Chen R, et al. 2, 4-Dichlorophenol removal from water using an electrochemical method improved by a composite molecularly imprinted membrane/bipolar membrane[J]. Journal of Hazardous Materials, 2019, 377: 259-266.

[139] Liu T, Luo J, Meng X, et al. Electrocatalytic dechlorination of halogenated antibiotics via synergistic effect of chlorine-cobalt bond and atomic H*[J]. Journal of Hazardous Materials, 2018, 358: 294-301.

[140] Yuan S, Chen M, Mao X, et al. Effects of reduced sulfur compounds on Pd-catalytic hydrodechlorination of trichloroethylene in groundwater by cathodic H_2 under electrochemically induced oxidizing conditions[J]. Environmental Science & Technology, 2013, 47(8): 10502-10509.

[141] Li Q, Wang Z L, Li G R, et al. Design and synthesis of MnO_2/Mn/MnO_2 sandwich-structured nanotube arrays with high supercapacitive performance for electrochemical energy storage[J]. Nano Letters, 2012, 12(7): 3803-3807.

[142] Lambert T N, Vigil J A, White S E, et al. Understanding the effects of cationic dopants on α-MnO_2 oxygen reduction reaction electrocatalysis[J]. The Journal of Physical Chemistry C, 2017, 121(5): 2789-2797.

[143] De A, Datta J. Synergistic combination of Pd and Co catalyst nanoparticles over self-designed MnO_2 structure: Green synthetic approach and unprecedented electrode kinetics in direct ethanol fuel cell[J]. ACS Sustainable Chemistry & Engineering, 2018, 6(11): 13706-13718.

[144] Wu J M, Chen Y, Lun P, et al. Multi-layer monoclinic $BiVO_4$ with oxygen vacancies and V^{4+} species for highly efficient visible-light photoelectrochemical applications[J]. Applied Catalysis B Environmental, 2018, 221: 187-195.

[145] Liao W, Yang J, Zhou H, et al. Electrochemically self-doped TiO_2 nanotube arrays for efficient visible light

photoelectrocatalytic degradation of contaminants[J]. Electrochimica Acta, 2014, 136: 310-317.

[146] Cakici M, Reddy K R, Alonso-Marroquin F. Advanced electrochemical energy storage supercapacitors based on the flexible carbon fiber fabric-coated with uniform coral-like MnO_2 structured electrodes[J]. Chemical Engineering Journal, 2017, 309: 151-158.

[147] Wang K, Shu S, Chen M, et al. Pd-TiO_2 schottky heterojunction catalyst boost the electrocatalytic hydrodechlorination reaction[J]. Chemical Engineering Journal, 2020, 381: 122673.

[148] Wu Y, Gan L, Zhang S, et al. Enhanced electrocatalytic dechlorination of para-chloronitrobenzene based on Ni/Pd foam electrode[J]. Chemical Engineering Journal, 2017, 316: 146-153.

[149] Li J, Liu H, Cheng X, et al. Stability of Palladium-polypyrrole-foam nickel electrode and its electrocatalytic hydrodechlorination for dichlorophenol isomers[J]. Industrial & Engineering Chemistry Research, 2012, 51 (48): 15557-15563.

[150] He Z, Lin K, Sun J, et al. Kinetics of electrocatalytic dechlorination of 2-chlorobiphenyl on a palladium-modified nickel foam cathode in a basic medium: From batch to continuous reactor operation[J]. Electrochimica Acta, 2013, 109: 502-511.

[151] Zhou J, Lou Z, Yang K, et al. Electrocatalytic dechlorination of 2, 4-dichlorobenzoic acid using different carbon-supported palladium moveable catalysts: Adsorption and dechlorination activity[J]. Applied catalysis B: Environmental, 2019, 244: 215-224.

[152] Fu W, Shu S, Li J, et al. Identifying the rate-determining step of the electrocatalytic hydrodechlorination reaction on palladium nanoparticles[J]. Nanoscale, 2019, 11 (34): 15892-15899.

[153] Sun Z, Wang K, Wei X, et al. Electrocatalytic hydrodehalogenation of 2, 4-dichlorophenol in aqueous solution on palladium-nickel bimetallic electrode synthesized with surfactant assistance[J]. International Journal of Hydrogen Energy, 2012, 37 (23): 17862-17869.

[154] Zhou D, Wang Z, Long X, et al. One-pot synthesis of manganese oxides and cobalt phosphides nanohybrids with abundant heterointerfaces in an amorphous matrix for efficient hydrogen evolution in alkaline solution[J]. Journal of Materials Chemistry A, 2019, 7 (39): 22530-22538.

[155] Lu X, Pan J, Lovell E, et al. A sea-change: manganese doped nickel/nickel oxide electrocatalysts for hydrogen generation from seawater[J]. Energy & Environmental Science, 2018, 11 (7): 1898-1910.

[156] Wang S, Zhao Z J, Chang X, et al. Cover Picture: Activation and spillover of hydrogen on Sub-1 nm palladium nanoclusters confined within sodalite zeolite for the semi-hydrogenation of alkynes[J]. Angewandte Chemie International Edition, 2019, 58 (23): 7497.

[157] Wan W, Nie X, Janik M J, et al. Adsorption, dissociation, and spillover of hydrogen over Au/TiO_2 catalysts: The effects of cluster size and metal-support interaction from DFT[J]. The Journal of Physical Chemistry C, 2018, 122 (31): 17895-17916.

[158] Amorim C, Keane M A. Catalytic hydrodechlorination of chloroaromatic gas streams promoted by Pd and Ni: The role of hydrogen spillover[J]. Journal of Hazardous Materials, 2012, 211-212: 208-217.

[159] Tang X, Li Y, Huang X, et al. MnOx-CeO_2 mixed oxide catalysts for complete oxidation of formaldehyde: Effect of preparation method and calcination temperature[J]. Applied Catalysis B: Environmental, 2006, 62 (3-4): 265-273.

[160] Qian K, Qian Z, Hua Q, et al. Structure-activity relationship of CuO/MnO_2 catalysts in CO oxidation[J]. Applied Surface Science, 2013, 273: 357-363.

[161] Jia H, Wang Z, Li C, et al. Designing oxygen bonding between reduced graphene oxide and multishelled Mn_3O_4 hollow spheres for enhanced performance of supercapacitors[J]. Journal of Materials Chemistry A, 2019, 7 (12): 6686-6694.

第5章　脱氯反应路径识别及杂质离子影响探索

5.1　脱氯产物分布及反应路径识别

为了揭示电催化氢化脱氯反应中 2,4-DCP 去除的反应路径，采用液相色谱定量分析来追踪在脱氯反应过程中，Pd 和 Pd/amine 催化剂阴极电解槽中电解液组成变化以及产物浓度随时间的变化情况。如图 5.1 的液相色谱图所示，在 Pd 和 Pd/amine 反应体系中，除 2,4-DCP 之外，还存在中间产物 2-氯酚和产物苯酚，而未检测到中间产物 4-氯酚的存在。

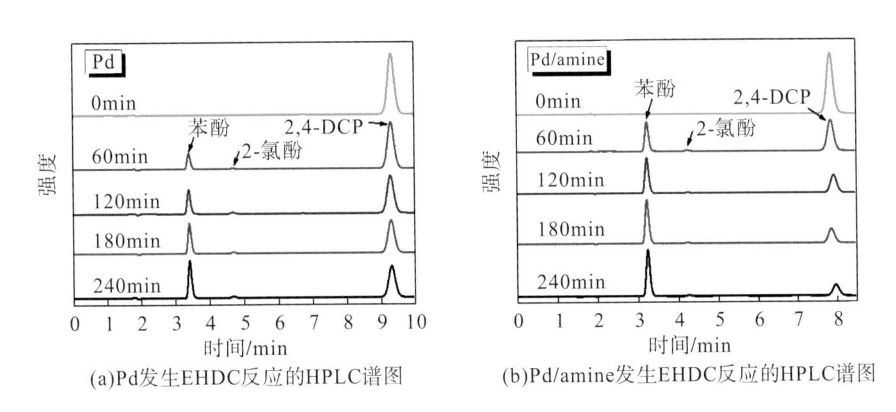

图 5.1　Pd 和 Pd/amine 发生 EHDC 反应时，阴极室电解质溶液的 HPLC 谱图

由图 5.2(a)和(b)可知，随着 2,4-DCP 浓度的减少，产物苯酚的浓度显著增加，而 2-氯酚的浓度始终保持在相对较低的范围内(小于 $0.01mmol\cdot L^{-1}$)。在整个反应过程中，2,4-DCP、2-氯酚和苯酚的总物质量几乎没有变化，表明 Pd/amine 对 2,4-DCP 的脱氯反应具有高度选择性，既不发生苯酚的深度加氢反应，也不发生中间体的偶联反应。在 Pd/amine 反应体系中，使用离子色谱和 pH 计分别检测了脱氯反应结束后电解液中氯离子的产量和 pH 值。如表 5.1 所示，研究表明，在脱氯反应结束后，电解液中氯离子的浓度为 $17.73mg\cdot L^{-1}$，接近于 $2,4\text{-DCP}+2H^{+}+4e^{-}\longrightarrow P+2Cl^{-}$ 反应的化学计量产量($19.44mg\cdot L^{-1}$)。同时，pH 测试结果显示，电解液的 pH 值从初始的 6.78 增加到 11.49，这意味着在脱氯反应过程中约有 0.31mmol H^{+}被消耗[1]，大约是 2,4-DCP 中所有 C—Cl 键氢化所需 H^+数量(0.06mmol H^{+})的 5 倍。这种 H^{+}过量的消耗可能是由脱氯反应中伴随的析氢副反应($2H^{+}+4e^{-}\longrightarrow H_2$)所致。总之，amine 有机配体的修饰没有改变脱氯反应的路径。

电催化氢化脱氯技术作为一种经济、环保的修复技术，在去除有毒化学物质和提高污染水体生物安全性方面具有独特的优势。然而，在脱氯反应中，不可避免地会生成有毒中间体 2-氯酚。为了深入了解 amine 配体对降低中间产物 2-氯酚浓度的作用机制，我们研究了 Pd 和 Pd/amine 在脱氯反应过程中，2-氯酚与(2-氯酚+苯酚)的摩尔比(α)随时间的变化。如图 5.2(c)和(d)所示，这两种体系中的 α 值都随着脱氯反应时间的增加而减小。当脱氯反应结束时，α 值都小于 6.0%，表明脱氯反应过程中生成的 2-氯酚中间体相对较少。此外，通过比较相同初始浓度下，Pd/amine 生成的 2-氯酚含量较少(α=2.84%vs.4.98%)，表明 amine 配体促进了减少 2-氯酚中间产物的生成。

表 5.1 EHDC 反应中氯离子的产率

项目		Cl^-产量/(mg·L^{-1})	
EHDC 反应前		2.26	
EHDC 反应后	Test 1	20.67	19.99
	Test 2	19.31	
Cl^-产量		17.73	
理论产量		Maximum×EHDC 效率=21.77×89.3%=19.44	

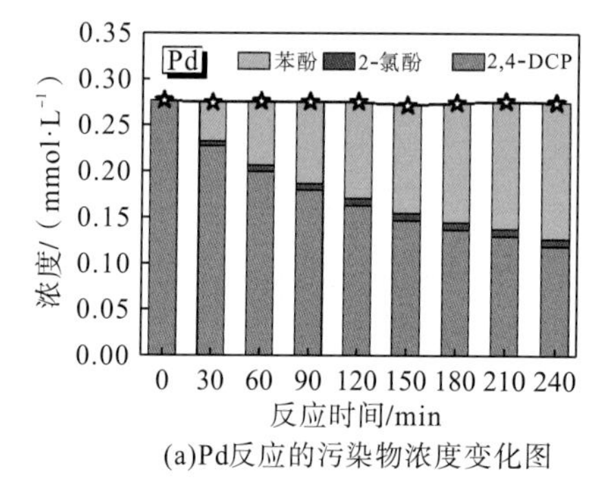

(a)Pd反应的污染物浓度变化图

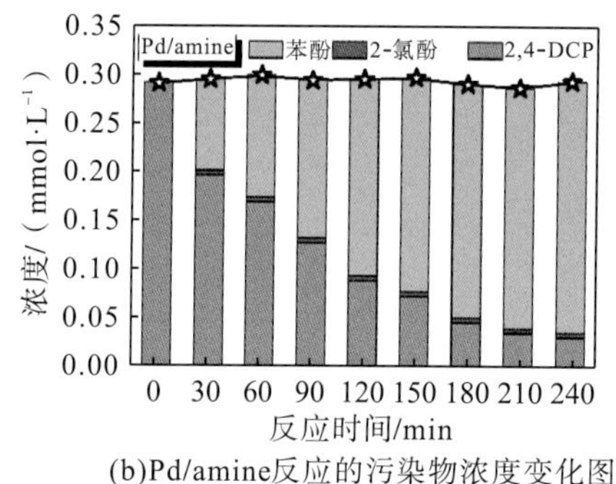

(b)Pd/amine反应的污染物浓度变化图

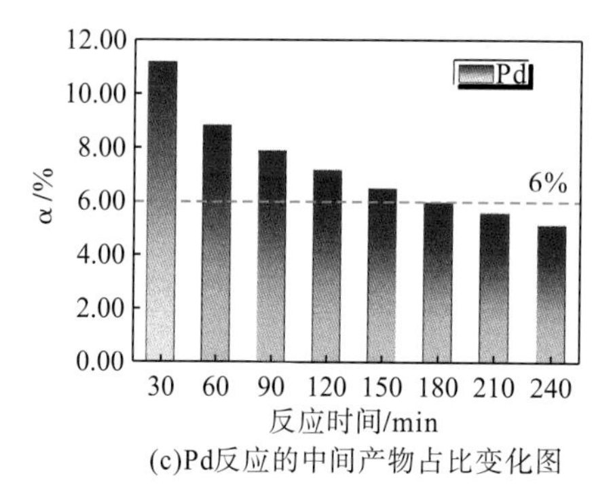

(c)Pd反应的中间产物占比变化图

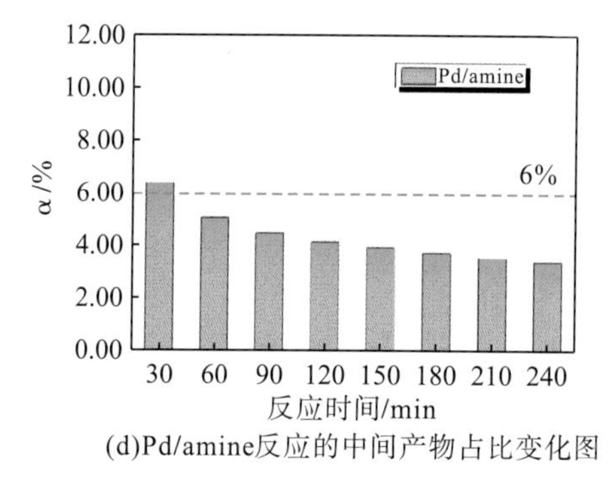

(d)Pd/amine反应的中间产物占比变化图

图 5.2 Pd 和 Pd/amine 在 EHDC 反应过程中 2,4-DCP、2-氯酚和苯酚的浓度随时间变化图及 2-氯酚占(2-氯酚+苯酚)的摩尔比随反应时间的变化图

根据图 5.3(a)的观察，C-Pd 和 C-$Ag_{32}Pd_{68}$ 催化剂上苯酚产量的变化表明，苯酚是脱氯反应的主要产物，而 2-氯酚和 4-氯酚是中间产物。例如，在 C-$Ag_{32}Pd_{68}$ 催化剂上，当脱氯反应时间为 240min 时，苯酚的浓度为 $0.20mmol \cdot L^{-1}$，而 2-氯苯酚和 4-氯苯酚的浓度为 $0.021mmol \cdot L^{-1}$。因此，C-Pd 和 C-$Ag_{32}Pd_{68}$ 催化剂上脱氯反应的终产物均为苯酚，反应途径应为 2,4-DCP→2-氯酚/4-氯酚→苯酚。此外，从图 5.3(b)可见，C-Pd 和 C-$Ag_{32}Pd_{68}$ 的脱氯反应过程中，2-氯酚的浓度均高于 4-氯酚，表明处于对位的 C—C 键活性高于邻位 C—C 键，可能是由于 2,4-DCP 的羟基基团引起 4 号位的 C—Cl 键具有更高的电子密度。

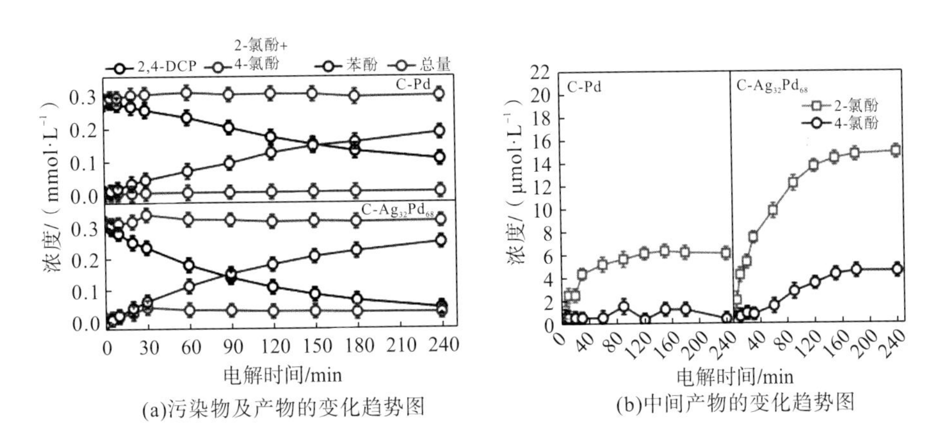

图 5.3 C-Pd 和 C-$Ag_{32}Pd_{68}$ 催化剂在 EHDC 过程中，2,4-DCP、2-氯酚+4-氯酚和苯酚随电解时间的变化趋势及 2-氯酚和 4-氯酚的产量随电解时间的变化趋势对比图

图 5.4 阐述了电催化氢化脱氯技术在去除 2,4-DCP 时与阴极电位之间的反应机制。在阴极电位下，Pd NPs 将电解质溶液中的 H^+还原为 H^*自由基，H^*随后演化成三种不同的氢物种：吸附在 Pd NPs 表面的原子态吸附氢(H^*_{abs})、吸收进入 Pd 晶格内形成 PdH 化合物的单原子态吸收氢(H^*_{ads})以及分子态 H_2 气泡。其中，H^*_{ads} 的还原性最强，它是促进电催化氢化脱氯反应的主要活性物质。在相对正的阴极电位下(−0.65V)，H^*_{abs}、H^*_{ads} 和 H_2 同时生成，但各种氢物种的产率都较低，从而导致 2,4-DCP 的脱氯效率相对较低。随着阴极电位的负移，更多活性的 H^*_{ads} 将显著提高电催化氢化脱氯技术去除 2,4-DCP 的效率。然而，当继续减小工作电位后，阴极表面将产生大量的 H_2 气泡，这不仅与脱氯反应竞争以耗尽活性 H^*_{ads}，还会在运动过程中干扰电极与电解液界面的 2,4-DCP 污染物的有效传质和电子转移，导致脱氯效率显著下降。综上所述，在 Pd 基催化剂的电催化氢化脱氯过程中，建议采用适度的阴极电位，以避免在 Pd 基催化剂表面生成 H_2 气泡，同时确保有足够的 H^*_{ads} 参与脱氯反应。

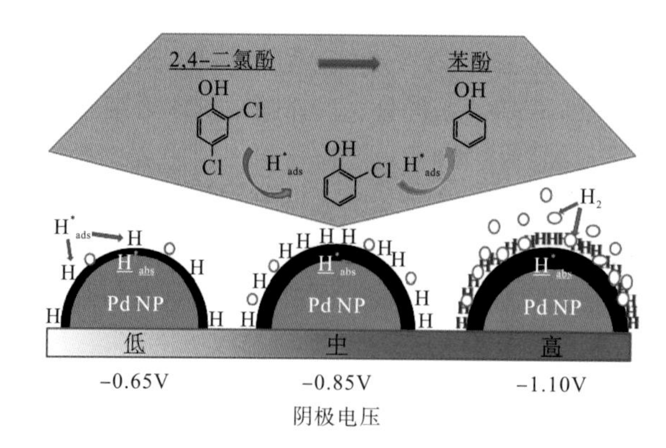

图 5.4　电催化氢化脱氯去除 2,4-DCP 与电位相关的反应机理示意图

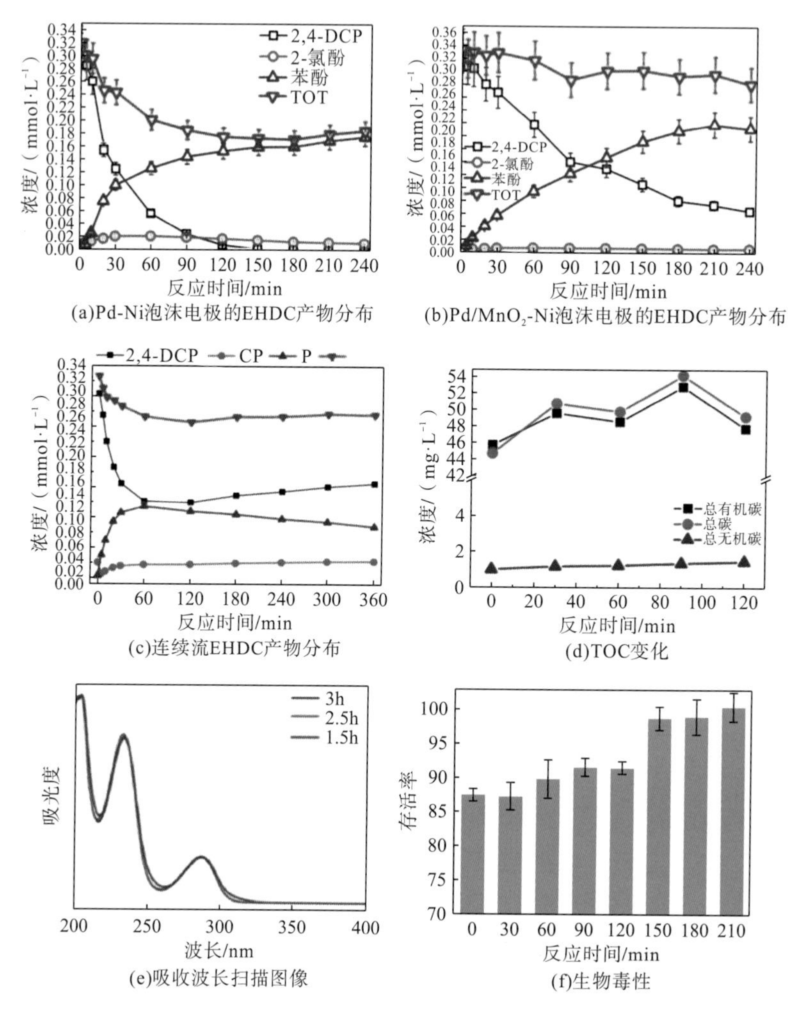

图 5.5　Pd- Ni 泡沫电极和 Pd/MnO_2-Ni 泡沫电极的 EHDC 产物分布、连续流 EHDC 产物分布随 EHDC 时间变化、TOC[①]变化、吸收波长扫描图像及生物毒性

① totol organic carbon，总有机碳。

图 5.5(a)、(b)显示了 Pd/Ni 泡沫电极和 Pd/MnO_2-Ni 泡沫电极上 2,4-DCP 脱氯产物随反应时间变化的情况。通过液相色谱分析脱氯反应后的电解液，发现 Pd/Ni 泡沫电极和 Pd/MnO_2-Ni 泡沫电极上只有苯酚和 2-氯酚这两种脱氯产物。同时，苯酚在脱氯产物中所占比例逐渐增加，而 2-氯酚仅在脱氯反应开始的前 10min 内高于苯酚。因此，可以推断在电极上的脱氯反应路径为 2,4-DCP→2-氯酚→苯酚。

需要注意的是，在 Pd/MnO_2-Ni 泡沫电极上进行脱氯反应时，出现了反应前后碳含量不平衡的现象，而在 Pd/Ni 泡沫电极中未出现此现象。统计数据表明，在 Pd/MnO_2-Ni 泡沫电极上，对 2,4-DCP 进行脱氯反应时，有 49.06%±5%的碳不守恒，即在 280 nm 波长下无法被液相色谱检测的产物。上述现象在连续流测试中同样存在。随后的 TOC 检测显示，反应前后电解液中的 TOC 基本没有变化，表明在脱氯反应中，2,4-DCP 并未发生矿化反应而转化为无机碳，其产物仍以有机碳的形式存在于电解液中[图 5.5(d)]。同时，吸收光谱全谱扫描显示，在 280nm、230nm 以及 210nm 附近出现了特征性吸收峰，且这些峰值未随脱氯反应时间而发生显著变化，这三个吸收峰对应于含苯环物质的吸收峰[图 5.5(e)][2-4]。最后，通过气相色谱-质谱联用仪的分析，发现大约 50%的碳不守恒是由 2,4-DCP 转化为苯所致。

5.2　杂质离子对脱氯性能影响探索

在电催化氢化脱氯反应中，既需要降低贵金属 Pd 的使用量，也需要考虑 Pd 易失活和中毒的问题。为了实现电催化氢化脱氯技术的工业化应用，对水体中常见的阴离子和阳离子(如氯离子、硝酸根离子、亚硝酸根离子、硫离子、亚硫酸根离子)对催化剂的电催化氢化脱氯性能进行系统评估至关重要。这是因为上述离子的存在可能导致 Pd 活性位点中毒或竞争消耗 H^*[5-7]。图 5.6 显示了溶液中不同共存离子对 Pd-PCN 反应体系脱氯性能的影响。研究发现，Cl^-(5mmol·L^{-1})、NO_3^-(2.6mmol·L^{-1})和 NO_2^-(2.4mmol·L^{-1} 和 6.0mmol·L^{-1})几乎不会对电催化氢化脱氯反应产生负面影响，而还原性 S^{2-} 和 SO_3^{2-} 等物质对脱氯反应具有明显的负面影响[8]。

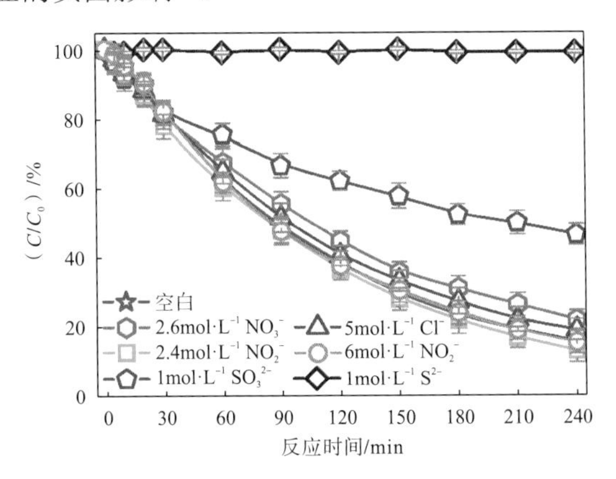

图 5.6　溶液中存在的不同阴离子对 Pd-PCN 电极电催化脱氯的影响

如图 5.7(a)所示，当脱氯反应进行至 1h 时，将S^{2-}立即加入电解液中，导致反应电流急剧下降。即使在低浓度下(1.0mmol · L^{-1})，延长脱氯反应 1h，该反应依然失活。图 5.7(b)显示，添加 SO_3^{2-}后，电流明显低于未添加 SO_3^{2-}的情况。当进行了 4h 的脱氯反应后，两者的电流差距不大，但脱氯活性明显下降，表明 SO_3^{2-}对催化剂具有毒化作用。

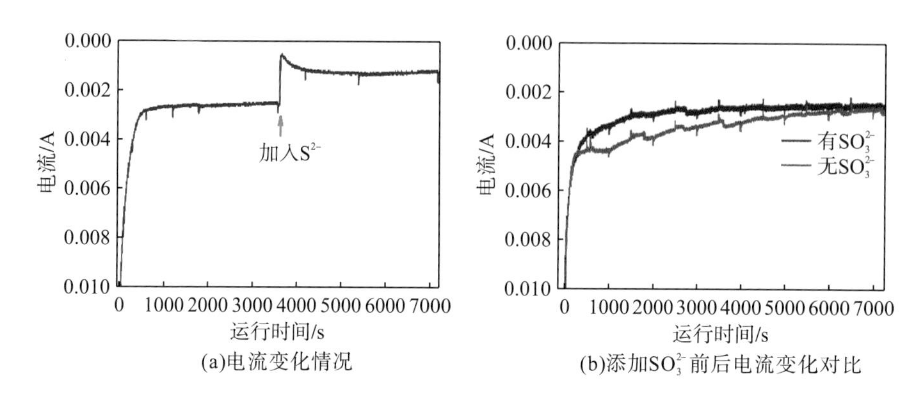

(a)电流变化情况 (b)添加SO_3^{2-}前后电流变化对比

图 5.7 反应进行到 1h 时加入 S^{2-}后的电流变化情况及添加 SO_3^{2-}与否的电流变化对比

有研究指出硫化合物对贵金属催化剂产生毒化效应，主要原因是硫在催化剂表面的吸附以及 Pd-硫化物的生成，削弱催化剂的脱氯性能。具体表现在两个方面：首先，硫-Pd 电极表面不生成吸附态氢，表明 Pd 表面的硫原子对 Pd 晶格吸附氢具有重要影响；其次，硫原子生成的表面位点限制了氢原子从催化剂体内到表面的扩散，降低了催化剂表面氢原子的流动性。因此，含氯废水在进行脱氯反应前，应优先考虑去除具有还原性的硫化合物[9, 10]。同时，开发具有抗硫毒化效应的脱氯催化剂也是研究重点[11]。

此外，钯基催化剂能够将NO_3^-和NO_2^-还原为N_2或NH_4^+，该过程也会竞争消耗电子和H^*，从而影响脱氯性能。如图 5.8 所示，系统研究了在电催化氢化脱氯反应体系中，加入NO_3^-、NO_2^-前和脱氯反应后，电解液中NO_3^-、NO_2^-和NH_4^+的浓度。研究结果表明，在电催化氢化脱氯反应过程中，并没有检测到NH_4^+的产生。这意味着与脱氯反应相比，Pd-PCU 催化剂电催化氢化还原NO_3^-和NO_2^-的能力较弱。

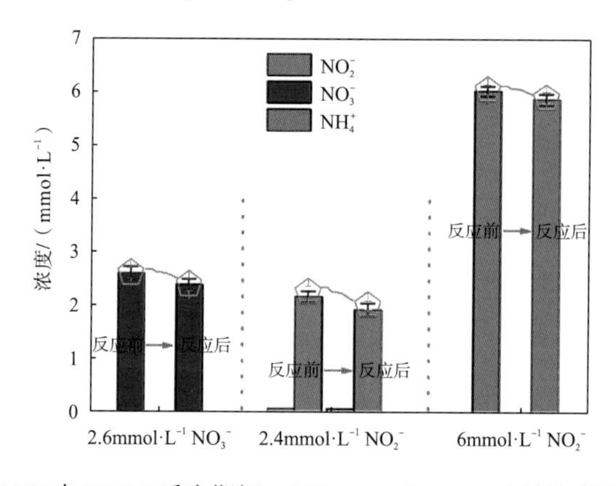

图 5.8 NO_3^-或NO_2^-在 EHDC 反应期间，NO_3^-、NO_2^-、NH_4^+的浓度及其总氮平衡变化

5.3　生物安全性评价

通常情况下，2,4-DCP 经电催化氢化脱氯反应后，可以明显减少水体毒性并提高可生化性。为验证 2,4-DCP 经脱氯反应后的毒性减少，将小球藻细胞暴露在含有 2,4-DCP 脱氯反应前后的电解液中，来评估水体的可生化性[12]。通常，使用 680nm 波长的光密度来评估细菌细胞密度，该方法利用细菌吸光来测量培养液的浓度，从而推测细菌的生长情况。从图 5.9(a)中可以看出，随着培养时间的增加，未经处理的 2,4-DCP 水溶液明显抑制了小球藻的生长，但经过脱氯反应处理后，藻类细胞密度与空白对照组相差不大，这表明 2,4-DCP 对小球藻的生长产生了有害影响[13]。从图 5.9(b)可见，在含 2,4-DCP 的溶液中培养 12 天后，水体的颜色变为红色，这是由于叶绿素的丧失，小球藻细胞变得几乎透明。相反，经过脱氯处理的样品与空白对照组中的样品保持了绿色，小球藻细胞与健康细胞具有相同的绿色。上述研究表明，经 EHDC 处理后，水体的生物安全性得到了显著改善。

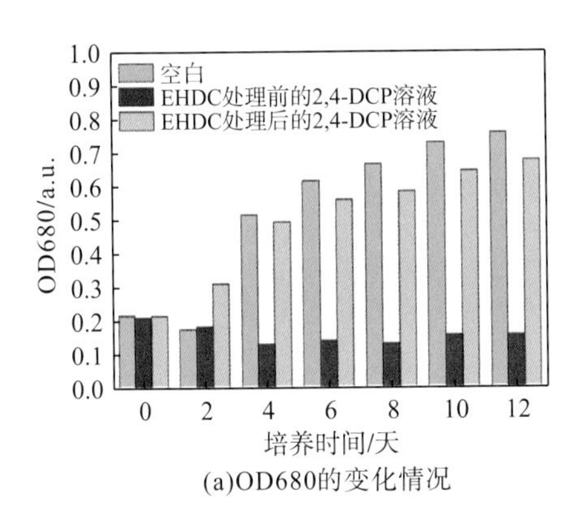

(a)OD680的变化情况

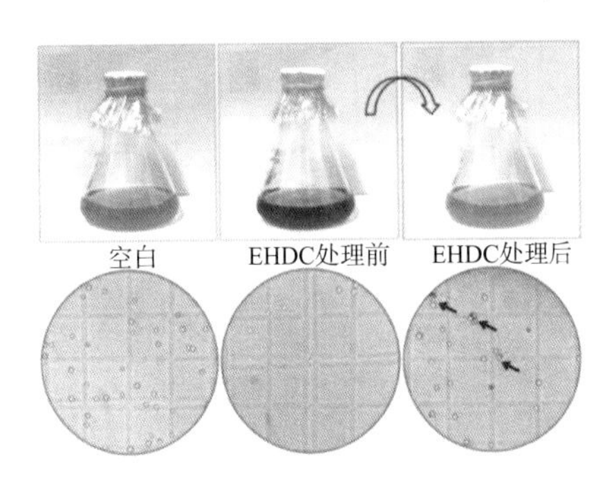

(b)小球藻细胞液的数码和显微镜图像

图 5.9　小球藻细胞液的 OD680 随培养天数的变化及空白对照和含 2,4-DCP 水处理前后小球藻细胞液的数码和显微镜图像

参 考 文 献

[1] Jiang G, Wang K, Li J, et al. Electrocatalytic hydrodechlorination of 2, 4-dichlorophenol over palladium nanoparticles and its pH-mediated tug-of-war with hydrogen evolution[J]. Chemical Engineering Journal, 2018, 348: 26-34.

[2] 高峻, 陶明亚, 陶墨奎. 紫外分光光度测定车间空气中苯、甲苯、二甲苯的方法探讨[J]. 现代预防医学, 2001(3): 323-324.

[3] 雍莉, 李妍, 朱婧, 等. 高效液相色谱-二极管阵列检测法同时分析尿中苯系物的代谢产物[J]. 现代预防医学, 2015, 42(11): 2045-2048.

[4] 安郁兰, 凡恩来, 于晓苓, 等. 车间空气中 24 滴的紫外分光光度测定法[J]. 中华预防医学杂志, 1995, 29(2): 114-115.

[5] Cui C Y, Quan X, Yu H T, et al. Electrocatalytic hydrodehalogenation of pentachlorophenol at palladized multiwalled carbon nanotubes electrode[J]. Applied Catalysis B: Environmental, 2008, 80(1-2): 122-128.

[6] Li C, Liu Y, Zhuo Z, et al. Local charge distribution engineered by schottky heterojunctions toward urea electrolysis[J]. Advanced Energy Materials, 2018, 8(27): 1801775.

[7] Liu G, Niu P, Sun C, et al. Unique electronic structure induced high photoreactivity of sulfur-doped graphitic C_3N_4[J]. Journal of the American Chemical Society, 2010, 132(33): 11642-11648.

[8] Yuan S, Mao X, Alshawabkeh A N. Efficient degradation of TCE in groundwater using Pd and electro-generated H_2 and O_2: A shift in pathway from hydrodechlorination to oxidation in the presence of ferrous ions[J]. Environmental Science & Technology, 2012, 46(6): 3398-3405.

[9] Angeles-Wedler D, Mackenzie K, Kopinke F D. Permanganate oxidation of sulfur compounds to prevent poisoning of Pd catalysts in water treatment processes[J]. Environmental Science & Technology, 2008, 42(15): 5734-5739.

[10] Wu Z, Tao P, Yan C, et al. Synthesis of palladium phosphides for aqueous phase hydrodechlorination: Kinetic study and deactivation resistance[J]. Journal of Catalysis, 2018, 366: 80-90.

[11] Celik G, Ailawar S A, Sohn H, et al. Swellable organically modified silica(SOMS) as a catalyst scaffold for catalytic treatment of water contaminated with trichloroethylene[J]. ACS Catalysis, 2018, 8(8): 6796-6809.

[12] Tugcu G, Ertürk M, Saçan M T. On the aquatic toxicity of substituted phenols to Chlorella vulgaris : QSTR with an extended novel data set and interspecies models[J]. Journal of hazardous materials, 2017, 339: 122.

[13] Geiger E, Hornek-Gausterer R, Saçan M T. Single and mixture toxicity of pharmaceuticals and chlorophenols to freshwater algae Chlorella vulgaris[J]. Ecotoxicol Environ Saf, 2016, 129: 189-198.